融合型·新形态教材
复旦社云平台 fudanyun.cn

陈雅芳 颜晓燕·总主编

婴幼儿 行为观察与发展评价

主 编　许　颖

副主编　姚丽娇　黄秋金

编 委　刘冰冰

复旦大學 出版社

内容提要

在脑科学与发展心理学研究深入、我国优化人口政策及托育服务上升为社会工程的背景下，本书以"观察解码行为，评价引领发展"为核心理念，致力于提升托育工作者相关能力。教材共分五大项目，从解析观察内涵与理论基础，到训练三大观察方法、提炼实操要点、提供五大领域观察评价方案，再到解决多场景观察评价难题，构建起完整能力体系。其特色鲜明，紧扣行业规范，立足科学实践，突出能力本位，内容系统科学，凸显实操价值。该书适用于相关专业教学、托育从业者培训，也为家庭科学育儿提供专业参考。

书中配套了丰富的数字资源，包括拓展资料、婴幼儿行为视频、知识点微课、在线练习等，刮开封底防伪码，登录后可扫码查看；本书还为教师提供了课件和教案等辅助教学资源，可以登录复旦社云平台（fudanyun.cn）下载。

"婴幼儿教养系列教材"编委会

总 主 编：陈雅芳　颜晓燕

副总主编：许琼华　洪培琼

高等院校委员：

曹桂莲　林　娜　孙　蓓　刘丽云　刘婉萍　许　颖　孙巧锋　公燕萍　林　竞

邓诚恩　郭俊格　许环环　谢亚妮　练宝珍　张　洋　姚丽娇　柯　瑜　黄秋金

冯宝梅　洪安宁　林晓婷　候松燕　郑丽彬　王　凤　戴巧玲　夏　佳　林淳淳

行业企业委员：

陈春梅（南安市宏翔教育投资有限公司教学顾问、泉州工程职业技术学院继续教育学院副院长）

李志英（泉州幼儿师范高等专科学校附属东海湾实验幼儿园党支部书记、园长）

黄阿香（泉州幼师附属幼儿园党支部书记、园长）

欧阳毅红（泉州市丰泽幼儿园党支部书记、园长）

褚晓瑜（泉州市刺桐幼儿园党支部书记、园长）

吴聿霖（泉州市丰泽区教师进修学校幼教教研室主任）

郑晓云（泉州市丰泽区实验幼儿园党支部书记）

李嫣红（泉州市台商区湖东实验幼儿园党支部书记、园长）

陈丽坤（晋江市实验幼儿园党支部书记、园长）

何秀凤（晋江市第二实验幼儿园党支部书记、园长）

柯丽容（晋江市灵源街道灵水中心幼儿园园长）

张珊珊（晋江市灵源街道林口中心幼儿园园长）

王迎迎（晋江市金井镇毓英中心幼儿园园长）

庄妮娜（晋江市明心爱萌托育集团教学总监）

孙小瑜（泉州市丰泽区信和托育园园长）

庄培培（泉州市海丝优贝婴幼学苑教学园长）

林文勤（泉州市博博宝贝托育服务有限公司园长）

郑晓燕（福建省海丝优贝托育服务有限公司园长）

黄巧玲（福州鼓楼国投润楼教育小茉莉托育园园长）

林远龄（厦门市实验幼儿园党支部书记、园长）

钟美玲（厦门市海沧区实验幼儿园党支部书记、园长）

黄小立（厦门市翔安教育集团副校长）

简敏玲（漳州市悦芽托育服务中心园长）

复旦社云平台
数字化教学支持说明

　　为提高教学服务水平，促进课程立体化建设，复旦大学出版社建设了"复旦社云平台"，为师生提供丰富的课程配套资源，可通过"电脑端"和"手机端"查看、获取。

【电脑端】

　　电脑端资源包括PPT课件、电子教案、习题答案、课程大纲、音频、视频等内容。可登录"复旦社云平台"（fudanyun.cn）浏览、下载。

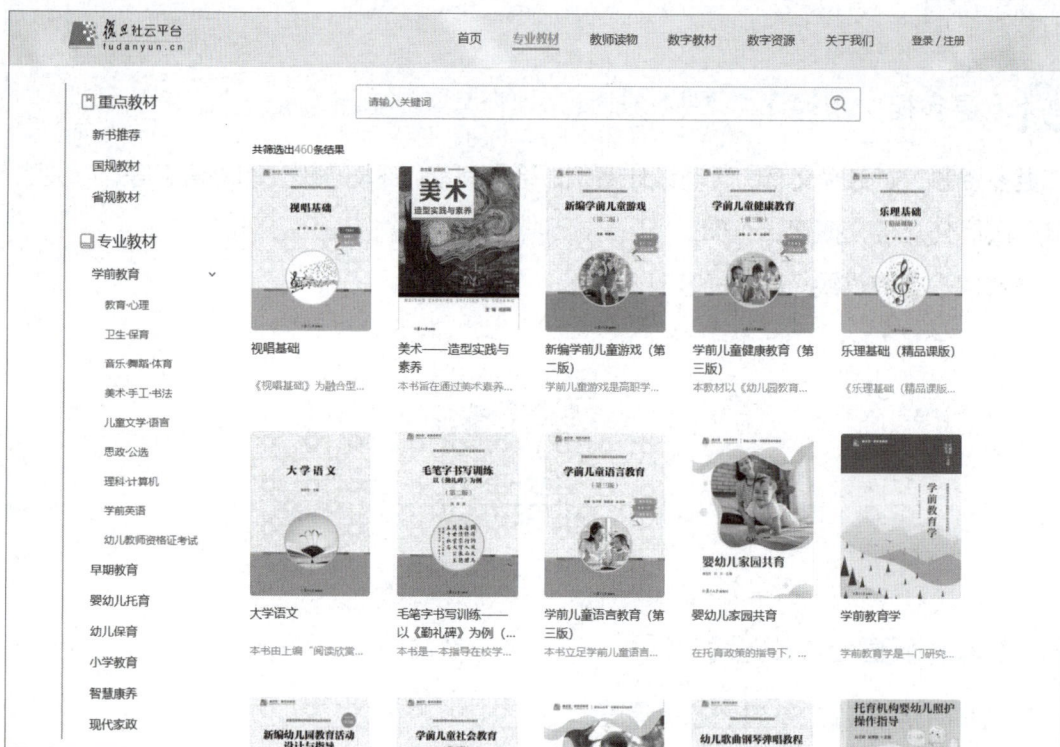

Step 1 登录网站"复旦社云平台"（fudanyun.cn），点击右上角"登录 / 注册"，使用手机号注册。

Step 2 在"搜索"栏输入相关书名，找到该书，点击进入。

Step 3 点击【配套资料】中的"下载"（首次使用需输入教师信息），即可下载。音频、视频内容可点击【数字资源】，搜索书名进行浏览。

【手机端】

PPT 课件、音视频、阅读材料：用微信扫描书中二维码即可浏览。

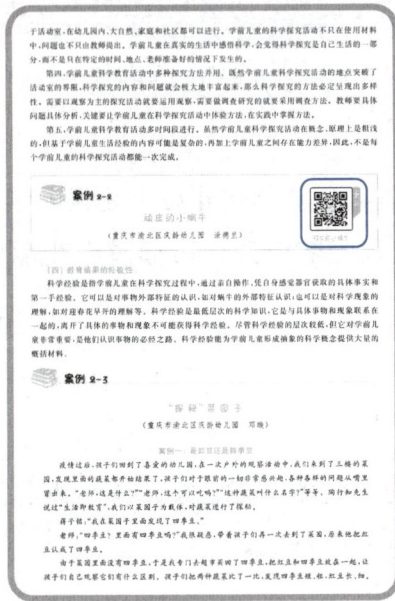

扫码浏览

【更多相关资源】

更多资源，如专家文章、活动设计案例、绘本阅读、环境创设、图书信息等，可关注"幼师宝"微信公众号，搜索、查阅。

平台技术支持热线：029-68518879。

"幼师宝"微信公众号

【本书配套资源说明】

1. 刮开书后封底二维码的遮盖涂层。

2. 使用手机微信扫描二维码，根据提示注册登录后，完成本书配套在线资源激活。

3. 本书配套的资源可以在手机端使用，也可以在电脑端用刮码激活时绑定的手机号登录使用。

4. 如您的身份是教师，需要对学生使用本书的配套资料情况进行后台数据查看、监督学生学习情况，我们提供配套教师端服务，有需要的教师请登录"复旦社云平台"（fudanyun.cn），点击"教师监控端申请入口"提交相关资料后申请开通。

人生百年，立于幼学。0～3岁婴幼儿的早期教育与照护是学前教育与终身教育的开端，不仅关系着儿童的健康成长，也关系到千家万户的幸福和谐与国家未来人才的综合素质。习近平总书记指出，要大力发展普惠托育服务体系，显著减轻家庭生育、养育及教育负担。党的二十大报告指出：深入贯彻以人民为中心的发展思想，在幼有所育上持续用力。坚持以推动高质量发展为主题，建设教育强国，办好人民满意的教育。2022年7月，国家卫生健康委、国家发展改革委等17部门联合印发《关于进一步完善和落实积极生育支持措施的指导意见》，也明确提出提升托育服务质量。在此背景下，国家迫切需要建设一支"品德高尚、富有爱心、敬业奉献、素质优良"的婴幼儿照护服务队伍，开展托幼专业师资人才培养培训并编写相应的专业教材成为当务之急。泉州幼儿师范高等专科学校在2014年编写了"0～3岁儿童早期教育"系列教材，在此基础上，我们再次组织高校、幼儿园和托育机构的教师团队，对本套丛书进行编写和修订。

本丛书以习近平新时代中国特色社会主义思想为指导，贯彻落实党中央关于托育工作的决策部署，依据国务院办公厅《关于促进3岁以下婴幼儿照护服务发展的指导意见》(国办发〔2019〕15号)、《托育机构保育指导大纲(试行)》(国卫人口发〔2021〕2号)，国家卫生健康委办公厅关于印发《3岁以下婴幼儿健康养育照护指南(试行)》(国卫办妇幼函〔2022〕409号)、《托育从业人员职业行为准则(试行)》(国卫办人口函〔2022〕414号)等政策要求，全面落实立德树人根本任务，通过教材建设，满足专业人才培养需求。本套教材拟从以下三方面回应当前托育发展的现状。一是破解托育服务行业快速发展与专业人才供给不足的矛盾，为婴幼儿教育提供可持续、专业化的服务和指导。二是弥补高校早期教育、托育服务专业教材系列化的缺失，助推人才培养，建立与托育服务产业链相配套的人才链，为各院校提供前沿教材参考，从人才培养的源头保障托育服务专业化水平的提升。三是助力解决公办托育一体化服务、社区配套托育服务中科学养育方案和教材内容欠缺等难题，助推"托幼一体化"模式和多形式普惠托育服务模式形成，促进托育机构多样化健康发展。

本丛书依照中华人民共和国国家标准《0～3岁婴幼儿居家照护服务规范》《家政服务 母婴护理服务质量规范》，对照教育部《早期教育专业教学标准》《婴幼儿托育服务与管理专业教学标准》，融合思政教育，对接工作岗位，以任务驱动、问题导向的岗课赛证贯通的体系编排内容，呈现"项目导读、学习目标、知识导图、案例导入、内容阐释、育儿宝典、任务思考、实训实践、赛证链接"的编写体例，突出职业性、科学性与实用性三大特色。此外，教材还内置二维码链接视听资源、课程资源与典型案例，形成数字化教材体系，支持线上线下混合式教学。实现纸质教材 + 数字资源的结合，体现"互联网 +"新形态一体化教材的编写理念。

本丛书组建专业编写团队，汇聚学前教育、早期教育和托育服务与管理专业的专家学者，联合高职高专院校、幼儿园、早教和托育机构等相关教师参与编写，共同打造涵盖0～3岁婴幼儿"卫生保健、心理发展、早期教育、环境创设、营养喂养、动作发展、言语发展、游戏指导、艺术启蒙、情感与社会性发展、观察评价、亲子活动、家庭教养"等内容的14本系列教材，体现专业性、系列化和全视域特点。

本丛书中的8本教材《婴幼儿卫生与保健》《婴幼儿心理发展》《早期教育概论》《婴幼儿亲子活动

设计与指导》《婴幼儿游戏指导》《婴幼儿活动设计与指导（动作发展）》《婴幼儿活动设计与指导（言语发展）》《婴幼儿活动设计与指导（艺术启蒙）》，历经十余年教学实践检验后，结合当代托育服务新理念进行全新修订；另6本教材《婴幼儿科学营养与喂养》《婴幼儿活动设计与指导（社会性发展）》《婴幼儿活动设计与指导（综合版）》《婴幼儿行为观察与发展评价》《婴幼儿教养环境创设与利用》《婴幼儿家庭教养指导与咨询》则是最新编写，能够较好地融合校企合作、双元育人的有效做法，体现理论与实践密切结合的特点。

本丛书由陈雅芳、颜晓燕担任总主编，许琼华、洪培琼担任副总主编，统筹全书策划与审校工作。各本教材的主编分别为：洪培琼、许环环主编《婴幼儿卫生与保健》，孙蓓主编《婴幼儿心理发展》，刘丽云主编《早期教育概论》，林娜主编《婴幼儿科学营养与喂养》，陈春梅主编《婴幼儿活动设计与指导（动作发展）》，颜晓燕主编《婴幼儿活动设计与指导（言语发展）》，公燕萍主编《婴幼儿活动设计与指导（艺术启蒙）》，许琼华主编《婴幼儿活动设计与指导（社会性发展）》，邓诚恩主编《婴幼儿活动设计与指导（综合版）》，曹桂莲主编《婴幼儿亲子活动设计与指导》，孙巧锋主编《婴幼儿游戏指导》，许颖主编《婴幼儿行为观察与发展评价》，林竞主编《婴幼儿教养环境创设与利用》，郭俊格主编《婴幼儿家庭教养指导与咨询》。

本丛书符合职前早期教育、托育服务与管理等专业课程的开设需求，符合职后相关教育工作者职业能力的发展需求，同时也为家长提供科学育儿参考，适宜高校教师和学生，早教和托育机构的教育工作者、研究者以及广大家长使用。

打造高品质的专业教材是编写组的初衷，助力广大学生、教师和家长共同守护婴幼儿的健康发展是编写组不变的初心！由于编者水平有限，书中存在不妥之处，恳请读者批评指正！

"婴幼儿教养系列教材"编写组

前 言

近年来，随着脑科学、发展心理学研究的深入，婴幼儿期(0～3 岁)作为人生发展的奠基阶段，其重要性已成为全球共识。在这一关键时期，婴幼儿行为观察与发展评价不仅是理解其内在需求的"科学之眼"，更是实现科学照护与个性化支持的"行动之基"。

近年来，随着我国人口政策的优化、家庭结构的变迁和社会需求的激增，婴幼儿照护服务从"家庭责任"逐步上升为"社会工程"。党的二十大报告明确提出"建立生育支持政策体系，发展普惠托育服务体系"，将托育服务纳入国家战略布局。《国务院办公厅关于促进 3 岁以下婴幼儿照护服务发展的指导意见》将"加强婴幼儿发展评估与指导"列为重点任务；国家卫健委《托育机构保育指导大纲(试行)》更明确要求"建立观察记录制度，实施动态发展评价"。在此背景下，培养具备科学的婴幼儿行为观察记录、分析评价与引导支持能力的托育人才，在托育服务向专业化、规范化迈进的进程中发挥了重要作用。

《婴幼儿行为观察与发展评价》作为婴幼儿教养系列丛书之一，以"观察解码行为，评价引领发展"为核心理念，从基础知识到具体方法再到实践应用，力求帮助读者提升婴幼儿行为观察与发展评价能力，为早教与托育工作者提供专业赋能工具。

本教材共分为五大项目：项目一解析婴幼儿行为观察的内涵、意义与理论基础；项目二聚焦叙事观察、取样观察、评定观察三大方法的核心能力训练；项目三提炼观察记录、分析评价、引导支持的实操要点；项目四提供动作、认知、言语、情绪与社会性等领域的观察评价方案；项目五深入日常生活、游戏、交往情境，解决真实情境中的观察评价难题。层层递进的结构设计，助力学习者构建"方法掌握—领域应用—场景迁移"的完整能力体系。

本教材的主要特色在于：

1. 政策引领，紧扣行业规范

教材内容严格遵循《国务院办公厅关于促进 3 岁以下婴幼儿照护服务发展的指导意见》《托育机构保育指导大纲(试行)》《婴幼儿早期发展服务指南(试行)》《早期教育专业教学标准(高等职业教育专科)》《婴幼儿托育服务与管理专业教学标准(高等职业教育专科)》等文件要求，聚焦行为观察的核心能力，强化早教与托育服务工作者的职业意识。

2. 理念前沿，立足科学实践

融入"以儿童为中心""观察即教育""发展性评价"等现代教育理念，强调行为观察与发展评价对婴幼儿个性化照护与早期发展的支持作用，呼应托育机构对"会观察、懂儿童、能指导"人才的需求，倡导观察者以尊重、理解、支持的态度，关注婴幼儿的行为，通过科学的观察方法，深入了解婴幼儿的发展需求，为其提供适宜的照护和教育。

3. 目标清晰，突出能力本位

每个项目设计"知识—能力—素养"三维目标，设置"任务思考""实训实践""赛证链接"等模块，对接"婴幼儿发展引导员""育婴师"等职业标准，围绕"观察方法掌握—行为分析评价—教育策略生成"的能力链条，强化岗位胜任力培养。

4. 体例合理，内容系统科学

采用"项目—任务"式结构，以"认识—方法—要点—应用"为主线，设置5大项目、16个任务，涵盖理论基础了解、观察方法学习、实施要点掌握、发展领域评价、活动场景应用全流程，内容系统、科学严谨，破解了理论与实践脱节难题。运用"案例导入—理论解析—任务思考—育儿宝典—实训实践—赛证链接"六步学习法，实现"做中学、学中做"。

5. 案例丰富，凸显实操价值

配有丰富的观察案例，均经过精心挑选和设计，涵盖婴幼儿行为观察的各个领域，具有一定的代表性和实用性，能够帮助读者更好地理解理论知识并应用于实践，提升实际操作能力。引用了诸多国内外相关专著、教材和论文，旨在为读者提供更全面、更权威的学习资源。

本教材适用于早期教育、婴幼儿托育服务与管理等专业核心课程教学，也可作为托育工作者、早教指导师等在职人员培训用书，同时为家庭科学育儿提供专业参考。

本书是首批国家级职业教育教师教学创新团队教学改革成果、福建省"双高建设"教科研究成果。

编写团队由高校学者、一线托育教师组成，撰写分工如下：项目一、项目二和项目三由许颖（泉州幼儿师范高等专科学校）主要负责，刘冰冰（福建省泉州幼儿师范学校附属幼儿园）参与；项目四由姚丽娇（泉州幼儿师范高等专科学校）主要负责，刘冰冰参与；项目五由黄秋金（泉州幼儿师范高等专科学校）主要负责，刘冰冰参与。整本教材的统稿工作主要由许颖完成。

本教材撰写过程中，得到了众多老师、朋友以及同行专家的支持与帮助，同时也参考了大量文献资料，在此向所有给予我们团队帮助的人表示衷心的感谢。由于时间紧迫以及编者水平有限，书中难免存在疏漏与不足之处，我们诚恳地希望广大读者和专家能够提出宝贵的意见和建议，帮助我们不断改进和完善。

目 录

项目一 认识婴幼儿行为观察与发展评价

项目导读

婴幼儿时期是人生发展的奠基阶段。在这一阶段，科学观察与评价犹如一把宝贵的金钥匙，能帮助我们洞察婴幼儿成长的密码。早教与托育工作者进行婴幼儿行为观察与发展评价不仅是理解婴幼儿独特世界的关键桥梁，也是为婴幼儿提供适宜支持、促进其全面发展的核心素养，更是提升自身专业水平的重要途径。本项目聚焦婴幼儿行为观察与发展评价的知识基础：详细解析婴幼儿行为观察与发展评价的内涵、价值和类型；深入挖掘理论价值，阐述相关理论在婴幼儿行为观察与发展评价中的运用；系统介绍婴幼儿行为观察与发展评价的具体实施流程。

通过本项目学习，学习者将树立科学观察意识，提升专业敏感度，为婴幼儿成长护航提供理论支撑与实践智慧。

学习目标

1. 了解婴幼儿行为观察与发展评价的内涵、意义、类型；理解常用婴幼儿发展理论的应用价值；熟悉婴幼儿行为观察与发展评价的实施流程。

2. 选择适宜的观察类型，合理运用到婴幼儿行为观察中；能制订合理的婴幼儿行为观察计划；运用相关理论进行婴幼儿行为观察与发展评价。

3. 认识婴幼儿行为观察与发展评价的价值，树立科学观察的意识，重视进行婴幼儿行为观察与发展评价；形成理论指导观察的意识，重视运用相关理论进行婴幼儿行为观察与发展评价。

知识导图

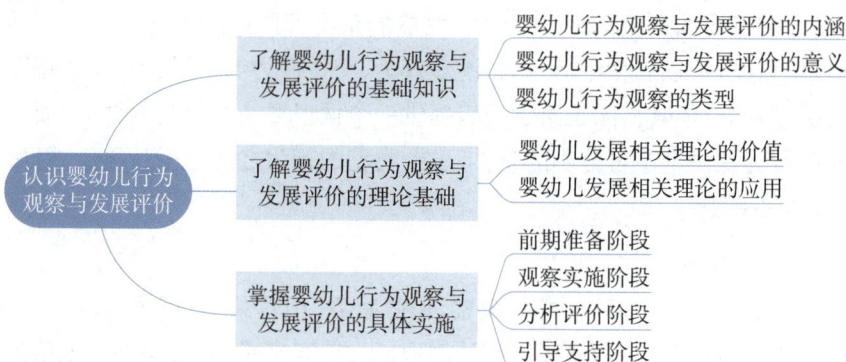

了解婴幼儿行为观察与发展评价的基础知识

案例导入

枪 战

小可(女,2岁)午睡后在客厅和哥哥一起玩玩具。她拿起了一把玩具枪,走到哥哥(坐在地垫上)身旁,一手搭着哥哥的肩膀,低头凑到哥哥面前说:"哥哥,我们来玩枪战吧。"哥哥正在拼乐高,没有回应小可。小可又凑近了一点,音量加大了说:"哥哥,来,不玩了,我们来玩枪战吧。"说着就伸手去拿哥哥的乐高。哥哥喊了一声:"你别动,弄坏了,要揍哦。"小可又说道:"来玩枪战吧,我打你,bong-bong。"哥哥放下了手中的乐高,找到了一把水枪,指着沙发说:"好吧,那你到后面去,我打你,你要躲起来。"小可小步跑到沙发后面,躲了起来,朝着哥哥喊:"我好了,你打我吧。"兄妹俩玩起了枪战。

请思考:案例中观察记录了婴幼儿的哪些信息? 什么是婴幼儿行为观察与发展评价? 为什么要进行婴幼儿行为观察与发展评价?

一、婴幼儿行为观察与发展评价的内涵

(一)婴幼儿

婴幼儿是指从出生至满3周岁之前的儿童,包括0~1岁的婴儿和1~3岁的幼儿两个阶段。这一时期是儿童生长发育的关键阶段,其大脑和身体快速发育,生理、心理和社会能力都在全面发展。

(二)婴幼儿行为

行为是指个体对内外环境刺激所做出的反应或活动。在心理学中,个体的行为有狭义和广义之分。狭义的行为是指个体能被直接观察、描述和记录或测量的一系列外在活动,包括言语、表情、动作,可称为外在行为。外在行为只能代表个体行为的一小部分,而非全部。广义的行为不仅包括外在行为,还包括内隐的行为。内隐行为是指那些不能直接表现出来的心理活动和过程,需要通过个体的外在行为来推断,如认知过程、情绪态度、动机需要、自我意识等。换言之,内隐行为是以外在行为为线索,间接推测可知的内在心理活动或过程。

婴幼儿行为是指婴幼儿表现出来的一切活动,不仅包括外在行为也包括内隐行为。从不同的角度,婴幼儿行为可以有不同的类型划分。从身心发展的角度,可以分为动作、认知、言语、情绪与社会性等;从活动领域的角度,可以分为生活行为、游戏行为、交往行为等。尽管研究者将婴幼儿的行为进行了相对独立的类型划分,但其目的是给学习者提供一个认识婴幼儿行为的框架,而不是割裂婴幼儿的行为。婴幼儿的行为是一个不可分割的整体,各个类型的行为之间是相互融合、相互影响的。

(三)婴幼儿行为观察

1. 日常观察与科学观察

生活中,人们每天都在进行各种各样的观察,用眼睛看、用耳朵听、用手摸、用鼻子闻、用舌头尝,这些都是观察的过程。所谓观察是有目的、有计划地通过感官来感知、搜集并加工信息的过程。观察不仅是看、听等运用感觉器官感受事物的过程,也是看懂、听懂等大脑积极加工的过程。

观察是人类认识周围世界的一个最基本的方法,也是从事科学研究(包括自然科学、社会科学、人

文科学)的一个重要手段。[①] 观察既包括日常观察,又包括科学观察。

在日常生活中,人们自然而然、随时随地都在进行观察,这可以称之为日常观察或一般观察。这种观察源于个体的需要和兴趣而引发的,缺乏事先设定的明确目的与周密计划,呈现出一种偶然性、非正式性。例如,在礼堂内,一群孩子围在一起,似乎在关注着什么。林老师出于好奇心凑上前去,发现孩子们围着的是一位约60岁、穿着草绿色布衣的老人,他正熟练地用手搓、揉、捏、压、按糯米团,偶尔还会用小刀在成型的糯米团上雕琢,制作孙悟空形象的"妆糕人"。

通过日常观察,观察者能够收集到大量的信息,累积丰富的感性认知与经验素材。然而,这种偶发性的观察往往关注的是人们当前的兴趣和需要,只能获得注意对象的某一现象、某一方面或某一片段的信息。这些信息通常具有随机性、主观性的特点,不需要进行详细而系统地记录,能否被合理而准确地解读也不一定重要。

科学观察是指由专业人士(如教育工作者、研究工作者等)为了研究、评估或指导而进行的、具有明确目的和计划的观察,又称为专业观察。科学的观察法是指通过感官或借助仪器有目的、有计划地对自然状态下发生的现象或行为进行系统的观察、记录和分析,从而获取事实材料的研究方法。与日常观察不同,科学观察具有明确的目标和计划,因此在观察什么、何时观察、如何观察以及如何围绕相应的理论框架进行整理、分析等问题上都会有一定的考虑和预设。此外,科学观察要求观察者摒弃各种主观偏见,在观察过程中或观察之后客观记录,冷静思考并作出专业的分析与判断。因此,科学观察所获得的信息往往具有计划性、客观性和系统性的特点,需要进行严格的记录以及专业的判断。例如案例1-1-1,观察者围绕了解婴幼儿的情绪表现和差异,明确了观察的计划并设计了观察记录表。

视频

1岁8个月宝宝
情绪表现:妈妈
换裤裤

•案例1-1-1•

婴幼儿的情绪表现和差异

观察目的:了解婴幼儿的情绪表现和差异

观察计划:选择5名婴幼儿为观察对象,观察记录每位婴幼儿10~20分钟。采用文字记录的方式,详细地记录婴幼儿的情绪表现,包括情绪发生时的表情、言语和动作或活动等,然后围绕情绪的反应表现、反应强度、情绪诱因和结果等方面对每位婴幼儿的情绪做出分析判断,并比较他们的差异(表1-1-1)。

表1-1-1 观察记录表

婴幼儿编号	观察时间	观察环境	行为描述	行为解释	差异比较
1					
2					
3					
4					
5					

日常观察和科学观察在内涵、特点、要求等方面有所不同,但两者并不是孤立存在的(表1-1-2)。日常观察可以为科学观察提供初始线索和灵感,有助于发现值得研究的现象或问题,而专业观察则可以对日常观察中观察到的现象进行深入研究和验证。在实际工作中,专业人士可能会结合使用

---

① 陈向明.质的研究方法与社会科学研究[M].北京:教育科学出版社,2000:227.

日常观察和科学观察,以获取观察对象更全面的信息。

表 1-1-2　日常观察与专业观察

	日常观察(一般观察)	科学观察(专业观察)
内涵	需要、兴趣引起;没有预先目的和计划	研究、评估或指导需要;有目的、有计划
特点	偶然性、非正式性、随机性、主观性	计划性、客观性、系统性、专业性
要求	无需严谨地记录;分析准确性不一定重要	严格地记录;需要专业地分析
关联	初始线索和灵感	深入研究和验证

2. 婴幼儿行为观察

婴幼儿行为观察是以婴幼儿为观察对象的一种科学观察。在婴幼儿教育中,婴幼儿行为观察具有以下三个特征。

一是自然性和真实性。婴幼儿行为观察是在自然条件下进行的,即在非人为控制条件的情境中,观察婴幼儿自然、真实的行为表现。例如,在饮食、盥洗、睡眠、如厕、穿脱衣服等日常生活环节中,观察婴幼儿的生活自理情况。

二是目的性和计划性。观察法作为研究婴幼儿行为的最基本方法,是一种科学的研究方法。实施观察时需要明确观察对象、目标、时间、地点及记录、分析方法等,以减少婴幼儿行为观察的误差,提高观察结论的有效性。

三是全面性和客观性。婴幼儿行为观察需具备全面性,即通过不同角度、情境和途径进行多次观察,系统收集婴幼儿多方面的行为表现资料;同时婴幼儿行为观察必须坚持客观性,如实记录行为事实,完整保留原始行为特征,避免主观臆测或曲解。

综上所述,婴幼儿行为观察是在自然条件下,通过感官或仪器有目的、有计划地观察、记录婴幼儿的一系列行为,从而获得有关婴幼儿的事实性资料的过程。

(四) 婴幼儿行为观察与发展评价

1. 婴幼儿发展评价

发展是指事物由小到大,由简到繁,由低级到高级,由旧物质到新物质的运动变化过程[①]。教育领域中的发展主要是身心的发展,即个体从出生到死亡,在遗传和环境的影响下,身体和心理不断变化的过程。

评价是一个复杂且多维度的过程,涉及对评价对象信息的搜集、判断、分析和评估。它是运用科学可行的方法,通过系统地搜集信息资料和分析整理,对评价对象进行价值判断的过程。根据评价过程和功能不同,评价可以分为发展性评价、形成性评价、筛查性评价、诊断性评价等。其中,发展性评价通常应用于教育学、心理学和医学等领域,评估个体的身体、认知、情感、社交等方面的发展情况,特别是针对婴幼儿、儿童和青少年。

结合发展和评价两个概念的内涵,婴幼儿发展评价可以定义为:系统地使用各种技术或方法(如测验、观察、访谈、问卷等)收集婴幼儿发展资料,并将收集的信息加以分析、解释,用以评估婴幼儿发展的过程。

2. 婴幼儿行为观察与评价

20 世纪初期到 20 世纪 70 年代,受心理测验运动影响,传统的婴幼儿发展评价主要是评价者运用心理测验工具和标准化的测验程序来评价婴幼儿的发展,主要目的是筛查某些有问题的婴幼儿。这种测验通常需要接受过系统培训的医疗人员或心理学相关人员进行,能够满足评价的客观性和公平

---

① 潘月娟.学前儿童观察与评价[M].北京:北京师范大学出版社,2015:2.

性,但多为去情境化的标准化测验,只能评量婴幼儿当下的表现,与婴幼儿的日常生活关联甚少。

20 世纪 80 年代以来,新的评价观念逐步发展起来,对婴幼儿的发展评价更强调真实性、过程性、连续性和多主体性。评价的方法逐步从脱离婴幼儿生活的标准化测验转向基于婴幼儿日常的观察,评价的取向逐渐从关注婴幼儿问题的结果筛查转向关注婴幼儿学习与发展的过程评价,评价主体也逐渐从医疗人员和心理学相关人员拓展到婴幼儿教育工作者。

从传统的婴幼儿发展评价向新的婴幼儿发展评价的转变过程中,婴幼儿行为观察与发展评价应运而生。综合前面对婴幼儿行为观察与婴幼儿发展评价的界定,婴幼儿行为观察与发展评价可以定义为:在自然条件下,通过感官或仪器有目的、有计划地观察、记录婴幼儿的行为,获得婴幼儿的事实性资料,进而分析、解释婴幼儿行为,评价婴幼儿的发展水平,为科学、有效地引导与支持婴幼儿提供依据。

婴幼儿行为观察与发展评价包括三个方面的内涵[①]:

一是发展评价是基于观察与分析而非传统的标准化测验。在婴幼儿行为观察与发展评价中,观察法是婴幼儿发展评价的基础,也是贯穿整个评价过程的重要评价方法。观察者通过运用科学的观察方法,有目的、有计划地观察与记录,分析和解释婴幼儿的行为,全面了解他们真实的发展情况,为后续评价奠定基础。

二是发展评价在日常真实的情境而非测验或实验情境中展开。因为只有在日常真实的婴幼儿活动情境中展开,观察者才能在最大程度上获取到最真实的婴幼儿行为信息,了解真实的婴幼儿发展水平。

三是发展评价的目的是促进婴幼儿全面发展而非区分婴幼儿发展水平的优劣。每一个婴幼儿都是不断发展的个体,现有的发展水平并不代表他们将永远处于这一发展水平。婴幼儿行为观察与发展评价是基于对婴幼儿各种活动观察的评价,观察的对象是婴幼儿的行为过程,评价则是对活动过程中婴幼儿各方面表现的评价,进而通过引导与支持,促进婴幼儿进一步全面发展。

二、婴幼儿行为观察与发展评价的意义

(一) 从婴幼儿的角度

1. 受到关注和回应

在婴幼儿行为观察与发展评价过程中,婴幼儿无论是否被察觉,都会获得更多关注。观察者(主要是教师或家长)往往需要及时地回应婴幼儿的行为,这种回应能够促进婴幼儿的情绪分享、需求满足、想法交流和问题解决,从而支持他们的健康发展。

2. 得到理解和尊重

婴幼儿受限于言语表达能力差、认知发展水平低、情绪作用大的特点,其行为常常难以被真正理解。通过婴幼儿行为观察与发展评价,借由外在行为评估婴幼儿的发展水平,推测他们内在的情绪、需要和想法,能让婴幼儿得到更多的理解、尊重和照护。

(二) 从教师的角度

1. 了解婴幼儿的情况,促进全面发展

婴幼儿行为观察与发展评价是教师了解婴幼儿已有经验、发展水平、需求想法及学习特点的重要途径。通过系统观察,可以追溯婴幼儿近期获得的生活经验及其来源与影响,能够客观评估婴幼儿动作、认知、言语、情绪和社会性等方面的发展水平,把握其成长轨迹,为科学保教提供依据。婴幼儿常通过表情、动作等外在行为间接表达内心需求,观察能帮助教师理解其内在需要并及时回应。同时,

---

① 杨道才,刘妍慧. 婴幼儿行为观察与指导[M]. 上海:复旦大学出版社,2023:69. 内容有所调整。

通过记录婴幼儿与游戏材料的互动模式、社交行为的特征及经验表现,可精准掌握其学习特点,实施个性化教育。

2. 发现婴幼儿的差异,便于因材施教

由于先天遗传和后天环境的差异,婴幼儿身心发展存在个体差异,这些差异影响到婴幼儿的生活、游戏、社交、学习等方面。因此,需要通过观察了解不同婴幼儿的特点,在理解和尊重婴幼儿个别差异的基础上采用针对性的保教手段,促进他们的发展。此外,通过科学的观察,既能发现婴幼儿发展中的不足或异常,及时采取适宜的干预措施,也能发现婴幼儿发展中的优势,实现更好的教育。

3. 实施适宜性的保教,提升专业素养

婴幼儿行为观察与发展评价帮助教师有效识别婴幼儿的发展情况,合理设计保教活动、优化环境创设并给予针对性引导,全面提升保教质量。婴幼儿行为观察与发展评价的过程也是教育研究实践的过程,教师需要运用适宜的观察方法和工具系统地收集婴幼儿行为数据,结合理论分析评价其发展,据此反思保教行为,制定发展适宜的支持策略。持续的行为"观察记录-分析评价-引导支持"循环不仅促进婴幼儿个性化发展,也推动教师积累实践智慧,提升专业化水平,实现从经验型向反思型专业工作者的转型。

4. 加强家托沟通协作,实现科学养育

对于婴幼儿而言,家托共育是重要的教养途径之一。通过对婴幼儿行为观察与发展评价,教师能够向家长提供有关婴幼儿发展全面而深入的分析评价,反馈婴幼儿发展中的优势与不足,提出促进婴幼儿发展的建议。这有助于教师与家长之间建立以婴幼儿为中心的纽带,加强家托之间的有效沟通和合作,实现家托共同制订照护计划,做到科学养育。

(三) 从家长的角度

1. 深入了解婴幼儿,满足发展需要

学习婴幼儿行为观察与发展评价方面的经验和方法也是家长科学养育的积极途径。家长通过观察,可以了解婴幼儿的行为发展,认识婴幼儿行为背后的原因,促进与婴幼儿之间的有效互动,理解和满足婴幼儿合理的需要,采取针对性的养育方式,促进婴幼儿的健康发展。

2. 与教师双向沟通,共同关注成长

家长与教师良好的双向沟通对促进婴幼儿的发展十分重要。一方面,家长参与到婴幼儿的观察过程中,与教师相互交流彼此观察到的信息,有助于双方对婴幼儿的行为和成长轨迹有更清晰的了解;另一方面,家长参与到婴幼儿行为的分析,有助于对婴幼儿的发展有更为客观、科学的评价,更好发挥教育机智,促进婴幼儿健康发展。

三、婴幼儿行为观察的类型

(一) 直接观察和间接观察

根据观察是否直接面对婴幼儿进行,婴幼儿行为观察可以分为直接观察和间接观察。

直接观察是指观察者在现场借助感官对婴幼儿行为进行观察,获得第一手资料。这种观察是观察者亲眼所见、亲耳所听,感受更直观、真实,有助于观察者对婴幼儿形成整体的认识。但观察者容易受到周围环境干扰,或对婴幼儿的活动造成影响,且感官局限和纸笔记录容易造成信息的遗漏,难以保存婴幼儿行为的完整信息。

间接观察是指观察者借助仪器或技术手段(如照相、录音、录像等)对婴幼儿行为进行观察。这种观察可以弥补感官的局限,观察现场的情况可以留存下来便于日后重复观察和分析,但观察者未能通过与婴幼儿互动深入进行了解。运用直接观察时,借助现代仪器或设备进行间接观察,可以使观察的资料更为精确、全面。

（二）结构观察和非结构观察

根据观察的结构化程度，婴幼儿行为观察可以分为结构观察和非结构观察。

结构观察，又叫正式观察、封闭观察，是指观察者围绕明确的观察目的和观察对象，依照观察计划、步骤和方法进行婴幼儿行为观察。这类观察在观察前的准备阶段需要明确观察目的、观察对象、观察环境、观察时间、观察方法并制定观察记录表格等，观察基本按照既定安排执行。观察的结构严谨、计划周详、观察效率高、客观性强，分析评价的结果也比较可信、有效。但结构观察缺乏弹性空间，难以发挥观察者的灵活性，不易搜集到婴幼儿行为更为全面或其他有价值的信息。

非结构观察，又叫非正式观察、开放观察，是指观察者不严格限定观察的目的、对象、环境和时间，也没有预先制订观察计划和步骤，是一种开放的、弹性的观察。观察者在观察前通常会列出一个开放性的观察提纲，观察过程中可以根据实际情况进行调整。例如，观察者在观察婴幼儿与操作材料的互动情况时，发现两名婴幼儿之间的交流互动很有价值，随即调整关注点，观察两位婴幼儿之间的互动行为和言语交流情况。非结构观察常用于一些突发的婴幼儿行为事件。非结构观察没有固定的结构，观察比较灵活有弹性，容易操作，便于发挥观察者的主观能动性，但观察目标和观察过程容易偏离，分析评价也容易受观察者的感性思考的影响。

（三）参与观察和非参与观察

根据观察者是否直接参与婴幼儿活动，婴幼儿行为观察可以分为参与观察和非参与观察。

参与观察是指观察者参与到婴幼儿的活动中，在与婴幼儿的互动过程中观察婴幼儿的行为。例如，观察者扮演客人的角色到娃娃家做客，加入婴幼儿游戏的同时进行观察。这种观察是在比较自然的状态下进行，观察者能够缩短与婴幼儿之间的心理距离，获得婴幼儿行为的第一手资料，借由互动还能更深入了解婴幼儿，也可以灵活调整观察的目标、进度和内容。但是，观察者既要客观地观察婴幼儿行为，又要兼顾与婴幼儿互动，双重身份对观察者的能力要求高。另外，由于与婴幼儿的互动，观察者的判断容易具有主观性，婴幼儿行为也容易受观察者影响而存在偏差，降低了观察的客观性。

非参与观察是指观察者以旁观者的身份观察婴幼儿的行为。例如，进餐环节，观察者在餐桌的不远处观察并记录婴幼儿进餐的行为、进餐的自主性、对食物的态度等，不参与且不干扰婴幼儿。这种观察比较容易实施，观察的结果也比较客观、真实，但观察内容容易表面化，不易通过提问等方式获得更为深入的婴幼儿行为信息，且由于在一定距离进行观察，容易发生看不清或听不明的情况。

（四）短期观察、定期观察和长期观察

根据观察的时间安排，婴幼儿行为观察可以分为短期观察、定期观察和长期观察。

短期观察是指观察者在较短的时间内对婴幼儿行为进行观察。例如，观察者用 15 分钟的时间观察婴幼儿在游戏中的互动行为，观察内容包括婴幼儿如何选择玩具、如何与同伴交流、如何解决冲突等。这种观察能够在短时间内收集婴幼儿行为资料并进行分析评价，省时省力。但短时间的观察难以获得婴幼儿行为发展变化的信息，容易造成对婴幼儿发展水平的评价偏差或误判婴幼儿行为背后的影响因素。

定期观察是指观察者在某个固定的时间对婴幼儿行为进行观察。例如，每周三午睡后的时间，观察者对婴幼儿自我安抚行为进行连续四周的观察，每次观察 10 分钟，记录婴幼儿从醒来到完全清醒的过程中，如何尝试自己入睡、是否有特定的安抚行为（如吮吸手指、抱着玩偶）等。这种定期观察能够较为准确地评估婴幼儿在某一特定行为上的发展轨迹，观察结果能够得到验证且具有可信度，但不易看到婴幼儿行为的其他方面和发展的连续性，可能忽略婴幼儿在其他时间或情境下的行为表现。

长期观察是指观察者在较长的连续时间内对婴幼儿行为进行观察。例如，我国著名教育家陈鹤琴先生以自己的孩子为观察对象，连续追踪观察 808 天，详细记录婴幼儿的身心发展变化过程。这种观察全面、真实而细致地观察记录婴幼儿行为，能够更为客观、准确地进行婴幼儿行为的分析和发展

的评价,但长时间的观察费时费力,不易坚持,被观察对象也容易流失。

视频

2岁5个月
宝宝夹豆子

(五)叙事观察、取样观察和评定观察

根据观察记录的方式,婴幼儿行为观察可以分为叙事观察、取样观察和评定观察。

叙事观察,也叫描述观察,指观察者用文字详实而完整地记录观察到的婴幼儿行为过程,如案例 1-1-2。常用的叙事观察包括日记法、连续记录法、轶事记录法。这种观察保留了一段时间内或某一事件发生始末婴幼儿行为的过程信息,记录具有详实性、完整性、生动性。但由于叙事观察要求记录详实且完整,往往费时费力,对观察者的记录能力要求较高,且文字描述难以进行量化分析。

·案例 1-1-2·

夹珠子①

观察对象:露露,女,3岁1个月

观察场景:生活区

观察时间:2016年10月21日

观察方法:轶事记录法

观察记录:

露露在夹珠子,手里拿着镊子将珠子从一个碗往另一个碗中夹。1分钟后,露露对我说:"老师帮我数。"我说:"好的。"她慢慢地用镊子紧紧夹住一个珠子,轻轻抬起手臂,挪到另一个碗的上方后再把镊子松开。我嘴里说着:"1个、2个、3个、4个、5个、6个、7个。你这次夹了7个。"露露说:"我在家能夹好多个呢。"于是,她继续夹珠子。这次露露用镊子夹珠子的速度很快,珠子还没有夹紧,她的手臂已经抬了起来,所以露露只连续夹了3个,珠子就从镊子中滑落到了地上。露露迅速弯下腰把珠子捡起放进碗里,然后把一个碗中的珠子全部倒入另一个碗中,重新开始夹。不同的是,这一次她开始慢慢地夹紧珠子之后再往另一个碗中放。将10个珠子不间断地夹到另一个碗中之后,她又将珠子全部夹回原来的碗中。露露一直在低头做,其他小朋友从她身边经过,她都没有抬头。全部夹完之后,露露抬起头,面带微笑地和我说:"我做完了。"

取样观察指观察者依据一定的取样标准选择婴幼儿的某些行为进行观察记录,如案例 1-1-3。这种观察或者仅记录婴幼儿某一特定行为事件的起因、过程和结果,或者仅记录婴幼儿某一特定行为是否发生、发生的频次或程度等。常用的取样观察包括事件取样法和时间取样法两种。这种观察只针对预先选定的婴幼儿行为进行观察,观察更具有针对性,操作过程相对简单,省时省力,比较适合大样本的婴幼儿观察,易获得大量的婴幼儿行为数据。但取样观察需要在正式观察之前做较多复杂的工作准备,包括确定观察目标、界定观察行为、安排观察时间、设计记录表格等。另外,由于针对婴幼儿特定的行为进行观察记录,记录的信息可能不够详实、完整,也容易忽略婴幼儿其他有价值的行为信息。

·案例 1-1-3·

婴幼儿的退缩行为

观察目标:了解婴幼儿的退缩行为表现

---

① 引自:李晓巍,幼儿行为观察与案例[M],华东师范大学出版社出版,2017年,第72页,内容有所调整。

观察对象：梓源,男,2岁6个月

观察时间：2024年3月15日

观察记录：见表1-1-3

表1-1-3　婴幼儿退缩行为观察记录表

时间	情景	前因	过程	结果
8:45—9:00	入园时间	班里引入了一批新玩具,包括各种形状和颜色的积木。小朋友们围过去挑选玩具	梓源站在一旁,看着其他小朋友玩耍,双手紧握,但没有靠近。老师邀请他过去挑选玩具,他摇了摇头	梓源慢慢退到角落,独自坐着看其他小朋友玩新玩具
9:20—9:30	户外游戏时间	户外游戏时间,小朋友们分小组进行跑步	梓源被分到了一组,轮到他时,他站在原地不动。小朋友催促,老师鼓励,但他还是没有迈出步伐	老师请梓源走到一旁,询问他原因。梓源沉默了一会儿,摇摇头说:"怕。"老师没有勉强
10:30—10:40	集体故事时间	集体故事时间,老师坐在中间讲述童话故事,周围围满了小朋友,都认真地听着	梓源也坐在人群中,身体微微后倾,双手抱在胸前,目光偶尔扫过老师手中的书本	过了一会儿,梓源转身坐回自己的座位上
11:00—11:30	午餐时间	午餐时间,小朋友们排队领取食物并回到自己位置上开始用餐	梓源拿到食物后,没有像其他小朋友那样立刻吃起来,而是看了看周围,然后慢慢走到角落坐下	梓源吃得很慢,时不时抬头看看其他小朋友

评定观察指观察者依据观察目标事先列出评定项目及评定方式,之后对婴幼儿行为进行观察和判断,主要运用符号或数字进行记录,如案例1-1-4。评定观察的适用范围广泛,很多婴幼儿行为都可以采用这种方法进行观察与评价。常用的评定观察有行为检核法、等级评定法等。这种观察只需要观察者熟悉评定项目即可进行观察,操作性强,便于记录、整理和量化处理,省时省力。但是由于观察者需要根据评定项目对婴幼儿行为作出一定判断,容易带有主观偏差,且容易忽略评定内容之外有价值的婴幼儿行为信息。另外,符号或数字的记录方式,难以对婴幼儿行为进行深入解读。

•案例1-1-4•

婴儿的气质表现

观察目标：了解3个月婴儿的气质表现

观察对象：天天,3个月,女

观察方法：行为检核法

观察记录：见表1-1-4

表1-1-4　1—4个月小婴儿气质评定表(列举)

	1	2	3	4	5	6
1. 两次喂乳之间,被妈妈抱在怀里时,能安静地躺着(身体很少扭动)			√			
2. 每天在大约相同的时候烦躁(如:上午,下午,晚上)					√	

续表

	1	2	3	4	5	6
3. 到新的地方或环境中(如从未去过的商店或别人家中),最初的几分钟内会显得不安					✓	
4. 任何时候给他/她洗脸,都能够接受而不会拒绝						✓
5. 饿了的时候就大声哭闹,而不是小声啜泣				✓		
6. 若让他/她醒时一个人单独待着,就会大声哭闹					✓	
7. 能持续好几分钟地反复发声(咕咕声,咿呀声等)					✓	
8. 换尿布时,虽用了种种办法(如:唱歌,轻拍等)试图分散其注意力,但仍然显得烦躁不安			✓			
9. 当尿布被大便弄脏时,会显得不舒服(吵闹不安或扭动身体)			✓			
10. 每天给他/她梳头时表现安静,很少乱动				✓		

注:1=从不,2=偶尔,3=很少,4=有时,5=经常,6=总是

(六) 自然观察和实验室观察

根据观察角度的不同,婴幼儿行为观察可以分为自然观察和实验室观察。

自然观察指在日常的自然状态中,不做任何条件限制,观察者对婴幼儿行为进行观察。例如,观察者在户外环节中观察婴幼儿的大动作。这种观察能收集到较为真实、客观的婴幼儿行为资料,能比较系统地观察记录婴幼儿行为的发展变化,但难以确定婴幼儿行为内在的因果联系。且观察者可能受自身主观意识影响,关注感兴趣的婴幼儿行为,而忽略其他一些有价值的信息。

实验室观察指在一定控制条件下,观察者对婴幼儿行为进行观察。例如著名的陌生情境实验就是典型的婴幼儿行为实验室观察。由于实验室观察对条件进行了控制,能够避免观察者主观因素而带来的观察偏差,但需要人为控制观察条件,实施起来相对费时、费力,也会影响观察结果的可信性和有效性。

拓展阅读

陌生情境实验

任务思考

学习评价

表 1-1-5 学习评价表

项目	内 容	水平				
		优秀	良好	中等	合格	较差
学习态度	按时参与课程学习,如期完成学习任务	5	4	3	2	1
知识领悟	了解婴幼儿行为观察与发展评价的内涵、意义、类型	5	4	3	2	1
实践应用	选择适宜的观察类型合理运用到婴幼儿行为观察中	5	4	3	2	1
价值认同	认识婴幼儿行为观察与发展评价的价值,树立科学观察的意识	5	4	3	2	1
沟通交流	参与小组讨论,倾听他人观点,清晰表达自己见解	5	4	3	2	1
合作探究	共同探讨、合理分工,合作完成小组任务	5	4	3	2	1
信息素养	检索相关资料,自主阅读学习	5	4	3	2	1
自我评价						

1. 苏霍姆林斯基曾说：观察对于婴幼儿之必不可少，正如阳光、空气、水分对于植物之必不可少一样。观察是智慧最重要的能源。你如何理解这句话？

2. 通过婴幼儿行为观察与发展评价可以了解到什么？

3. 请以思维导图的形式，梳理不同类型婴幼儿行为观察内涵、优缺点并列举应用实例。

任务二　了解婴幼儿行为观察与发展评价的理论基础

案例导入

微课

了解婴幼儿行为
观察与发展评价
理论基础

高高"吃饭"

高高（男，1岁8个月）坐在茶几旁，面前摆放着一套婴幼儿餐具和食物玩具。高高开始摆弄餐具，将食物玩具放到餐盘上，拿起一块面包，假装咬了一口，嘴里发出"啵呜"的声音，然后笑了起来。一旁的妈妈注意到高高的动作，笑着问他："好吃吗？"高高没有回答，而是拿起一把勺子，舀起一块胡萝卜，转向妈妈，将勺子伸向妈妈的嘴边，说："妈妈，吃。"妈妈张开嘴巴，假装吃下胡萝卜，并夸奖高高："真棒！谢谢高高。"高高"呵呵"笑了两声，假装喂妈妈不同的食物，每喂一次都会说："妈妈，吃。"妈妈每次都配合高高的动作，假装吃下食物，并给予积极反馈。过了一会儿，高高开始尝试自己"吃"食物，用勺子舀起一块肉，然后放进嘴里，模仿吃饭的动作。妈妈表扬他："高高会自己吃饭了，真厉害！"高高咧嘴笑了笑，继续尝试自己用勺子舀东西"吃"。

请思考：案例中的高高为什么会有这样的行为表现？运用不同的婴幼儿发展相关理论，分析评价高高的行为。

一、婴幼儿发展相关理论的价值

婴幼儿行为观察和发展评价是一个复杂的过程，关键在于观察者是否能恰当运用科学而合适的思维工具。婴幼儿发展相关的理论是先辈的研究成果和智慧结晶，构成了这些科学思维工具的核心，涵盖了不同流派的婴幼儿心理发展理论，婴幼儿发展常模、典型表现或年龄目标，以及婴幼儿教育相关理念等。

不同流派的婴幼儿心理发展理论可类比为一系列透镜，通过这些透镜过滤婴幼儿行为时，会形成不同的观察角度、解读视角、分析方法，并得出不同的结论。采用宽泛的理论框架进行审视，有助于揭示婴幼儿行为的深层含义，并对婴幼儿的行为进行更为立体的理解，从而更精确地把握婴幼儿的需求和意图。婴幼儿发展常模、典型表现或年龄目标，则为观察者提供了理解婴幼儿发展规律和特点的重要参考，有助于更深入地了解婴幼儿在各个领域的发展趋势。[1]　同时，婴幼儿教育的相关理念为科学的保教实践提供了指导性建议。

（一）为观察记录婴幼儿行为提供方向和依据

婴幼儿发展相关理论能够指导观察者依据理论的价值导向，确定观察和记录婴幼儿行为的关键点，进而明确观察目的和目标。例如，依据行为主义理论，观察者将重点放在婴幼儿的外在行为上，并关注那些能够激发婴幼儿行为的环境刺激、强化因素或模范榜样。再如，根据维果斯基的社会文化发

---

[1] 王烨芳. 学前儿童行为观察与分析[M]. 南京：江苏教育出版社，2012：93.

展理论,观察者会特别关注婴幼儿在社会互动中的行为表现。

婴幼儿发展相关理论有助于观察者依据这些理论框架设计观察记录表。以帕顿的研究为例,他将婴幼儿的社会性游戏行为细分为六个阶段:无所事事、旁观、单独游戏、平行游戏、联合游戏以及合作游戏。为了深入了解婴幼儿的社会性发展,观察者可以围绕这六个阶段设计一份观察记录表(表1-2-1),用以记录和分析婴幼儿在游戏活动中的社会互动情况(如案例1-2-1)。

• 案例1-2-1•

阿宝的游戏行为

观察目的:了解婴幼儿社会性发展情况

观察对象:阿宝,男,2岁10个月

观察目标:观察婴幼儿在游戏中的社会交往情况

观察时间:2023年5月21日,9:20—10:00

观察行为:无所事事(A),旁观(B),单独游戏(C),平行游戏(D),联合游戏(E),合作游戏(F)

观察场景:"娃娃家"游戏区

观察方法:事件取样法

观察记录:见表1-2-1

表1-2-1 婴幼儿游戏行为的观察记录

时间	行为	发生背景	行为起因	行为过程	行为结果	备注
9:20	A	刚进入"娃娃家",有不少孩子在进行游戏活动	不知从何开始游戏,未找到自己感兴趣的事物	站在"娃娃家"入口处,四处张望,偶尔走动几步,显得有些局促	未融入游戏,持续约2分钟左右	
9:22	C	发现角落里一个小熊玩偶	对小熊玩偶产生兴趣	拿起小熊玩偶抱在怀中,用手轻轻拍打,嘴里还念叨着类似哄娃娃的话语	玩了大概3分钟,能专注与小熊玩偶的互动	
9:25	D	邻近的彤彤在玩自己的洋娃娃,阿宝眼神时不时投向那里,但未与之互动	受到彤彤游戏的影响,也想尝试模仿,但又没有主动交流	坐在不远的地方,拿出自己的小熊玩偶,模仿彤彤哄娃娃的动作和言语,但未有交流	持续约4分钟,能模仿他人游戏方式,但未建立联系	
9:29	E	彤彤放下洋娃娃,拿起厨具玩具假装做饭。阿宝看着厨具玩具,有想参与的念头	不想错过体验新玩具的机会	走到彤彤旁边,也拿起一个厨具,模仿彤彤的动作假装做饭,两人偶尔有眼神交汇,但还是各自忙活着	持续约3分钟,开始与其他孩子有简单互动	
9:33	B	小五加入彤彤的游戏,两人开始一起玩洋娃娃,阿宝看着他们	被周围游戏氛围吸引,但没有主动参与,只能在一旁观看	站在旁边,目光紧紧跟随两个孩子的动作,偶尔会露出想参与的神情,但没有实际动作	持续至观察结束(9:40),一直处于旁观状态	

分析评价:

1. 阿宝在新环境中表现出了初步的适应能力,通过观察和移动来熟悉环境。他在发现感兴趣的玩具后,能够迅速进入游戏状态,显示出良好的自我娱乐能力。

2. 阿宝在平行游戏中模仿他人的行为,表明他开始学习社交互动的基本模式。他在联合游戏中尝试与他人共享空间和资源,显示出社交兴趣的萌芽。

3. 阿宝的游戏行为从单独游戏逐渐过渡到平行游戏,反映了他在游戏中的社交发展。他在旁观他人游戏时表现出兴趣,但尚未发展出主动参与的社交技能。

引导支持:

1. 鼓励阿宝探索新环境和新玩具,以增强他的好奇心和适应能力。提供多样化的玩具和游戏环境,激发他的探索兴趣。

2. 通过简单的合作游戏(如一起搭建积木),促进阿宝的社交互动能力。在游戏中给予阿宝适当的引导和鼓励,帮助他建立社交信心。

3. 在游戏中与阿宝进行交流,鼓励他表达自己的想法和感受。通过提问和讨论,提高阿宝的言语表达能力和社交互动技巧。

又如,根据婴幼儿动作发展的常模,观察者可以设计"婴幼儿动作发展检核表"(表1-2-2),用于观察评价相应月龄婴幼儿的动作发展状况。

表1-2-2　13—18个月幼儿动作发展的检核表

观察评价要点		是	否
大动作发展	行走自如		
	绕过障碍物走		
	手足并用爬上楼梯1—2级		
	过肩扔球		
	踢球时不摔倒		
精细动作发展	搭高积木		
	握笔涂鸦		
	将小物体投放到小瓶子里		
	用勺子取米饭		
	拿着杯子喝水		

(二) 为分析评价婴幼儿的行为提供理论支撑

婴幼儿发展相关理论在分析评价婴幼儿行为方面扮演着至关重要的角色。首先,这些理论能够帮助观察者敏锐地捕捉观察记录中的关键信息。例如,从婴幼儿社会性发展的理论视角来看,案例1-2-2中可可的行为属于自我意识发展的典型表现。因此,观察者充分了解婴幼儿发展相关理论,能够从纷繁复杂的信息中筛选出有价值的婴幼儿行为观察记录,并进行恰当的分析和解读。

●案例1-2-2●

可可自我意识的发展

观察对象:可可,女

观察时间:2023年6月—2024年3月

观察场景:家中

观察方法：轶事记录法

观察记录：

11个月：妈妈给可可穿衣服时说"小手伸出来"，她会摇头并将手臂藏到身体后面。

15个月：妈妈给可可换尿布，她会翻身并爬走，同时嘴里说着"不要、不要"。

18个月：妈妈准备给可可穿袜子，她会抢过袜子并说"可可穿，可可要穿"。

21个月：可可开始频繁地说出"我的，我的"以及"给我、给我"。

其次，婴幼儿发展相关理论能够为观察者提供多种视角来认识和理解婴幼儿的行为。例如，案例1-2-3中观察者从不同的理论角度出发，对婴儿行为形成不同的理解和认识。这表明，扎实的婴幼儿发展理论基础能够帮助观察者揭示婴幼儿行为背后的丰富内涵。

•案例1-2-3•

若若扔积木

观察对象：若若，男，11个月

观察时间：2017年10月2日

观察场景：家中房间

观察方法：轶事记录法

观察记录：

妈妈将一盒积木放置在若若的婴儿床中。若若伸出一只小手，从积木盒中抓起两块积木，摇晃着，然后双手各握一块，开始对敲。妈妈面带微笑地赞许："哇，若若真厉害！"若若望向妈妈，扶着床栏站起，将两块积木扔到了地上。妈妈略显惊讶地说："怎么扔了呢，不可以扔的！"随即弯腰拾起地上的积木，放回盒中。若若目不转睛地看着妈妈，妈妈的手一离开积木盒，若若又拿起两块积木扔下。妈妈笑着说道："你这是故意的吧！"再次捡起积木。若若却不停地从积木盒中取出积木、扔掉，如此反复多次，直到妈妈最终收走了积木盒。

分析评价：

视角1：依据皮亚杰的认知发展阶段理论，该婴儿正处于感知运动阶段的循环反应期。在这个时期，婴儿的认知焦点已从自身扩展至外部世界，通过有意识地重复某些吸引他们的动作，以掌握基础的动作技能。例如，若若反复地拿起积木并将其扔掉，正是他在练习抓握、释放和投掷等动作技能。

视角2：依据斯金纳的操作行为主义理论，婴幼儿行为受到行为结果的塑造，通过强化作用可以影响婴幼儿的行为模式。若若将积木扔到地上的行为，如果得到了妈妈的言语或表情上的反馈，这便成了他"拿起、扔掉"动作的强化信号。因此，他不断重复这一动作，期待着妈妈的进一步反应。

（三）为引导支持婴幼儿的行为提供指导

婴幼儿发展相关理论不仅为观察者提供了观察和认识婴幼儿的全新视角，还带来了丰富的教育启示，帮助观察者更有效地引导和支持婴幼儿的成长和发展。例如，行为主义理论强调通过改变环境、投放材料、强化手段以及提供榜样等方式来引导支持婴幼儿的发展。皮亚杰的发生认识论认为，婴幼儿通过与环境互动，不断尝试错误，逐步建立起对世界的理解。因此，为婴幼儿创设实际操作、亲身体验的材料和机会,能够促进其主动学习和建构知识。此外,维果茨基的社会文化理论认为,婴幼儿的发展是在与他人的互动中实现的,通过与更有经验的同伴或成人的合作,婴幼儿可以达到更高的认知水平。因此,创设一个富有互动性和社会性的环境,对于婴幼儿的全面发展具有重要意义。

二、婴幼儿发展相关理论的应用

(一)不同流派心理发展理论和婴幼儿行为观察与发展评价

不同流派心理发展理论在婴幼儿行为观察与发展评价中的应用,可见表1-2-3。

拓展阅读

不愿自己吃饭的珂珂

表1-2-3 不同流派心理发展理论在婴幼儿行为观察与发展评价中的应用

主要流派	代表人物	主要观点	婴幼儿行为观察与发展评价中的应用	
			观察评价要点	引导支持要点
成熟势力理论	格赛尔	● 成熟是推动个体心理发展的主要动力,决定了心理发展的方向和模式 ● 学习在个体成熟的基础上进行 ● 年龄是心理发展的一个重要指标。年龄反映了个体心理发展的水平和阶段 ● 个体都有其独特的成熟速度和方式,发展轨迹也会有所不同	● 观察分析成熟与学习是如何影响婴幼儿的行为与发展	● 理解和尊重婴幼儿的发展规律 ● 根据婴幼儿的年龄特点和发展水平来制订相应的教育计划 ● 尊重婴幼儿的个体差异,提供个性化的教育支持
行为主义理论	华生	● 强调关注可观察、可测量的外在行为 ● 行为是刺激-反应(S-R)之间的联结 ● 强调环境的重要性,认为通过改变环境可以影响甚至改变个体的行为	● 观察分析环境对婴幼儿行为的影响 ● 探究那些更容易引起婴幼儿特定行为反应的刺激	● 通过环境刺激来塑造婴幼儿行为
	斯金纳	● 个体的行为受行为结果的影响 ● 强化是塑造行为的驱动力,能够增加个体的特定行为	● 观察分析行为结果(如强化、惩罚等)对婴幼儿行为的影响	● 利用强化、惩罚、消退等塑造婴幼儿的行为
	班杜拉	● 个体通过观察学习(替代强化)而习得新行为 ● 强调行为、环境与个体认知三者相互影响、相互作用	● 观察分析婴幼儿如何模仿他人行为并习得社会规范	● 通过观察学习(替代强化)来塑造婴幼儿的行为
精神分析理论	弗洛伊德	● 强调内在动机、冲突和早期经验对心理发展的影响 ● 人格由本我、自我和超我组成 ● 心理发展可以划分为口唇期、肛门期、性器期、潜伏期、生殖期五个阶段	● 观察分析婴幼儿背后隐藏的内在需求、心理冲突和早期经验的影响	● 理解婴幼儿的内在需要,给予其满足和宣泄的途径 ● 根据婴幼儿心理发展的不同阶段提供适宜的教养
	埃里克森	● 强调个体是积极主动适应环境的探索者 ● 提出心理社会发展阶段理论,认为人生发展可分为八个阶段,每个阶段都面临一对危机或冲突 ● 强调文化和社会因素在个体心理发展中的重要作用	● 观察分析婴幼儿不同发展阶段的需要,及其与照护者的关系	● 关注婴幼儿在不同阶段的心理发展任务,提供适当的支持和挑战 ● 通过社交活动和情感引导,帮助婴幼儿建立自信和社交能力

续表

主要流派	代表人物	主要观点	婴幼儿行为观察与发展评价中的应用	
			观察评价要点	引导支持要点
发生认识论	皮亚杰	● 强调人的认知发展是主客体相互作用,通过同化、顺应达到适应的平衡过程 ● 关注个体的认知发展,认为个体认知发展经历了感知运动期、前运算期、具体运算期和形式运算期四个阶段	● 观察分析婴幼儿的认知表现 ● 观察分析婴幼儿如何通过感知、操作等方式认识客观事物	● 理解、尊重婴幼儿的认知发展水平 ● 根据婴幼儿认知水平提供适宜的刺激和活动,通过亲身体验和实际操作活动,促进婴幼儿认知发展
社会文化理论	维果茨基	● 强调认知发展是通过社会互动和文化环境实现的 ● 关注个体发展的最近发展区	● 观察分析婴幼儿如何在家庭、社会和文化环境中,通过与成人的交流和成人的指导来学习言语、规则和习俗等	● 注重营造积极、支持性的教育环境 ● 通过社交活动、假装游戏等,促进婴幼儿全面发展 ● 关注婴幼儿发展可能性,并提供学习支架
人本主义理论	马斯洛	● 个体的七种需要层次理论:生理需求、安全需求、归属与爱需求、尊重需求、认知需求、审美需求和自我实现需求	● 观察分析婴幼儿的需要表现,以及这些需求如何影响他们的行为和发展	● 关心、尊重和满足婴幼儿的需要,支持婴幼儿自我表达和自我探索
生态系统理论	布朗芬布伦纳	● 个体的行为和发展是其生活环境相互作用的结果 ● 强调环境的动态性、个体与环境之间的互动性 ● 强调将时间和环境相结合来考察个体变化或发展的动态过程	● 观察分析婴幼儿行为与发展如何被一系列相互作用的环境系统所影响	● 强调教育者、家长和社会各界共同努力,为婴幼儿创造一个富有支持性和挑战性的学习环境

拓展阅读

弗洛伊德、埃里克森、皮亚杰理论在婴幼儿行为观察与发展评价的应用

(二)不同教育理论和婴幼儿行为观察与发展评价

不同教育理论在婴幼儿行为观察与发展评价中的应用,可见表1-2-4。

表1-2-4 不同教育理论在婴幼儿行为观察与发展评价中的应用

主要理论	主要观点	婴幼儿行为观察与发展评价中的运用
蒙台梭利教育理论	● 婴幼儿具有独立性和自主性 ● 婴幼儿发展有多个敏感期	● 尊重婴幼儿的独特性,注重通过有准备的环境和教具促进其自我发展 ● 把握婴幼儿发展的敏感期,提供适宜的引导和学习机会
瑞吉欧教育理论	● 婴幼儿是有能力、有好奇心和主动性的学习者 ● 教师是陪伴者、观察者和引导者的角色 ● 环境是婴幼儿的第三位教师	● 强调以婴幼儿为中心的教学,关注其兴趣和需求 ● 强调创建支持性的环境,提供丰富多样的材料,促进婴幼儿主动学习
福禄贝尔教育理论	● 每个婴幼儿都具有无限的潜力	● 教育应该遵循婴幼儿的自然成长规律 ● 鼓励婴幼儿通过自身活动和探索来学习 ● 创设适当的环境和活动来激发婴幼儿的潜力,让其在快乐中学习和成长
多元智能理论	● 个体智力有多种表现形式,包括言语、逻辑数学、空间等	● 识别婴幼儿在各个智能领域的潜力,提供包容而具有个性化的学习体验。

(三)其他研究理论和婴幼儿行为观察与发展评价

其他理论在婴幼儿行为观察与发展评价中的应用,可见表1-2-5。

表1-2-5 其他理论在婴幼儿行为观察与发展评价中的应用

研究理论	主要观点	婴幼儿行为观察与发展评价中的运用
依恋理论（鲍尔比、艾斯沃斯）	● 婴幼儿依恋划分为前依恋阶段(0—3个月)、依恋建立阶段(3—6个月)、依恋形成阶段(6—24个月)、交互关系形成阶段(24个月以后) ● 婴幼儿依恋分为三种类型:安全型、回避型、矛盾型	● 观察婴幼儿的依恋行为及其发展阶段 ● 识别婴幼儿的依恋类型,理解其需求和情绪,提供有效的支持和帮助 ● 观察婴幼儿在日常生活和特定情境下的行为反应,评价依恋关系质量,指导婴幼儿抚养和教育实践
认知游戏理论(皮亚杰)	● 游戏在婴幼儿认知发展中具有积极作用,是婴幼儿探索世界、构建知识和技能的重要途径 ● 婴幼儿游戏划分为练习游戏(也叫感知运动游戏)(0—2岁)、象征性游戏(2—7岁)和规则游戏(7—12岁)三种类型。每种游戏类型都对应不同的认知发展阶段。其中,结构游戏(也叫建构游戏)伴随前面三个阶段发展	● 观察婴幼儿的游戏,了解其认知发展水平 ● 创造游戏情境,让婴幼儿通过游戏来探索、发现和解决问题,促进其认知的建构和调整
社会性游戏理论(帕顿)	● 关注婴幼儿在游戏中表现出来的社会性 ● 婴幼儿游戏分为无所事事(0—2岁)、旁观(2岁左右)、独自游戏(2.5岁左右)、平行游戏(3岁左右)、联合游戏(4岁左右)、合作游戏(5岁左右)六个阶段。每个阶段反映了婴幼儿社会性水平的逐步提高	● 观察婴幼儿在游戏中的行为,了解婴幼儿的社会性发展情况 ● 通过游戏,支持婴幼儿社会化过程,促进其健康成长
气质理论(托马斯和切斯)	● 从活动水平、节律性、趋避性、适应性、反应强度、心境、持久性、注意分散、反应阈九个维度来解释婴幼儿的气质表现。将气质类型划分为容易型、困难型和迟缓型 ● 气质特质在婴幼儿早期就能被观察到,并且在后续发展中保持相对稳定	● 观察婴幼儿行为,了解婴幼儿的气质表现,接纳尊重婴幼儿的气质特点 ● 根据婴幼儿的气质特点有针对性地进行教养,扬长补短

（四）婴幼儿发展相关理论的应用注意事项

1. 不应轻视理论的作用

在学习和应用婴幼儿发展相关理论过程中,部分学习者存在理解偏差,认为理论与实际应用差距大,从而低估理论的重要性,甚至觉得理论无用。如案例1-2-2中,可可在11个月时会摇头拒绝,15个月时说"不要",18个月时展现自主性,21个月时开始使用人称代词,看似2岁前就出现自我意识萌芽,这与婴幼儿心理发展规律中自我意识萌芽通常在2—3岁的观点不符,易引发对理论有效性的质疑。实际上,理论是基于大量个案深入分析得出的,不能因单一案例否定其普遍适用性。况且婴幼儿发展存在个体差异,相关理论提供的是一般性规律和特征,应承认这种差异。

2. 切忌把理论当作标尺

对婴幼儿发展相关理论认识的一个常见误区是把它们视为绝对标准,尤其将发展常模或年龄目标当作衡量发展的唯一尺度,还轻易给婴幼儿贴上"发育迟缓"或"发育超前"的标签。但发展常模或年龄目标只是评价参考之一,其作用是为观察者提供评估参照。由于婴幼儿个体存在差异,借助它们能发现这些不同,此时关键是正视、尊重差异,探究婴幼儿行为背后的遗传、生物或环境因素,以针对性引导和支持他们发展。

应用不同流派婴幼儿心理发展理论时,也容易存在将理论绝对化,简单对应现实的问题。例如,看到孩子争抢玩具就认定为攻击性行为;孩子与母亲分离焦虑且母亲安慰无效,就判定为不安全依恋;孩子游戏自主性不强,便认为缺乏自信、平时受过多限制。这会导致婴幼儿或照护者被贴上不当标签。这种缺乏依据的观察结论不利于婴幼儿发展和教养工作。因此,观察者要掌握不同流派理论核心,科学、全面分析婴幼儿行为,避免片面解读。

总之,观察者不应将发展常模、不同流派理论等作为衡量婴幼儿发展的标尺。解读婴幼儿行为时,要辩证看待理论价值,明确其是分析评价的参考之一,审慎应用,才能准确认识婴幼儿并给予适宜教养。

任务思考

学习评价

表1-2-6 学习评价表

项目	内 容	水平				
		优秀	良好	中等	合格	较差
学习态度	按时参与课程学习,如期完成学习任务	5	4	3	2	1
知识领悟	了解常用婴幼儿发展理论的应用价值	5	4	3	2	1
实践应用	运用相关理论进行婴幼儿行为观察与发展评价	5	4	3	2	1
价值认同	认识理论的价值,重视运用理论进行婴幼儿行为观察与分析评价	5	4	3	2	1
沟通交流	参与小组讨论,倾听他人观点,清晰表达自己见解	5	4	3	2	1
合作探究	共同探讨、合理分工,合作完成小组任务	5	4	3	2	1
信息素养	检索相关资料,自主阅读学习	5	4	3	2	1
自我评价						

学习思考

1. 如何看待理论在婴幼儿行为观察与发展评价中的价值?

2. 列举婴幼儿行为观察实例,尝试用婴幼儿发展相关理论进行婴幼儿行为的分析评价和引导支持。

3. 婴幼儿发展相关的理论还有哪些?它们在婴幼儿行为观察与发展评价中应如何应用?

微课

掌握婴幼儿
观察与发展评价
的实施流程

任务三 掌握婴幼儿行为观察与发展评价的具体实施

案例导入

困惑的刘老师

刘老师作为托班教师,已执教一年,面对孩子们频繁的哭闹时,常感力不从心,难以准确解读孩子们的行为意图与情绪表达,在回应与引导上显得捉襟见肘,这让她深感挫败。为改善这一状况,刘老师尝试观察记录孩子的行为来增进对他们的理解。然而,在实施过程中却遭遇了诸多挑战。刘老师不确定应从何时开始观察,何时结束观察,导致观察过程缺乏明确的方向和焦点。

请思考:案例中的刘老师为什么会出现这样的情况?观察者进行婴幼儿行为观察的目的是什么?需要做些什么准备工作才能更好地达成目的?如何有效地进行婴幼儿行为观察与发展评价?

一、前期准备阶段

（一）观察人员的准备

婴幼儿行为观察与发展评价需要观察者在观念、认知、行动上做好一定准备。

观念上，观察者应树立科学的观察意识。第一，深刻认识到观察活动对婴幼儿全面发展、家庭与托育机构科学教养实践以及自身专业能力提升的重要意义，确保以积极、负责的态度投入其中。第二，秉持客观公正的原则，以发展的视角审视婴幼儿行为的个体差异，尊重并理解每位婴幼儿独特的成长节奏与方式，避免先入为主的偏见。

认知上，观察者需熟悉不同年龄阶段婴幼儿的身心发展特点与规律，以及婴幼儿发展相关理论。这些知识有助于更准确地分析婴幼儿行为背后的意义，评价其发展状况，识别其潜在优势与待提升之处。同时，观察者还要了解婴幼儿教养方面的知识，以便在观察与评价的基础上，提出更科学、适宜的指导策略。此外，应掌握多种观察方法及其适用范围，确保观察活动的有效性与专业性。

行动上，观察者应主动收集并了解婴幼儿的背景信息，包括家庭环境、成长经历等，以便更全面地理解婴幼儿行为背后的社会文化背景因素。同时，建立与婴幼儿之间积极、信任的关系至关重要。这要求观察者在观察初期就努力营造友好、舒适、安全的氛围，减少因观察者的介入而对婴幼儿行为产生的干扰，确保观察到的行为是婴幼儿自然、真实的表现，从而更准确地反映其发展水平与行为动因。

> 拓展阅读
>
> 教育日常中三种常用的观察策略

（二）观察计划的制订

1. 明确观察目的

观察目的指的是观察者要关注和了解婴幼儿哪些方面，为什么要就这些方面进行观察，期望通过观察达到什么样的目的等。确定观察目的是准备阶段的重要环节，是观察的核心意图，对整个婴幼儿行为观察过程起导向作用。例如，托班的部分孩子中午总是不愿意吃饭。当观察者以"探究婴幼儿不愿进餐的原因"为目的进行观察时，很快了解到一些原因：精细动作能力不足，自主进餐技能弱；自主进餐意愿不强；食物偏好不同等。因此，观察者就能围绕精细动作训练、提高进餐意愿等进行家托合作，逐步实现婴幼儿自主进餐。

明确观察目的能够引导观察者定向捕捉与目的相关的关键行为，这种聚焦式观察避免了冗余信息的干扰，从而提升观察效率与质量。在婴幼儿保教实践中，观察目的一般聚焦于：了解婴幼儿的已有经验、发展水平、需求想法及个性化学习特征等；探究婴幼儿行为背后的影响因素；优化保教策略，促进婴幼儿进一步发展等方面。

2. 选定观察对象

在确定观察目的后，需要明确观察对象的范围，比如婴幼儿的年龄、性别、人数等，并且在观察期间尽量不更换观察对象，这样才能保证观察的连续性和数据的准确性。具体要观察谁，需要根据目的来定：如果是为了了解某个婴幼儿的行为特点、成长规律或个性化需求，就重点观察该婴幼儿，这样可以更聚焦地记录细节，为个别教育提供详细资料；如果是为了分析一群婴幼儿的整体表现、发展水平或互动情况，就需要观察整个小组或班级，通过群体观察发现普遍规律，从而全面改进保教工作。

3. 确定观察目标

观察目标是观察者基于观察目的而设定的具体、可操作的婴幼儿行为关注点。它是观察目的的具体化表现，确保观察活动能够聚焦于特定行为内容。例如，观察目的聚焦于幼儿社会性发展的评估，观察目标则可细化为观察亲子互动的质量或婴幼儿间的同伴互动模式。简而言之，观察目的设定了观察的总体方向与意图，而观察目标则明确了观察的精确焦点与具体内容。

4. 选择观察的环境

根据观察目的和观察目标,需要拟定观察的环境。观察环境通常涵盖情境与场景两个维度。情境方面指婴幼儿行为发生时的心理与社会环境情况,包括但不限于婴幼儿所从事的具体活动类型、参与者的数量及其互动关系、观察者的介入方式与程度等,这些要素共同构成了婴幼儿行为的背景信息。场景方面指婴幼儿行为发生的物理空间及其中的物质元素,如托育机构的活动室、户外区域、走廊,或是家庭、社区等不同场所,以及这些场所中与婴幼儿行为相关的设施与设备,如阅读角的书籍、户外的运动器械等。

5. 拟定观察时间和次数

合理安排观察的时间和观察次数对于提高观察结果的客观性和精确性至关重要。婴幼儿行为观察应限定在明确的时段内进行,以确保观察的连续性和系统性。

观察时间具体涉及观察日期、观察起始时间点、观察持续时间,以及分配给每个被观察婴幼儿的具体时段。例如,观察婴幼儿游戏互动时,观察者选择上午 10 点至 11 点这一时间段,持续观察 30 分钟每个婴幼儿在游戏区内的行为,以确保能够捕捉到丰富的互动细节。

观察次数指的是整个婴幼儿行为观察活动需要进行的观察总次数,以及观察的婴幼儿行为在一定时间范围内发生或重复的频数。例如,为了全面评估婴幼儿的进餐习惯,观察者可能会选择连续五天,在每天午餐时间进行观察,记录婴幼儿从取餐到用餐结束的全过程,同时统计他们使用餐具的次数、食物摄入量等关键指标。

一般来说,过短或过少的观察可能无法全面反映婴幼儿的真实行为模式,而适宜的观察时间和次数安排则能帮助观察者捕捉更多有价值的细节,为后续的引导支持提供帮助。

6. 选择观察记录方法

在婴幼儿行为观察的整个过程中,观察记录是确保获取客观、准确观察结果的关键。根据不同的观察目标,观察者应灵活选择适当的记录方法。当观察目标在于捕捉婴幼儿在特定时段内或某一事件全过程中行为的演变时,叙事观察法为最佳选择。它能以详尽的文字描述记录行为的细节与情境。为避免信息遗漏,可利用录音、录像等现代技术手段辅助记录,随后进行文字转录以充实文本记录内容。当观察者关注婴幼儿行为的发生、频率、持续时间或程度等级时,评定观察或取样观察则更为适宜。这些方法通过预设的符号系统,实现快速且精确的频次统计或等级评定,有效对行为特征进行量化。观察者也可以综合采用符号记录与文字描述,既获得行为的量化信息,又保留了行为过程的质性信息。这种综合方法能更全面地反映婴幼儿行为的复杂性和多维性,为深入分析提供坚实的基础。

7. 设计观察记录表

为了提升婴幼儿行为观察记录的效率,观察者可在前期准备阶段设计观察记录表。由于观察者采用的记录方法各异,实际记录需求也各不相同,因此观察记录表会有所差异。

(三) 观察工具的准备

1. 记录表或记录本和笔

在进行婴幼儿行为观察前,观察者必须准备预先设计好的记录表或记录本以及笔,以便高效地记录观察结果。其中,记录本不仅用于记录观察,还可以用来记载一些突发或有趣的婴幼儿行为事件。此外,准备便笺纸或不同颜色的笔可以帮助观察者在记录时标记需要注意或特别记录的事项。

2. 计时工具

计时工具,如秒表、手表、时钟等,在某些观察活动中是必不可少的。例如,在采用时间取样方法时,计时工具用于在特定时间段内记录特定的婴幼儿行为。即便在使用其他观察方法时,计时工具也常用于记录婴幼儿行为的持续时间,以确保数据的准确性。

3. 影音记录工具

在观察过程中,观察者可以利用摄像机、照相机等设备记录婴幼儿行为。这些工具能够保存行为的原始信息,使观察者能够多次回放,从而减少观察记录中的遗漏和偏差。

二、观察实施阶段

在完成前期准备工作之后,便进入婴幼儿行为观察的实施阶段。在观察实施过程中,主要有以下四个方面需要予以关注。

(一)严格而灵活地执行观察计划

在婴幼儿行为观察的实施阶段,观察者需清晰把握观察计划的重点内容,尤其是观察目的与观察目标,并切实遵循观察计划开展工作,以此降低无关信息干扰以及个人主观因素影响,进而提高观察效率与质量。然而,在实际操作环节,可能会遇到诸如观察计划不够完善、观察对象出现变化、突发具有重要价值的婴幼儿行为事件等状况。面对这些情况,观察者应体现出灵活应变的能力,及时调整观察计划,以便获得更为理想的观察成效。

(二)真实而客观地进行观察记录

在婴幼儿行为观察的实施阶段,务必要如实、客观记录婴幼儿行为,坚决杜绝任何虚假杜撰的行为,防止个人主观臆断。同时,应当极力避免由于个人偏好或者观察难易程度等因素,对观察记录的真实性和客观性产生不良影响。

观察记录可以分为现场记录和事后记录两种。现场记录要求观察者在进行细致观察的同时,能够迅速且准确地完成记录,但这种方法可能会因为记录行为本身而导致一些关键的婴幼儿行为信息被遗漏。而事后记录则存在因记忆模糊、遗忘等问题,从而影响记录的精确度。鉴于此,建议将现场记录与事后记录有机结合起来。在观察时,简明扼要地记录婴幼儿的行为表现,随后及时进行详细补充记录,以此防止因记忆消退而造成信息遗漏。除此之外,为了进一步提升观察的真实性和客观性,还可以借助摄像机、照相机等辅助设备来进行观察记录。

(三)清晰而准确的观察角色定位

在婴幼儿行为观察的实施阶段,观察者需要明确自身的角色定位。当进行非参与观察时,观察者是旁观者,与婴幼儿之间的物理距离很重要。距离过近会干扰婴幼儿,使他们注意力分散,比如因好奇而频繁看向观察者或对其手中的记录表提问。所以,观察者要选择适当距离或隐蔽位置,在保证清晰观察婴幼儿活动的同时,降低干扰程度。此外,合适的观察距离能让观察者根据需要灵活转换角色,比如短暂加入婴幼儿活动保障顺利进行,或向他们提问获取更多信息。

在参与观察的情况下,观察者同时是婴幼儿活动的参与者,此时与婴幼儿之间的心理距离很关键。婴幼儿在熟悉的人或环境中才会有更真实自然的行为,所以进行参与观察时,和婴幼儿建立良好关系是前提。观察者要清楚自己的角色,全身心投入成为积极参与者,同时避免主观意识和行为对婴幼儿产生暗示,确保观察结果真实客观。

(四)捕捉偶尔或特殊的行为反应

在婴幼儿行为观察的实施阶段,观察者需要具备敏锐的观察力和高度的警觉性,以便能够捕捉到婴幼儿的偶然行为或特殊行为。这些行为虽可能不在预定的观察计划内,但它们往往能够反映出婴幼儿更为真实和全面的心理和行为特征。因此,观察者应做好随时记录这些行为的准备,并且尽可能详细地描述行为发生的背景、环境以及婴幼儿的具体表现。例如案例1-3-1,观察者预定的观察计划是记录孩子们听故事时的注意力程度和参与度。小悦的偶然行为并不在预先设定的观察计划内,但它却生动地展现了小悦对外界环境的敏感度和好奇心。观察者及时捕捉并记录这一行为,能够为后续的教育活动提供宝贵的参考依据。

• 案例 1-3-1 •

抓风的女孩

观察目标：婴幼儿听故事时的注意力集中程度和参与度

观察对象：小悦，女，2 岁 8 个月

观察情境：阅读角，孩子们正围坐在柔软的地毯上听老师讲故事

观察方法：轶事记录法

观察记录：

阅读角，孩子们正围坐在柔软的地毯上听老师讲故事。小悦一开始也和其他孩子一样，安静地坐在地毯上，眼睛跟随着老师的动作。但没过多久，她突然抬起头，望向窗外，似乎被什么东西吸引了。随着一阵微风吹过，树叶轻轻摇曳，小悦伸出小手，时而张开时而握住，嘴里还喃喃自语："风，来抓我呀！"

三、分析评价阶段

在婴幼儿行为分析评价阶段，通常要对观察记录资料进行处理、分析与评价。

处理观察记录资料主要包含量化处理和质性处理两方面。量化处理主要是对可量化的数据展开统计分析，如统计婴幼儿午睡问题行为发生的频次等。依据不同的观察记录资料以及统计方法，量化处理结果一般会以折线图、柱状图、饼状图、流程图等形式呈现。质性处理则重点针对观察记录中文字描述的意义进行标签、分类以及统计。例如，在自由游戏时间，一鸣挑选了一个大型积木块，他先后双手拿起好几块大型积木，来回翻看，随后慢慢地把它们放在地板上。之后，他四处张望，寻到一个位置，把积木搬过去，尝试将积木堆叠起来。这段婴幼儿行为记录资料所蕴含的意义可以标注为"选择""观察""放置""寻找""移动"和"堆叠"等标签，并归类到"问题解决""空间感知"等维度，进而依据此统计各类行为的发生频率。

分析是在量化和质性处理的基础上，对婴幼儿行为进行深入阐释，涵盖对婴幼儿的行为特征、个体差异、学习特点、需求想法等进行详细解读，或是运用婴幼儿发展相关理论来阐明行为的意义、行为背后的原因、行为与发展和环境的相互关系等。

在分析基础上，可以对婴幼儿在不同领域的发展水平予以评价。评价需要依据相应的指标，这些指标既可以是婴幼儿发展常模和专业理论，也可以是专业评估量表，比如国家卫健委发布的《0—6 岁婴幼儿发育行为评估量表》等。在评价时，应全面考量婴幼儿的个别和整体发展情况。评价的目的在于促进婴幼儿的进一步发展，而非简单地对婴幼儿进行定义或贴上标签。因此，评价应以发展的眼光来进行，既要关注婴幼儿当前的发展水平，也要关注其发展的速度、特点和趋势，以便为引导和支持婴幼儿的进一步发展提供有力依据。

四、引导支持阶段

在完成婴幼儿行为的观察记录与分析评价之后，接下来的重要步骤是提出并落实能够引导支持婴幼儿进一步成长的适宜策略。这些策略应以观察的目标为导向，基于对婴幼儿行为的深入分析和成长评价结果，从多方面着手制定具有针对性且切实可行的支持策略，其涵盖内容包括但不限于环境创设、活动设计、机会创造、互动回应、家托协同教育以及持续的观察跟进等方面。

任务思考

💬 学习评价

表 1-3-1 学习评价表

项目	内　　容	水平				
		优秀	良好	中等	合格	较差
学习态度	按时参与课程学习,如期完成学习任务	5	4	3	2	1
知识领悟	熟悉婴幼儿行为观察与发展评价的流程	5	4	3	2	1
实践应用	能制订合理的婴幼儿行为观察计划	5	4	3	2	1
价值认同	树立科学观察的意识,重视婴幼儿行为观察与发展评价	5	4	3	2	1
沟通交流	参与小组讨论,倾听他人观点,清晰表达自己见解	5	4	3	2	1
合作探究	共同探讨、合理分工,合作完成小组任务	5	4	3	2	1
信息素养	检索相关资料,自主阅读学习	5	4	3	2	1
自我评价						

✍ 学习思考

1. 反思自己在观念上、认知上、行动上等观察准备方面还有哪些欠缺,可以如何改进。

2. 结合实例,谈一谈婴幼儿行为观察与发展评价的过程。

3. 作为观察者,如何明确自己在婴幼儿行为观察过程中的角色定位?

育儿宝典

婴幼儿行为观察与发展评价过程中的伦理问题

在婴幼儿行为观察与发展评价中,应遵守以下伦理原则:

知情同意:尊重隐私权和知情权,向监护人清晰说明观察相关事项并征得同意,对有理解能力的婴幼儿沟通获取参与意愿。

保护隐私:观察记录仅用于教育和研究,记录时匿名处理个人信息。

尊重与保护:观察前排除环境危险因素,观察时保持警觉关注情绪需求,客观描述行为,评价避免主观偏见或歧视。

最小化干扰:在自然环境中观察,避免直接介入或改变环境,确保观察真实性。

资料安全:保存和使用行为记录资料遵守法规伦理,用于研究或教学时确保资料真实完整,保存过程注意安全保密,防止滥用。

实训实践

实训实践一:制订一份观察计划

内容:以婴幼儿为对象,小组合作制订一份婴幼儿行为观察计划。

要求:

① 介绍观察发起的背景、观察目的、观察对象的基本信息(名称、年龄、性别等)、观察目标等。

② 计划观察时间、观察环境(包括观察场景和观察情境)、观察方法、观察者角色等。

③ 设计观察记录表。

_____婴幼儿_____情况观察计划

观察背景：

观察目的：

观察对象：

观察目标：

观察时间：

观察环境：

观察方法：

观察者角色：

观察记录表：

实训实践二：婴幼儿行为分析评价

内容：从理论的视角，小组合作进行婴幼儿行为分析评价。

要求：阅读观察记录，从行为主义理论的角度进行婴幼儿行为的分析评价。

案例：小宝的探索

观察记录：小宝（男，2岁4个月）醒来后，在妈妈的帮助下穿上鞋子，随后在客厅里开始他的自由探索。他首先走向玩具角，抱起一个玩偶，把玩偶放在沙发上，对着它说"手手来，伸出来，对……脚脚，不是，这只脚，对……站起来，裤裤拉起来"。玩了几分钟后，小宝转而注意到旁边的一盒积木。他蹲下身，用双手慢慢打开盒子，开始把里面的积木一块一块拿出来。这时，爸爸拿着一个彩色气球走进客厅，小宝立刻被吸引，丢下积木朝爸爸跑去。爸爸拍打气球使其飞起来。小宝模仿爸爸的动作，用力拍打气球，但起初并不成功。爸爸鼓励他："你再试试，一手抓着，一手拍，像这样。"小宝试了几次,逐渐掌握了技巧,气球开始在空中跳跃,小宝兴奋地大笑起来。

分析评价:

实训实践三:婴幼儿行为引导支持

内容:从理论的视角,小组合作提出婴幼儿行为引导支持策略。

要求:阅读观察记录,从不同理论的角度提出婴幼儿行为引导支持策略。

案例:小华的尝试

观察记录:小华(女,2岁4个月)在客厅的地毯上玩着一套形状分类玩具。这套玩具包括不同颜色和形状的木块,以及一个有对应形状孔的木盒。最初,小华尝试将木块放入正确的孔中,但几次尝试失败后,她嘟着嘴皱着眉头显得有些沮丧。妈妈在旁边鼓励她:"试试看另一个,你可以的。"小华停顿了一下,然后换了一个木块,成功地放入了正确的孔中,她随即露出了开心的笑容,并继续尝试其他的木块。

引导支持一:

引导支持二:

引导支持三:

📖 赛证链接

1. 根据观察的专业程度,观察可以分为(　　)。(单选题)

A. 日常观察和科学观察　　　　　B. 正式观察和非正式观察

C. 直接观察和间接观察　　　　　D. 参与式观察和非参与式观察

2. 科学观察与日常观察的核心区别在于(　　)。(单选题)

A. 是否使用仪器设备　　　　　　B. 是否具有明确目的和计划

C. 是否由专业人士实施　　　　　D. 是否需要文字记录

3. 根据观察记录的方式,观察可以分为(　　)。(单选题)

A. 日常观察和科学观察　　　　　B. 正式观察和非正式观察

C. 直接观察和间接观察　　　　　　D. 叙事观察、取样观察和评定观察

4. 下列哪项不属于婴幼儿行为观察的特征?（　　　）（单选题）

A. 实验操控性　　　　　　　　　　B. 自然真实性

C. 目的计划性　　　　　　　　　　D. 全面客观性

5. 广义的行为,是指个体的言行和举动,是表现在外而且能被直接观察、描述、记录或测量的活动（　　　）。（判断题）

6. 内隐行为可以直接通过感官观察获取（　　　）。（判断题）

7. 婴幼儿行为观察是在自然条件下,有目的、有计划进行的观察（　　　）。（判断题）

8. 简述日常观察与科学观察的主要区别。（简答题）

9. 简述婴幼儿行为观察的主要过程。（简答题）

10. 简述婴幼儿发展相关理论的价值。（简答题）

项目二 学习婴幼儿行为观察与发展评价的常用方法

项目导读

　　婴幼儿时期是人生发展的关键阶段,其行为表现与成长轨迹为教育者与研究者提供了宝贵的信息窗口。科学、系统的行为观察与发展评价,不仅能帮助成人深入理解婴幼儿的发展特点,更能为制定个性化支持策略奠定基础。本项目聚焦叙事观察、取样观察和评定观察这三大核心方法,结合案例详细阐述不同方法的含义、特点、使用和优缺点,旨在通过理论与实践相结合的方式,培养观察者科学观察的意识与能力,捕捉婴幼儿成长的细微变化,为其全面发展提供精准支持。

　　通过本项目学习,学习者将逐步掌握不同方法的适用场景、操作要点与优缺点,最终实现从理论到实践的跨越,成长为一名愿意观察、喜欢观察、善于观察的专业教育工作者。

学习目标

　　1. 了解婴幼儿行为观察与发展评价常用方法的含义、特点和优缺点;熟悉婴幼儿行为观察与发展评价常用方法的使用。

　　2. 能够运用适宜的方法进行婴幼儿行为观察与发展评价。

　　3. 树立科学观察的意识,愿意观察、喜欢观察、善于观察。

知识导图

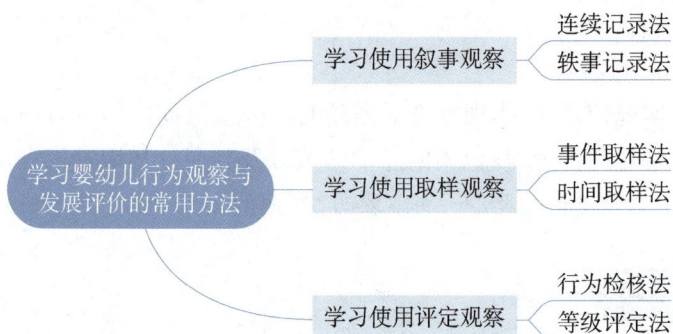

任务一　学习使用叙事观察

案例导入

娃娃家

观察对象:灰灰,男,2岁9个月

观察场景:娃娃家

观察记录:

9:20—9:25 娃娃家里,灰灰正拿着分割成两半的汉堡玩具对敲,转头看了老师一眼,笑了笑,看向前方的小绿。坐在梳妆台前的小绿,站起来朝灰灰走来,向他举起一个带着短链的粉色爱心,说:"爱心,给你。"并伸手要拿灰灰手中的汉堡玩具。灰灰未松手,小绿加大音量说:"我爱心给你!"灰灰接过爱心,把汉堡玩具丢在地上。小绿蹲下捡起汉堡玩具。灰灰将粉色爱心的链子套在头上,套不下去,他盯着爱心看了一会儿,手一松,爱心掉在地上。他又蹲下捡起爱心,朝前方地面丢了出去,嘴里念叨着:"什么啊?"

9:25—9:30 灰灰摸了下墙上的玩具热水器的商标,拽了拽它的出水管。这时,小亚走来,轻轻往一旁推了推灰灰,小亚蹲下,摆弄着玩具热水器下面的玩具床,将床往后搬了一小段距离,和灰灰一起蹲下"研究"着。两人嘟嘟囔囔说些什么。一会儿,灰灰站起说了声"被坏人偷走了",跨过玩具床走开了。灰灰从柜子里拿出一把玩具剪刀,双手掰开剪刀柄,把张开的剪刀头放进嘴巴里后,又拿出来,合上并放下,回身弯腰捡起来小亚丢在地上的玩具饮料,往梳妆台方向丢。

请思考:案例中采用哪种观察方法对婴幼儿行为进行观察记录? 这种方法有什么特点? 除了这种方法还有哪些类似的方法?

　　叙事观察,也叫描述观察,指观察者用文字详实而完整地记录观察到的婴幼儿行为过程。常见的叙事观察技术包括日记记录法、连续记录法和轶事记录法。本任务将重点探讨连续记录法和轶事记录法的应用。

一、连续记录法

(一) 连续记录法的含义

　　连续记录法,又称实况记录法,指观察者对婴幼儿在一段时间内的所有行为进行连续、详尽且完整的记录,包括婴幼儿自身的行为、与他人的互动细节以及其所处环境等信息,然后对婴幼儿行为样貌进行分析评价并提出引导支持策略的一种观察方法(案例 2 - 1 - 1)。

·案例 2 - 1 - 1·

小白的日常①

观察目的:考察婴幼儿独立做事能力

观察目标:观察分析婴幼儿在独立做事过程中解决问题的能力

---

① 引自赵琳,婴幼儿行为观察与分析[M],西南师范大学出版社出版,2021年,第99页,内容有调整和补充。

观察对象：小白，女，3 岁

观察场景：家中

观察时间：2018 年 7 月 19 日，9∶30—10∶30

观察方法：连续记录法

观察记录：

小白早上醒过来第一件事就是自己上厕所、洗手，然后拿一袋牛奶，边喝边站到窗台发呆，看到窗外的小鸟在飞，自己乐呵地嘴里嘟囔着什么。突然听到很大的汽车鸣笛声，吓得跑到妈妈的怀里。早餐时间，小白吃了面包、鸡蛋、牛奶，吃完后不忘跟妈妈说："妈妈，真好吃。"

小白打开电视播放儿歌，跟着旋律和动画又唱又跳，当歌曲播放到冰雪奇缘主题曲时，她会按遥控器暂停键，跑到卧室换上艾莎公主的裙子，继续播放音乐跟着节奏翩翩起舞，似乎所有的动作仍印在她的脑海里，但实际做出来的动作是不协调的。

小白跳完舞累了就倒在地上，嘴里还不停地哼着歌曲。当听到熟悉的英文歌曲时，嘴里会蹦出几个熟悉的单词，然后跑过去跟妈妈说"apple、grapes、yellow、banana"等。接着她找到墙上挂着的英文有声点读卡片学起英文，但这个行为没持续 1 分钟，很快又跑去看动画片。

开始切换到动画片模式，小白眼睛盯着电视屏幕，专心地看动画片，还不停地呵呵大笑。看到动画片里有一只小狗迷路了，一直在找妈妈，小白就跑到妈妈旁边用委屈和同情的语气说："小狗找不到妈妈了。"妈妈就说："那你去帮小狗找一下妈妈吧。"她说："我一个人找不到，你陪我吧。"

随着楼下小区里孩子们的声音越来越大，小白的注意力被外面声音吸引，跟妈妈说："我要出去玩。"妈妈说："我还要照顾弟弟，不能陪你下去玩。"小白就自己穿好外套和鞋子，带上滑板车下去了，其间妈妈一直在窗户边看着小白。下了楼之后，小白看到妈妈在窗户上看着自己，就跟妈妈招手说："妈妈我下来了，没事了。"便笑着找到跟自己一样大的孩子一起玩。

有个比小白大一点的孩子过来抢走了她的滑板车，小白站在原地，看看周围，（委屈地）不说话。过了一会儿小白的表姐跑过去拿滑板车，抢滑板车的孩子看到小白的表姐就把滑板车扔到小路上，（理直气壮地）站在那里。表姐过去取走了滑板车，看到表姐帮自己抢回了滑板车，小白（胆怯地）望着那个抢车的大孩子，不敢正眼看她。

小白很快回来了，妈妈开门一看，小白裤子上沾满了土，站在门口。妈妈问："怎么回事儿？"她说："自己摔倒了，不玩滑板车了。"妈妈问："你的滑板车刚才被别人抢了吗？"她回答："没有，别人玩了。"说完又玩去了。

分析评价：

1. 小白早上能够自己上厕所、洗手、拿牛奶喝，显示出较好的独立性和自我照顾能力。

2. 小白对动画片和儿歌有浓厚的兴趣，尤其喜欢模仿和表演。这表明她具有丰富的想象力和创造力。同时，她对英文单词的掌握也显示出一定的学习兴趣。

3. 小白看到动画片中小狗迷路的情节会表现出同情和委屈，说明她具有较强的情感表达能力和同理心。这是情感和社会性发展的重要表现。

4. 小白在户外与同龄孩子的互动中，遇到了一些挑战（如滑板车被抢），面对比自己大的孩子时，表现出胆怯和退缩。

5. 当滑板车被抢时，小白选择了沉默和等待帮助，而没有直接面对问题或表达不满。这反映出她在问题解决和情绪管理方面还有待提高。

引导支持：

1. 继续鼓励小白独立完成力所能及的事情,如穿衣、吃饭等,并在她成功时给予肯定和表扬,以增强她的自信心和独立性。

2. 为小白提供更多接触儿歌、舞蹈、动画片等的机会,鼓励她参与表演和创作活动,以进一步培养她的兴趣和创造力。同时,可以引导她尝试新的活动领域,拓宽视野。

3. 通过讲述故事、角色扮演等方式,引导小白理解不同情感的含义和表达方式,增强她的情感表达能力和同理心。同时,关注她的情绪变化,及时给予安慰和支持。

4. 鼓励小白与不同年龄段的孩子交往,特别是在户外活动中。当遇到冲突时,引导她学会用言语表达自己的感受和需求,同时教会她一些基本的冲突解决技巧,如协商、妥协等。

(二) 连续记录法的特点

1. 详实性

观察者需在一定时间段内对婴幼儿行为进行持续的记录,无须对行为进行筛选或判断其是否具有记录价值,只需如实、全面地记录所观察到的一切行为。记录内容应真实、详细,通常涵盖行为发生的背景信息、行为的先后顺序,以及事件的起因、经过和结果等方面,以确保记录资料能够高度还原实际发生的情况。

2. 客观性

观察者记录的婴幼儿行为信息应当未经主观地判断、推论或评价。例如,你蹲下身体,小脑袋朝里面探了探,又退出来站了起来。因为里面很黑,你有点害怕地往旁边退了几步,挥挥手让后面的小朋友先爬。其中,"因为里面很黑,你有点害怕…"这一描述可能反映了观察者的主观判断,并非客观事实。相比之下,你蹲下身体,小脑袋朝里面探了探,又退出来站了起来,往旁边退了几步,挥挥手让后面的小朋友先爬。这一描述更符合连续记录法对客观性的要求。

3. 即时性

观察者要在观察的现场同步进行记录,而非依赖事后的回忆来完成记录工作。这个过程,观察者可以利用摄像机、照像机等设备辅助记录婴幼儿行为,以便于后续反复地观察和详尽地记录;也可以在观察现场利用简洁的文字或简单的代码进行记录,观察后再迅速补充完整,以确保记录的完整性。

4. 开放性

观察者详尽地记录婴幼儿在一定时间段内所有的行为以及所处的情境信息。这是一种开放式的记录,没有任何选择性地过滤或修饰,确保了婴幼儿行为信息的真实性、完整性和全面性。

(三) 连续记录法的使用

1. 明确观察目的

连续记录法旨在获取未经加工、修饰且详尽、全面、客观的婴幼儿行为记录。这种方法要求观察者事先有明确的观察目的,通常适用于观察者需要对特定活动中的婴幼儿行为进行深入了解的情况。例如,观察户外活动中婴幼儿的行为表现。

2. 选择观察对象

连续记录法的观察对象可以从众多婴幼儿中进行选择,既可以是婴幼儿个体,也可以是互动中的婴幼儿群体。观察者可依据多种情况来确定观察对象:选择关注具有重要研究价值或能够引发特别兴趣的事件中的婴幼儿;从特定活动中挑选婴幼儿作为观察对象;采用简单随机的方式选择婴幼儿进行观察。

3. 选择观察的环境和观察时间

连续记录法对观察环境和时间没有特定的要求,任何时间和环境都适宜。然而,鉴于连续记录法需要在一段时间内详尽地记录婴幼儿的所有行为,因此选择一个相对安静、干扰较少的环境会更合适。

4. 准备观察记录表

连续记录法可以提前准备观察记录表,但一般不需要特别设计。记录表中包括基本信息部分、观察记录、分析评价和引导支持等关键部分即可。

5. 观察记录行为表现

连续记录法要求观察者在持续观察期间,详尽且客观地记录婴幼儿的所有行为,尽可能涵盖每一个动作、话语、表情、事件等,以及这些行为发生的具体环境信息。为确保观察记录的客观性,观察者应使用描述事实的语言,避免使用概括性或推测性的表述。

通常情况下,连续记录法依赖于现场记录。然而,在现场观察时,观察者往往难以捕捉并记录下婴幼儿的所有行为细节。为克服这一局限,可借助摄像机等工具辅助观察。在后期处理过程中,同样应遵循详实和客观的原则,将录像或录音资料转化为文字记录。

6. 分析评价行为表现

观察者必须秉持客观和严谨的态度进行婴幼儿行为分析评价,以确保分析评价的可信度和有效性不受个人偏见的影响。连续记录法提供了关于婴幼儿行为详尽的描述性信息,需要通过质性的方式进行资料处理。观察者可以结合婴幼儿发展相关理论,来分析婴幼儿的行为特征、发展趋势和影响因素。此外,由于收集了详实、全面且客观的婴幼儿行为资料,观察者也可以从多个角度对婴幼儿的行为进行解读,并对其成长进行评价。例如,在案例 2-1-1 中,观察者从婴幼儿的自我意识、想象创造、问题解决、情绪调节和社会交往等多个维度来解读观察对象的行为表现。

7. 提出引导支持策略

观察者应依据分析评价结果,制定针对性强且具备可操作性的引导支持策略。鉴于行为分析评价的角度存在差异,相应的策略也会有所不同。例如,在案例 2-1-1 中,观察者着重围绕婴幼儿行为分析评价的多个维度,提出了相应的引导支持策略。

（四）连续记录法的优缺点

1. 连续记录法的优点

（1）记录资料详尽且客观,具有持久的使用价值。观察者还原了婴幼儿所处的环境、发生的事件以及行为表现等第一手资料,这些资料未经修饰或加工,也未经过推断,因此保持了其客观性和原始性。随着时间的流逝,这些资料依然保持着其使用价值,观察者可以反复回顾和分析这些资料。

（2）操作过程简便易行。观察者无需具备特殊的观察技巧或接受专门的培训,也不必事先准备专门的观察记录表格。只要观察的情境适宜,观察者可以随时随地对婴幼儿行为进行观察记录。

（3）观察人数不受限制。观察者既可以对个别婴幼儿进行观察记录,对其深入了解,也可以对某一情境下互动的多名婴幼儿进行观察记录,记录多个婴幼儿在同一情境中的行为表现,从而获得更丰富的行为观察资料。

2. 连续记录法的缺点

（1）对观察者的记录能力要求高。连续记录法要求观察者详细记录婴幼儿的全部行为表现,涵盖从婴幼儿自身的举止到与他人互动的每一个细节,以及婴幼儿所处的环境信息等。这就要求观察者具备较高的观察能力和快速的文字记录能力。

（2）相对耗时、费力。连续记录法需要观察者全神贯注地观察婴幼儿的言行,并迅速准确地进行记录。然而,由于精力的限制以及环境因素的干扰,观察者往往难以做到完全不受打扰地记录,不遗漏任何信息。即便借助摄像机等设备辅助观察，观察者在后期仍需投入大量时间进行影音资料的转录和整理工作。这些无疑会占用观察者大量的时间和精力。

（3）资料处理难度较大。连续记录法获取的婴幼儿行为资料信息量丰富且复杂。观察者需要花费大量时间和精力来筛选、分类和解读这些资料，以确保从中提取出有价值的信息，资料的处理难度较大。

二、轶事记录法

（一）轶事记录法的含义

轶事记录法是指观察者将他们认为重要的、特殊的或有趣的婴幼儿行为事件的背景和始末进行详细地记录，以便后续进行分析和评价的一种观察方法（案例2-1-2）。与连续记录法不同，轶事记录法重点以特定行为事件的发生发展为线索来记录婴幼儿行为，而不是记录所有的婴幼儿行为及其相关信息。

• 案例 2-1-2 •

开心"驾驶"员

观察对象：开心，男，15个月
观察时间：2023年11月5日
观察场景：家中客厅
观察方法：轶事记录法
观察记录：

今天下午，开心在客厅的地毯上玩耍。他先是坐在地上，玩着手中的积木，尝试将它们堆叠起来。5分钟左右后，他开始四处张望，目光落在了不远处的玩具小汽车上。开心迅速放下积木，双手撑地，用膝盖和双脚的力量缓缓向前爬行。到达玩具小汽车旁后，他先是轻轻摸了摸玩具小汽车的车身，然后坐起来，尝试用双手将它拿起来（小汽车对开心而言略重）。开心尝试了几次才将玩具小汽车抱在胸前，脸上露出了笑容。接着，开心双手抱着玩具小汽车，身体左右扭动着，嘴里发出"呜呜"的声音。突然看到我在看他，开心咧着嘴巴"嘿嘿"地笑了出来，转而又继续抱着玩具小汽车，扭动着发出"呜呜"声。

分析评价：

开心从专注于积木游戏到被新的玩具吸引的玩耍过程，展现出了良好的认知能力和探索欲；从坐地到爬行再到尝试拿起较重的玩具小汽车，这一系列动作表明他的大肌肉群和精细动作能力正在稳步发展；成功拿起小汽车后和看到成人关注时露出的笑容，表明他能够感受到成就感和社交互动的乐趣；抱着玩具小汽车，身体扭动并发出"呜呜"的声音，表明他已经开始进行简单的表征游戏。

引导支持：

可以为开心提供更多种类和功能的玩具，如嵌板、角色玩具等，鼓励探索和游戏，以促进其认知、动作和情感等多方面的发展。利用开心喜欢与人互动的特点，安排更多的亲子活动或与其他小朋友的玩耍时间，通过互动促进其社会性发展。开心尝试新事物时，给予足够的支持和鼓励；取得成就或遇到困难时，给予及时的情感反馈和支持。

根据是否随机进行观察,轶事记录的适用时机可以分为有计划的轶事记录和随机式的轶事记录。

有计划的轶事记录是指观察者预先设定观察目标对象或目标行为,决定观察特定的婴幼儿或特定的婴幼儿行为。例如,观察者注意到托班的小 K 在言语表达方面表现出色,希望深入了解他的行为模式及发展情况,于是选择小 K 作为观察对象,专注记录他在日常生活中的行为轶事。又如,观察者对托班孩子的言语发展感兴趣,因此持续关注并记录班上孩子们在言语方面的行为轶事。

随机式的轶事记录是指观察者未预先设定观察对象与目标行为,而是随时展开观察记录工作。当观察者留意到婴幼儿展现出有价值、独特或引人关注的行为时,便进行详细记录。例如,在户外活动时段,观察者注意到 22 个月大的小 A 展现出双脚并跳的动作,并且反复尝试。从最初仅做出蹲下起跳的预备动作,到后来能够双脚略微离地但不够协调地跳跃,观察者认为这一过程是小 A 发展的重要里程碑事件,于是决定进行观察记录。

(二) 轶事记录法的特点

1. 轶事性

轶事记录法的核心特征在于其轶事性,也可称作选择性。该方法聚焦于记录婴幼儿的特定事件,记录标准在于观察者认为这些事件对婴幼儿具有重要意义,或是能够体现婴幼儿典型、独特的行为,或是涉及观察者感兴趣的婴幼儿发展领域。因此,轶事记录法通常用于婴幼儿的随机或偶发事件。

2. 灵活性

也称作低结构性。观察者在观察前无需预先拟定观察目的和观察计划,而是在日常生活中留意"值得记录"的婴幼儿行为,并随时随地进行观察和记录。这种观察记录不受时间、地点或情境的限制,具有极高的弹性和灵活性。

3. 延时性

与连续记录法的即时性特点不同,轶事记录法具有延时性的特点。观察者在观察前往往无法预测目标事件,因此通常在婴幼儿事件发生的过程中进行观察,并在事件过程中或结束后进行记录。在大多数情况下,观察者可以在事件发生过程中做一些简单的现场记录,待事后对事件的整个过程进行详细而完整地记录。

此外,轶事记录法也具有一定详实性、客观性和开放性的特点。

(三) 轶事记录法的使用

1. 确定观察目的

在进行有计划的轶事记录时,观察者会预先确定观察目标对象或目标行为,旨在深入了解某一或某些婴幼儿的行为模式,或掌握婴幼儿的特定行为表现。例如,观察者可能关注某个婴幼儿的行为表现及其发展状况,或关注托班婴幼儿在睡眠方面的问题行为。而随机式的轶事记录则需要预先设定明确的观察目的。

2. 选择观察对象

无论是否预先确定观察对象,轶事记录法主要是在观察者认为具有重要价值或引起兴趣的事件中确定目标婴幼儿。例如,那些平日里安静不语却突然主动参与交流的婴幼儿、表现出意料之外行为的婴幼儿、首次尝试独立进食的婴幼儿等。其区别在于,有计划的轶事观察是在观察实施前选定好特定的婴幼儿作为观察对象,而随机式的轶事记录则是在观察过程中才确定观察的婴幼儿对象。

3. 观察记录行为表现

轶事记录法要求按照婴幼儿行为事件的发生顺序进行完整记录。一份完整的轶事记录应包括行为事件的起始、经过和结果三个部分。与连续记录法类似,轶事记录法在描述行为时应力求具体、清晰,避免抽象概括和主观臆断。鉴于婴幼儿行为的突发性和偶然性,观察者通常先在观察现场迅速而简洁地记录婴幼儿行为的关键点,随后及时回忆并补充记录。

视频

1 岁 5 个月宝宝轶事:跟着音乐摇头晃脑

4. 分析评价行为表现

轶事记录法与连续记录法相似,主要采用质性方式来处理婴幼儿行为的文字记录,并进行客观解读。在解读行为时,可从行为模式、行为意义、行为与发展的联系以及行为与环境的相互作用等多个维度进行。此外,通过审思"为何选择观察此特定婴幼儿行为事件",观察者能够进一步加深对记录内容的理解。例如,在案例2-1-2中,观察者主要从行为与发展的联系、行为与环境的关联角度来解读婴幼儿的行为。

5. 提出引导支持策略

在完成分析评价后,观察者还需依据分析评价结果,制定有针对性的引导支持策略,以促进婴幼儿行为的改善与进一步发展。例如,在案例2-1-2中,观察者从材料提供、交流互动方式以及情感支持等多维度出发,综合考量婴幼儿的发展水平,拟定出具体且切实可行的策略。

(四) 轶事记录法的优缺点

1. 轶事记录法的优点

(1)便捷、灵活。轶事记录法无需观察者接受特别训练或进行额外准备,仅需在婴幼儿展现出值得注意或有探究价值的行为时,即可随时随地进行记录。与连续记录法相似,轶事记录法是一种易于掌握的婴幼儿行为观察技巧,尤其适合新手观察者,并在教育实践中被广泛采用。

(2)记录相对详实。轶事记录法对于特定行为事件的记录,要求尽可能详尽且客观地描述事件的来龙去脉以及婴幼儿的一言一行等信息,为理解婴幼儿行为及其原因提供了较为详尽的资料。

(3)记录资料的使用价值持久。轶事记录法清晰地展现了婴幼儿在成长过程中具有价值和趣味的行为事件的背景与过程。这些记录可以长期保存并反复利用,有助于观察者洞察婴幼儿成长过程中的关键行为事件,便于把握他们的发展轨迹。

2. 轶事记录法的缺点

(1)易受观察者主观倾向的影响。轶事记录法是一种选择性的观察记录方法,观察者在判断哪些婴幼儿行为值得记录时,容易受到个人主观倾向的影响。这可能导致观察者仅关注自己认为有价值或感兴趣的行为事件,而忽略其他信息。

(2)事后记录容易造成信息偏差。由于婴幼儿的行为轶事不可预知,观察者难以在事件发生时进行完整的现场记录,主要依靠观察后的回忆进行补充记录。因此,轶事记录法容易因为记忆的错漏而难以完全呈现婴幼儿行为事件的真实情况,进而导致理解和分析的偏差。

(3)记录的行为样本可能缺乏代表性。轶事记录法主要记录观察者注意到的某个或某几个婴幼儿的行为轶事。这些行为未必在其他婴幼儿中普遍存在,基于这些记录得出的分析评价结论可能不适用于更广泛的婴幼儿群体。

任务思考

学习评价

表2-1-1　学习评价表

项目	内　　容	水平				
		优秀	良好	中等	合格	较差
学习态度	按时参与课程学习,如期完成学习任务	5	4	3	2	1
知识领悟	了解连续记录法和轶事记录法的含义、特点和优缺点;熟悉连续记录法和轶事记录法的使用	5	4	3	2	1
实践应用	能够运用适宜的叙事观察方法进行婴幼儿行为观察与发展评价	5	4	3	2	1

续表

项目	内　　容	水平				
		优秀	良好	中等	合格	较差
价值认同	树立科学观察的意识,愿意运用适宜的叙事观察方法进行婴幼儿行为观察与发展评价	5	4	3	2	1
沟通交流	参与小组讨论,倾听他人观点,清晰表达自己见解	5	4	3	2	1
合作探究	共同探讨、合理分工,合作完成小组任务	5	4	3	2	1
信息素养	检索相关资料,自主阅读学习	5	4	3	2	1
自我评价						

学习思考

1. 以列表形式,梳理连续记录法和轶事记录法的异同。

2. 与同伴各自以轶事记录法观察记录同一名婴幼儿的行为,围绕观察记录的内容、观察记录的用语等方面,思考:你与其他人的婴幼儿行为轶事记录有什么不同,为什么?

3. 如何看待连续记录法和轶事记录法在婴幼儿行为观察与发展评价中的应用价值?

任务二　学习使用取样观察

微课
学习婴幼儿行为
取样观察

案例导入

婴幼儿分享行为

观察目标:了解婴幼儿的分享行为表现及可能的影响因素

观察对象:小义,男,3 岁

观察时间:2023 年 5 月 10 日,9:00—10:00

观察记录:见表 2-2-1

表 2-2-1　小义分享行为观察记录表

时间段	事件描述	前因	过程	结果
9:15—9:20	小义分享积木给欣欣	欣欣对小义的小房子感兴趣	欣欣尝试接近,小义犹豫后分享	两人开始合作搭建
9:20—9:30	小义主动分享积木并解释	两人合作愉快	小义分享更多积木,并解释搭建方法	两人合作更加深入
9:30—9:40	小义积极参与分享活动	老师组织分享活动	小义分享自己的作品,邀请其他孩子参观	两人互动融洽,小义表现积极

请思考:通过这个观察记录可以对婴幼儿有哪些认识? 这是一种什么观察方法? 有什么特点? 除了这种方法还有哪些类似的方法?

取样观察指观察者依据一定的取样标准选择婴幼儿的某些行为进行观察记录。取样观察侧重点不在于描述婴幼儿行为的详细情况,而在于对行为进行取样,使观察者收集到具有代表性的行为信息。取样观察主要包括事件取样法、时间取样法等。

一、事件取样法

(一)事件取样法的含义

事件取样法是以特定婴幼儿行为为取样标准,以行为发生始末为观察记录的范围并用于分析和评价的一种观察方法。执行事件取样观察时,观察者专注记录婴幼儿目标行为,忽略非目标行为。该方法可以以符号的形式记录目标行为,也可以以文字的形式记录目标行为事件的背景、起因、经过和结果等。

(二)事件取样法的分类

根据记录方式的不同,事件取样法可以分为符号系统记录法和叙事描述记录法。

1. 符号系统记录法

符号系统记录法是指观察者采用预先设定的符号来记录婴幼儿的目标行为,以便对婴幼儿的行为进行分析和评价。在事件取样法中,常见的符号系统记录法包括代码符号记录和频次符号记录。

代码符号记录是指在观察前预先设计好一系列代码,在观察时利用这些代码快捷地记录婴幼儿的目标行为表现(案例2-2-1)。这种方法通常用于观察目标行为有多种类别或者观察对象人数较多的情况。

•案例2-2-1•

幼儿攻击行为观察[①]

观察目标:观察托班幼儿的攻击性行为

观察对象:托大班幼儿15名,2.5岁~3岁

观察时间:2020年5月20日,7:00—17:00

观察情境:幼儿一日生活所有活动

观察方法:事件取样法

代码符号:

发生情景:SH=生活活动;JH=集体教学活动;QH=区域活动;HH=户外活动;GH=过渡活动

攻击原因:WJ=抢占玩具;DP=争夺地盘;QL=维护权利;ST=损害他人身体;TB=损害他人同伴关系

攻击类型:SG=身体攻击;YG=言语攻击;GG=关系攻击

攻击结果:SD=受到批评或惩罚;MD=没有受到批评或惩罚

观察记录:见表2-2-2

表2-2-2 托大班幼儿攻击性行为观察记录表

发生情境	攻击者	被攻击者	开始时间	结束时间	攻击原因	攻击类型	攻击结果
SH	HH	TT	8:02	8:07	QL	SG	SD
SH	XM	CC	8:10	8:14	DP	YG	MD
JH	XY	JJ	9:25	9:28	WJ	SG	SD

---

① 引自:杨道才,刘妍慧,婴幼儿行为观察与指导[M],复旦大学出版社出版,2023年第41页,内容有所调整和补充。

续表

发生情境	攻击者	被攻击者	开始时间	结束时间	攻击原因	攻击类型	攻击结果
QH	HH	XM	10:02	10:04	WJ	SG	SD
QH	JJ	TT	10:06	10:09	WJ	YG	MD
QH	HH	XL	10:11	10:16	DP	YG+GG	MD
HH	XM	CC	15:55	15:57	DP	SG	MD
GH	HH	XX	9:02	9:05	ST	SG+YG	SD
GH	HH	XY	11:09	11:13	QL	SG	SD
GH	XM	TT	14:36	14:39	TB	SG	MD

分析评价：

1. 攻击类型上,该班幼儿的攻击类型以身体攻击为主。这与 2.5～3 岁这一阶段幼儿的发展特点相符。

2. 攻击时间上,攻击行为在多个时间段均有发生,但集体教学活动和区域活动期间尤为集中,这可能与资源有限、活动规则不明确或幼儿情绪管理能力不足有关。

3. 攻击原因上,资源争夺,如抢占玩具和争夺地盘是主要的攻击原因,表明幼儿在资源分配上缺乏有效沟通和合作能力;维护权利和损害他人同伴关系也占一定比例,说明幼儿开始形成初步的社交意识和权力观念。

4. 攻击结果上,大部分攻击行为受到了批评或惩罚,但仍有部分行为未得到及时干预,这可能影响幼儿对行为后果的认知。

引导支持：

1. 增加玩具和材料的种类与数量,减少因资源不足引发的冲突。通过故事讲述、角色扮演等方式,引导幼儿学习分享和轮流使用的规则。

2. 开展情绪教育活动,帮助幼儿识别并适当表达自己的情绪,减少因情绪失控而引发的攻击行为。

3. 强化正面行为引导,对幼儿的积极行为给予及时的表扬和奖励,增强其正面行为的动机。

4. 定期与家长沟通幼儿的在托表现,共同分析攻击行为的原因,制定个性化引导策略。

频数符号记录是指以频数符号的形式对不同类别目标行为是否出现、出现的频次等进行记录,如以打"√"或划"正"字的形式记录(案例 2-2-2)。

•案例 2-2-2•

幼儿同伴互动行为观察(1)

观察目标：观察幼儿与同伴的互动行为

观察对象：小 Z,托大班,2 岁 8 个月

观察时间：2021 年 6 月 12 日,8:30—12:00

观察情境：幼儿半日生活所有活动

观察方法：事件取样法

观察记录：见表 2-2-3

表 2-2-3　幼儿同伴互动行为观察记录表

时间	情景	主动接近	言语交流	身体触碰	对方物品触碰	争抢玩具	身体攻击	小计
8:40—8:50	GH	√√	√	√√	√			6
8:50—9:10	HH	√√√	√√	√√√√		√		10
9:10—9:30	SH		√√	√√				4
9:30—10:10	QH	√√√	√√√√√	√	√√√	√	√	15
10:10—10:20	GH	√		√√√		√		5
10:20—10:50	JH		√√	√√				4
10:50—11:00	GH	√		√		√	√	4
11:00—12:00	SH	√√	√√√√	√	√		√	10
小计		12	18	16	5	4	3	58

情景：SH＝生活活动；JH＝集体教学活动；QH＝区域活动；HH＝户外活动；GH＝过渡活动

分析评价：

从观察记录中可以看出，小 Z 在半日活动中与同伴的互动频率相当高。不同活动类型对小 Z 的社交行为有显著影响。区域活动和户外活动提供了更多自由探索和互动的机会，因此互动更为频繁。而集体教学活动和过渡活动中，互动相对较少，可能受限于活动规则和流程。小 Z 的互动行为涵盖了主动接近、言语交流、身体触碰、对方物品触碰等多个方面，显示出他良好的社交意愿和初步的社交技能。然而，也出现了争抢玩具和身体攻击的行为，这需要进一步关注。

引导支持：

提供多样化的活动，特别是区域活动和户外活动，为小 Z 创设更多与同伴互动的机会；通过角色扮演游戏，模拟冲突场景，引导小 Z 学习如何以和平方式解决争端，如轮流、交换或共同玩耍；当小 Z 表现出积极互动行为时，及时给予正面反馈和奖励，强化其良好行为。

2. 叙事描述记录

叙事描述记录是指观察者用文字描述的方式记录婴幼儿目标行为的背景、因果、历程等。例如，案例 2-3-3 中，观察者设计了两种不同形式的观察记录表（表 2-2-4 和表 2-2-5），以采用事件取样法观察记录小 Z 的同伴互动行为。

视频

2 岁 8 个月宝宝
同伴互动行为

·案例 2-2-3·

幼儿同伴互动行为观察(2)

观察目标：观察幼儿与同伴的互动行为

观察对象：小 Z，托大班，2 岁 8 个月

观察时间：2021 年 6 月 12 日，8:30—12:00

观察情境：幼儿半日生活所有活动

观察方法：事件取样法

表 2-2-4　幼儿同伴互动行为的观察记录表①

时间	互动行为	发生背景	行为起因	行为过程	行为结果	备注

说明:幼儿同伴互动行为包括 A=主动接近,B=言语交流,C=身体触碰,D=对方的玩具触碰,E=争抢玩具,F=身体攻击。

表 2-2-5　幼儿同伴互动行为的观察记录表②

时间	情境	互动对象	互动过程

　　符号系统记录法和叙事描述记录法在观察记录婴幼儿目标行为时各有优缺点。符号系统记录法通过特定符号代码或频数代码快速记录行为频率和持续时间,高效捕捉大量数据,但缺乏行为细节描述。叙事描述记录法侧重描述行为背景和具体表现,提供丰富信息,但记录速度较慢,易受观察者主观描述影响。观察者在采用事件取样法记录婴幼儿目标行为时,可结合符号系统记录法和叙事描述记录法,以发挥互补作用。结合二者,观察者既能获得行为的量化数据,又能获取行为的质性信息,有助于全面理解婴幼儿的行为模式和发展状况。

(三) 事件取样法的特点

1. 结构性

　　在实施事件取样法前,观察者必须明确并界定观察的目标行为。例如,观察婴幼儿同伴互动时,需明确同伴互动的定义、分类及表现。在清晰界定目标行为后,观察者还需选定观察环境、对象、记录方法,并设计观察记录表,以确保观察的顺利进行。

2. 选择性

　　观察者将焦点放在预先明确界定的婴幼儿目标行为上,一旦目标行为出现,需迅速识别并记录,而对其他行为不做反应或记录。例如,观察婴幼儿同伴互动时,当婴幼儿展现出主动接近或触碰对方玩具等特定行为时,观察者会给予关注并记录;若婴幼儿仅专注于自己手中的玩具,则不会被记录。

3. 推断性

　　观察者在观察过程中需判断婴幼儿的行为是否符合预先界定的目标行为。例如,观察婴幼儿同伴互动时,观察者事先界定了主动接近、言语交流、身体接触及接触对方玩具等行为为同伴互动,因此需不断判断婴幼儿的行为是否属于这些既定目标行为范畴。

4. 灵活性

　　事件取样法在记录上具有一定的灵活性。既可预先设计符号系统,利用符号记录婴幼儿目标行为,形成封闭式记录;也可对目标行为事件的背景信息及来龙去脉进行详尽描述,形成开放式记录。此外,事件取样观察不受时间限制,只要婴幼儿表现出目标行为,观察者便可随时随地进行观察记录。

(四) 事件取样法的使用

1. 确定观察目的

　　事件取样法是一种结构观察,具有较强的目的性和计划性,其核心在于确定行为事件,观察者需在观察前明确观察的婴幼儿目标行为。例如,2岁左右幼儿已表现出明显的同伴交往需求,观察者决定采用事件取样法观察记录婴幼儿的同伴互动情况,了解其常见表现及因果过程,为促进婴幼儿同伴交往提供参考。

2. 选择观察对象

观察者需依据观察目的与目标行为来挑选观察对象,可选择某位婴幼儿,也可选取多名身处同一情境的婴幼儿。例如,观察者若发现托班里有一名婴幼儿频繁出现退缩行为,便可锁定该名婴幼儿,运用事件取样法对其退缩行为的前因、过程和结果等展开观察。

3. 界定观察目标行为

在明确了观察目的之后,观察者需要对所要观察的目标行为类别进行清晰界定,并且为每一种行为进行可操作的定义,这样才能够快速且准确地识别和记录这些行为。以对婴幼儿互动行为的观察为例,观察者必须明确婴幼儿互动行为的常见类型及其具体定义(表2-2-6)。

表2-2-6 婴幼儿互动行为常见类型及操作性定义

行为类型	操 作 定 义
言语交流	通过言语(包括单词、短句、非言语声音如笑声、哭声)与他人进行交流
非言语交流	通过动作(如肢体接触、手势、面部表情)与他人进行交流
模仿行为	在互动中模仿他人的动作、表情、言语等
冲突行为	在互动过程中因意见不合、物品争夺等原因产生的矛盾
分享行为	将自己拥有的物品、经验、快乐等与他人共享
寻求帮助	在遇到问题时向他人发出求助信号
提供帮助	在他人需要帮助时向其提供帮助
其他	不能归属于以上类型的互动行为

4. 选择观察的时间和环境

在明确婴幼儿目标行为的类型和定义的基础上,观察者还需掌握这些行为常发生的时间、场景和情境,以便在合适的时机和环境中进行观察,从而获取具有代表性的行为样本数据。例如,了解婴幼儿的同伴互动行为,应在他们参与群体活动时进行观察记录;评估婴幼儿的生活自理能力,则应在其就餐、如厕、午睡等日常环节中进行观察记录。

5. 选择观察记录方式

事件取样法记录的观察内容通常涵盖目标行为的频率、持续时长、背景环境、具体过程以及结果等关键要素。观察者需预先确定记录的要素,以便选择合适的记录方法。事件取样法支持符号系统记录和叙述描述记录两种方式。观察者应根据观察目的和实际需求选择最合适的记录方式。若时间条件允许,也可结合使用这两种方法,以发挥互补作用。

6. 制定观察记录表

事件取样法需要预先制定观察记录表。设计观察记录表时,应力求简洁明了,确保观察者在记录过程中能够迅速把握信息,实现高效记录。例如案例2-2-1、2-2-2、2-2-3中的观察记录表。需要注意的是,若需要创建符号系统,观察记录表中应明确标示,以便观察者在遗忘时能迅速查阅。

7. 观察记录行为表现

完成观察前的准备工作后,观察者便可运用预先设计的观察记录表来观察记录婴幼儿的目标行为事件。若采用符号系统记录,观察者需熟悉每个符号的含义,以确保记录的精确性;若采用叙事描述记录,则要注意保持观察记录的客观性和详实性。

8. 分析评价行为表现

事件取样法的观察记录方式分为两种类型。叙事描述记录通过文字描述收集婴幼儿的目标行为资料,通常采用质性方法处理这些行为资料,并结合相关理论与知识进行解释和评价。符号系统记录则主要通过量化的方式统计婴幼儿目标行为的类别及其发生频率,以此来反映婴幼儿行为的特征,例如案例2-2-2。

9. 提出引导支持策略

进行婴幼儿行为分析评价后,观察者要根据分析评价的结果提出引导支持策略。

(五)事件取样法的优缺点

1. 事件取样法的优点

(1)实用性较强。事件取样法不受婴幼儿行为发生频率的限制,能够有效捕捉和记录多次发生或偶然发生的婴幼儿行为,适用范围广泛,不受特定时间或情境的限制。

(2)可以收集量化和质性的观察资料。通过预先界定的目标行为和设计的观察记录表,观察者能够借助符号系统高效记录,迅速搜集到关于婴幼儿行为的量化信息,提高样本数据的代表性。此外,观察者还可以通过文字描述记录婴幼儿行为事件的起因、过程和结果,获得质性资料,保留婴幼儿行为事件的细节,有助于进行深入分析。

2. 事件取样法的缺点

(1)遗漏其他重要的信息。婴幼儿行为在不同情境下具有不同的特性,如果单纯注意目标行为本身,容易对婴幼儿行为做出片面的推断。例如,婴幼儿表现出的"愤怒"行为,既可能是真实的情绪表达,也可能是模仿或假装的行为。由于关注特定的行为,观察者在观察时容易忽略其他有价值或有关联的信息,以及行为发生的情境信息,这使得从整体上了解行为的发生背景和影响因素变得困难,从而增加了分析评价观察资料的复杂性。

(2)应用范围有局限。对于发生频率极低的行为事件,如婴幼儿对雷声的恐惧,观察者往往需要较长时间才能收集到足够的数据。而对于持续时间较长的行为,如婴幼儿学习独立进食的过程,从最初的笨拙尝试到逐渐掌握技巧,整个过程可能持续数周甚至数月,观察者必须投入更多的时间和精力来记录行为的整个过程,这无疑增加了观察的难度和工作量。

二、时间取样法

(一)时间取样法的含义

时间取样法是指观察者以一定时间间隔为取样标准,即在事先设定的时间间隔内,对特定的婴幼儿行为是否出现、出现的次数或持续时间进行观察记录并进行分析评价的一种观察法(案例2-2-4)。时间取样法通常用来观察记录出现频率较高且容易被观测到的婴幼儿行为,如婴幼儿的情绪变化、互动行为等。

•案例2-2-4•

小Q的游戏

观察目标:观察婴幼儿在游戏中的社会性表现

观察对象:小Q,托大班,2周岁11个月

观察方法:时间取样法

观察行为:无所事事,旁观,单独游戏,平行游戏,联合游戏,合作游戏

观察时间：9:00—9:10　　　时距：60 s(观察 50 s,记录 10 s)

观察情境："娃娃家"活动区

观察记录：见表 2-2-7

表 2-2-7　小 Q 游戏行为观察记录

时间行为	无所事事	旁观	单独游戏	平行游戏	联合游戏	合作游戏
9:00—9:01	1(30 s)	1(20 s)				
9:01—9:02	1(14 s)	1(36 s)				
9:02—9:03		1(26 s)	1(24 s)			
9:03—9:04		2(8 s,22 s)	1(20 s)			
9:04—9:05		1(10 s)	1(16 s)	1(24 s)		
9:05—9:06	1(18 s)		1(32 s)			
9:06—9:07		1(20 s)	1(30 s)			
9:07—9:08			1(34 s)	1(16 s)		
9:08—9:09			2(20 s,18 s)	1(12 s)		
9:09—9:10			1(16 s)	1(34 s)		

说明："1(30 s)"中的"1"代表行为出现了 1 次,括号内的"30 s"代表行为持续 30 秒。

分析评价：

表 2-2-8　小 Q 游戏行为情况

	无所事事	旁观	单独游戏	平行游戏	联合游戏	合作游戏
频数	3	7	9	4	0	0
时长(s)	62	142	210	86	0	0
占比(%)	12.4	28.4	42	17.2	0.0	0.0

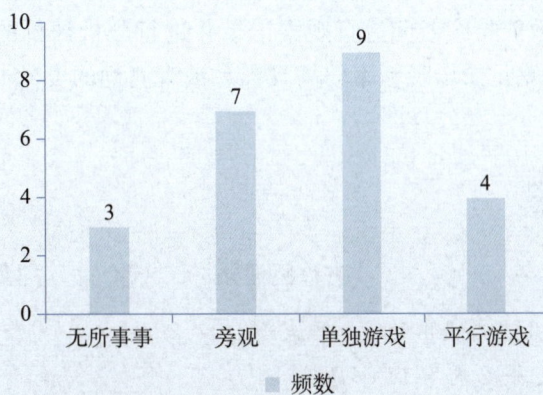

图 2-2-1　小 Q 各类社会性游戏频次占比柱状图

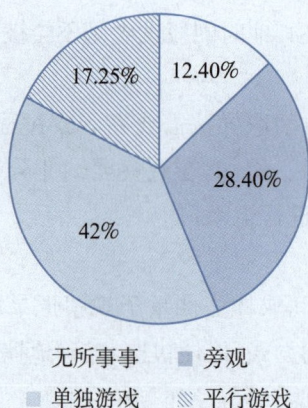

图 2-2-2　小 Q 各类社会性游戏持续时间占比饼状图

以图 2-2-1 和图 2-2-2 可以看出,小 Q 在活动中,单独游戏发生的频次最多,时间也最长,其次是"旁观","平行游戏"和"无所事事"的频次和时间较少。"联合游戏"和"合作游戏"没有出现。可见,小 Q 在"娃娃家"区域活动中以"单独游戏"和"旁观"为主。其游戏的发展还没有表现出明显的社会性特征,以自我探索、自我娱乐和对同伴游戏表现出一定好奇为主。这符合 3 岁左右婴幼儿社会性游戏的发展特点。另外,小 Q 已经有一定社会性游戏倾向,表现出相互模仿,玩类似的游戏,但缺少交流和互动。

引导支持:

1. 提供能够引发多人互动性的游戏材料,自然地引导婴幼儿共同游戏,诱发小 Q 与其他婴幼儿的交流互动。

2. 在"娃娃家"区域设定如"宝宝过生日"的主题游戏,鼓励小 Q 参与游戏,与其他婴幼儿扮演其中角色,进行简单的社会互动。

(二) 时间取样法的分类

按照时间间隔方式的不同,时间取样法可以分为规律性的时间取样和随机性的时间取样。

规律性的时间取样是指观察者在事先设定的固定的时间间隔进行婴幼儿目标行为的观察记录。例如,观察记录华仔(男,3 岁)的分享行为,每次观察目标对象的时长 5 分钟,记录 30 秒,中间间隔 30秒,整个观察过程持续 30 分钟,可连续数天或数周不等进行观察。

随机性的时间取样是指观察者随机地选取观察时段,并以相同的持续时间观察记录婴幼儿的目标行为。例如,在一小时内随机选取任意 5 分钟观察记录子恒(男,12 个月)是否出现独占行为,一天内观察数次不等,持续观察数天或数周不等。

(三) 时间取样法的特点

1. 结构性

与事件取样法相仿,时间取样法在观察执行前需明确并界定观察目标行为,选定观察对象及观察环境,并设计观察记录表。特别地,该方法要求依据婴幼儿目标行为的出现频率预先设定观察的时间参数,包括观察时长、观察间隔以及观察次数等。因此,时间取样法呈现出高度的结构性。

2. 选择性

时间取样法以时间为记录核心,只有当婴幼儿的目标行为发生在预设的时间段内时,才会被记录下来。例如,在案例 2-2-4 中,观察者对一名托大班婴幼儿的社会性游戏行为进行时间取样观察,每次观察 50 秒,记录 10 秒,共计观察 10 次。这意味着,婴幼儿的社会性游戏行为只有在这 10 次被观察的 50 秒内发生,才会被记录下来,而在其他时间段发生则不会被纳入记录。

3. 推断性

与事件取样法相同,观察者使用时间取样法需要在观察过程中判断婴幼儿行为是否属于预先设定的观察目标行为,进而决定是否记录。例如,在观察婴幼儿分享行为时,观察者要判断其行为是否为物品分享、经验分享等,以确定是否进行记录。

4. 封闭性

封闭性是相对开放性而言的。时间取样法侧重于观察记录婴幼儿的目标行为是否发生、发生频次及发生时长等信息,采用符号记录的方式,以便快速、准确地捕捉婴幼儿的行为特征,一般不记录婴幼儿行为的背景信息、过程信息等,因此具有一定的封闭性。

(四) 时间取样法的使用

1. 确定观察目的

时间取样法是一种结构观察,具有明确的目的性和计划性。该方法的核心在于时间的运用,在特定时间间隔内记录特定的婴幼儿行为。因此,观察者需事先设定好观察目标,通常选择频繁出现的婴幼儿行为。例如,观察婴幼儿的大动作发展情况(如爬行、独站、行走等)以及社会性游戏情况(如分享、轮流、合作、模仿、交流等)。

2. 选择观察对象

类似于事件取样法,观察者采用时间取样法既可以选择某位婴幼儿,也可选取多名身处同一情境的婴幼儿作为观察对象。例如,观察者想要了解托班婴幼儿的社会性发展情况,可以将娃娃家游戏中的多名婴幼儿作为观察对象,并运用时间取样法来记录这些婴幼儿不同类型社会性游戏的发生频率、持续时间等,从而评估他们在游戏中的社会参与程度。

3. 界定观察目标行为

观察者采用时间取样法进行观察记录之前,需要对所要观察的目标行为的类型和操作性定义进行明确的界定,以保证观察记录的有效性和准确性。以观察 1 岁左右婴幼儿的情绪表现为例,观察者要明确婴幼儿主要的情绪表现类型及其定义(见表 2-2-9)。

表 2-2-9　婴幼儿主要情绪类型及其操作性定义

情绪类型	操作定义
高兴	婴幼儿出现微笑、大笑、手舞足蹈、发出欢快的声音等表现
悲伤	婴幼儿出现皱眉、哭泣、眼神呆滞、不安或寻求安慰等表现
愤怒	婴幼儿出现尖叫、拍打、推开物体或人、表情愤怒等表现
恐惧	婴幼儿出现退缩、躲藏、眼神惊恐、身体僵硬或颤抖等表现
惊讶	婴幼儿出现睁大双眼、张嘴、身体暂停动作,发出惊讶声等表现

拓展阅读

观察时间参数
的设定依据

4. 设定观察时间和环境

设定观察的时间参数是采用时间取样法的重要准备工作。这些参数包括观察时长、间隔时长和观察次数等。观察时长指单次观察持续的时间,它取决于婴幼儿目标行为的发生频率、行为的持续时间和行为的复杂程度。间隔时长是两次观察之间的时长,受观察时长、观察的婴幼儿数量以及观察记录细节多少的影响。观察次数指对目标行为进行观察记录的次数,主要取决于需要观察多久才能获得有代表性的数据。例如,在案例 2-2-4 中,观察婴幼儿在游戏中的社会性表现。每次观察的时长设定为 50 秒,间隔时长为 10 秒,总共进行 10 次观察。

另外,观察者还需深入了解婴幼儿目标行为的发生频率、地点和情境。了解这些信息有助于选择合适的环境进行观察,从而确保收集到具有代表性的行为样本数据。

5. 制定观察记录表

运用时间取样法需依据观察目标和实际需求,设计出明确、结构化且易于操作的记录表,以保证方便、快捷、准确地对婴幼儿目标行为进行记录(如表2-2-10)。

表2-2-10　10～12个月婴儿大动作观察记录表

	9:00—9:30	9:30—10:00	10:00—10:30	10:30—11:00
独自站立5秒以上	√	√		√
抓住大人的手行走	√	√		√√
扶物蹲下		√	√	√
自己变换体位	√	√√√	√	√

6. 观察记录行为表现

观察者运用预先设计的观察记录表进行记录,能够有效简化观察记录流程。时间取样法通常记录婴幼儿目标行为类别是否发生、发生的频次及持续时间。为便于观察者快速、便捷地记录,可采用统一符号进行标识,主要有打"√"、画"正"字、记几分几秒等。

7. 分析评价行为表现

时间取样法收集的婴幼儿目标行为记录资料主要为量化信息。观察者在处理这些信息时,实际上是在进行统计分析,通常会运用描述性统计、比较检验等方法来分析目标行为的频率、百分比、持续时间以及个体差异。在此基础上,观察者能够了解婴幼儿行为的特点、解释行为表现的原因等。例如,在案例2-2-4中,观察者统计了婴幼儿各类社会性游戏出现的频数、累计时长及其百分比,从而发现婴幼儿以哪种社会性游戏为主、社会性发展水平如何等情况。

8. 提出引导支持策略

进行婴幼儿行为分析评价后,观察者需依据分析评价的结果,制定出进一步引导和支持婴幼儿的策略。例如,在案例2-2-4中,观察者从材料提供、活动设计等角度提出了引导支持策略。

(五) 时间取样法的优缺点

1. 时间取样法的优点

(1) 实施便捷、高效,且省时省力。观察者依据既定的观察目标行为、时长、间隔时长及观察次数,并使用预先制定的观察记录表,可顺利开展观察工作,且不会干扰婴幼儿的正常活动。该方法既适用于单一婴幼儿的观察,也适用于多个婴幼儿的同时观察。因此,观察者能在较短时间内积累大量目标行为信息,获得有代表性的婴幼儿行为样本。

(2) 观察记录的信息便于统计。时间取样法记录了婴幼儿在特定时间段内目标行为是否出现、出现频率及持续时间等关键数据,这些量化信息为观察者提供了丰富的数据基础,便于进行科学统计,从而准确把握婴幼儿目标行为的模式,为保教提供有力支持和依据。

2. 时间取样法的缺点

(1) 观察前的准备工作较多。为确保观察的有效性和可靠性,观察者在实施时间取样法前需完成多项准备工作,如界定观察目标行为,设置观察时长、间隔时间和观察次数,以及制作便于记录的观察记录表等。这些准备工作需要耗费一定的时间和精力。

(2) 资料的利用价值有限。时间取样法虽然能够提供关于婴幼儿行为发生的频率和时长的信息,但它忽略了行为发生的环境和过程中的其他相关因素,无法全面反映婴幼儿行为的复杂性和多样性。

收集的数据仅能描绘出婴幼儿行为的表面情况,难以深入探究行为背后的动因及其影响,甚至可能引起对婴幼儿行为的误解。例如,观察者在观察记录婴幼儿的退缩行为时,仅记录到婴幼儿在特定时间段内表现出藏于角落、远离同伴等退缩行为,以及这种行为的出现频率。然而,这种方法忽略了引发婴幼儿退缩行为的具体情境,如新环境中的喧闹声、过于刺眼的光线,或是其他孩子过度活跃导致的不安感等;同时,也未考虑到婴幼儿退缩行为前后的行为表现,如是否寻求成人的安慰、进行眼神交流或试图重新参与游戏等。

(3)适用范围有局限。时间取样法是在固定时间间隔内对特定行为进行观察记录,仅适用于观察发生频率较高或持续出现的婴幼儿行为,例如同伴互动、注意力表现、情绪表现等。相反,对于那些偶尔发生的婴幼儿行为,如撒谎行为、公益行为、特殊兴趣等,时间取样法则不适用。

任务思考

学习评价

表 2-2-11 学习评价表

项目	内　　容	水平				
		优秀	良好	中等	合格	较差
学习态度	按时参与课程学习,如期完成学习任务	5	4	3	2	1
知识领悟	了解事件取样法和时间取样法的含义、特点和优缺点;熟悉事件取样法和时间取样法的使用	5	4	3	2	1
实践应用	能够运用适宜的取样观察方法进行婴幼儿行为观察与发展评价	5	4	3	2	1
价值认同	树立科学观察的意识,愿意运用适宜的取样观察方法进行婴幼儿行为观察与发展评价	5	4	3	2	1
沟通交流	参与小组讨论,倾听他人观点,清晰表达自己见解	5	4	3	2	1
合作探究	共同探讨、合理分工,合作完成小组任务	5	4	3	2	1
信息素养	检索相关资料,自主阅读学习	5	4	3	2	1
自我评价						

学习思考

1. 请以列表形式,梳理事件取样法和时间取样法的异同。

2. 你如何看待事件取样法和时间取样法在婴幼儿行为观察与发展评价中的应用价值?

3. 什么是进餐问题行为? 请将自己认为的进餐问题行为记录下来并进行同伴对比。讨论哪些属于进餐问题行为并进行归类。

任务三　学习使用评定观察

案例导入

微课

学习婴幼儿行为评定观察

刘老师的烦恼

托大班的刘老师想尽快了解班级婴幼儿的发展状况,以便采取发展适宜的保教策略。于是她尝试对班上的婴幼儿进行行为观察记录。好几天下来,刘老师发现逐一对婴幼儿进行行为观察和描述记录,太耗时费力,难以在短时间内收集到班级婴幼儿的发展信息。

请思考:案例中的刘老师为什么会出现这样的情况? 有什么办法能够帮助刘老师提高观察效率,尽快了解班级婴幼儿的发展水平?

评定观察指观察者依据观察目标事先列出评定项目及评定方式,之后对婴幼儿行为进行观察和判断,主要运用符号或数字进行记录。评定观察的方法主要包括行为检核法和等级评定法。

一、行为检核法

(一) 行为检核法的含义

行为检核法,又称行为清单法,是指观察者基于观察目的事先将待观察的一系列婴幼儿目标行为列出清单式的表格,然后对照清单观察并判断婴幼儿是否表现出各项行为,进而行为分析与发展评价的一种观察法(案例2-3-1)。

· 案例 2-3-1 ·

4～6个月婴儿认知发展观察

观察目标:了解婴幼儿的认知发展情况

观察对象:晓松,男,4个月

观察方法:行为检核法

观察记录:见表2-3-1

表2-3-1　4～6个月婴儿认知发展检核表[①]

	观察内容	是否表现
注意	较为集中的注意人发出的声音	○
	能注视色彩鲜艳的东西	○
	较多注视细小复杂的物体	×
记忆	不愿与陌生人接触	×
	对妈妈的开心和不开心做出不同反应	○
思维	能区分不同性别	×
	当把正在看的东西遮住时,会将注意力转向别处	○

注:若婴幼儿出现上述表现,请打"○",否则打"×"

分析评价:

晓松的认知发展与其年龄阶段相符,具体表现在:

注意方面:晓松的听觉系统正在发育成熟,对声音来源有了一定的定位能力,已经出现颜色知觉。这些有助于他认识和探索周围的世界。另外,4个月左右的婴幼儿注意力还主要集中在较大、较简单的物体上,较少注视细小复杂的物体。

记忆方面:晓松尚未出现明显的认生反应;已经开始能够感知和识别他人的情绪,并据此调整自己的反应,这是情感认知和社交能力发展的重要一步。

---

① 王其红,孔霞,谭尹秋. 婴幼儿行为观察与指导[M].重庆:西南大学出版社,2022:24.

思维方面：晓松还未形成对性别差异的初步感知，即通过声音、发型等简单的特征来区分男性和女性。尚未具备物体恒存性概念，即个体暂时知觉不到物体的存在，便认为它不存在了。

引导支持：

促进视觉和听觉发展：为晓松提供色彩鲜艳、形状各异的玩具，以刺激他的视觉发展；播放各种声音（如音乐、自然声、人声）给他听，促进他的听觉辨别能力和言语感知能力。

增强社交互动：多与晓松面对面交流，用温柔的声音和表情与他互动，帮助他建立早期的社交信任；适时引入一些简单的社交游戏，如躲猫猫，以增强他的注意力和情感反应。

持续跟踪观察：持续对晓松的认知发展进行跟踪观察，以掌握其认知变化和成长过程。

（二）行为检核法的特点

1. 结构性

行为检核法要求在观察前明确界定目标行为，并编制相应的行为项目清单。例如，观察婴幼儿的生活自理能力时，需先明确其包含的项目，如自己用餐、穿脱衣服、洗漱、收拾用具等，并据此编制清单。随后，依据清单判断婴幼儿是否展现出相应的自理行为。这种结构性特点使行为检核法具有选择性，即仅观察检核清单上的行为，忽略其他未列入的行为。

2. 推断性

行为检核法需结合日常观察，以判断婴幼儿是否出现目标行为清单上的行为表现。观察记录过程实质是对婴幼儿行为进行综合判断的过程。例如，依据案例2-3-1中的行为检核表，观察评价4个月左右婴幼儿的认知发展时，需根据其日常可观察的外在行为，判断其注意力、记忆力和思维能力是否与行为检核表中的项目匹配。

3. 封闭性

行为检核法主要通过符号记录婴幼儿是否表现出行为清单上的行为，将行为信息符号化，不记录行为发生的情境、前因后果、发生过程等细节，因此无法提供婴幼儿行为的原始信息，具有封闭性。

（三）行为检核法的使用

1. 明确观察目的和界定目标行为

采用行为检核法需明确观察目的。观察目的不限于了解婴幼儿各方面的发展情况、了解婴幼儿活动中的行为表现、了解婴幼儿保教活动的效果等。明确观察目的后，观察者还需将观察目的细化，清晰界定观察的目标行为。例如，案例2-3-1以"观察4~6个月婴儿认知发展情况"为目的，观察的目标行为就包括4~6个月婴儿的注意、记忆、思维等维度；又如以"观察2~3岁幼儿生活自理能力"为目的，观察的目标行为则涵盖婴幼儿的如厕、盥洗、饮食、睡眠、穿脱衣服等维度。

2. 将目标行为具体化

在明确了观察目标行为之后，需进一步将其具体化，明确各目标行为的具体表现。例如，以"观察2~3岁幼儿生活自理行为"为目的，就要对如厕、盥洗、饮食、睡眠、穿脱衣服等维度的观察目标行为进行逐一分解，列出各维度具体的行为表现。

3. 制作行为检核表

将观察目标行为具体化后，可着手制定行为检核表。表中需将目标行为的具体表现按一定逻辑顺序排列，如按行为类别、难易程度、时间顺序或活动场所顺序等。行为检核表应与观察目的和目标行为直接关联，内容完整清晰，使用简便快捷（如表2-3-2）。

表 2-3-2 2~3 岁幼儿生活自理能力检核表

维度	行 为 表 现	是	否
如厕	能够用言语表达如厕需求(如我想尿尿、我要拉臭)		
	能够在成人少量帮助下脱穿裤子进行如厕		
	如厕后尝试自行擦拭(或在成人帮助下使用纸巾)		
	能够在成人引导下冲水清理厕所		
	逐渐减少尿布使用(针对未完全脱离尿布的婴幼儿)		
盥洗	能够在成人协助下正确打开水龙头并调节水流大小		
	能够使用肥皂涂抹双手并搓洗		
	能够冲洗干净双手并用毛巾擦干		
	养成饭前便后洗手的习惯		
	尝试自己挤牙膏并刷牙,或在成人监督下完成		
饮食	能够熟练使用勺子或叉子自主进食,减少食物掉落		
	知道食物冷热,避免烫伤,不随意抓取热食。		
	能够在餐桌上保持相对整洁,不乱扔食物		
	愿意尝试不同种类的食物,不挑食		
	饭后能主动擦嘴,或在成人提醒下完成		
睡眠	能够自己上床睡觉,并在规定时间内入睡(可能需要成人陪伴)		
	能够在成人协助下完成睡前准备,如换睡衣、刷牙等		
	醒来后安静等待成人到来,不哭闹		
	尝试自己(或在成人协助下)盖被子或调整睡眠环境(如调整枕头位置)		
	白天有适当的午睡时间,并能按时醒来。		
穿脱衣服	能够自己脱简单的衣物,如袜子、鞋子		
	能够在成人协助下穿上衣物,如上衣、裤子		
	尝试自己扣扣子、拉拉链,或在成人指导下完成		
	能够在成人的指导下整理个人衣物,例如将脱下的衣物放置于指定区域		

4. 选择观察对象、时间和环境

行为检核法的观察对象数量不受限制,观察者可根据观察目的和实际需求选定婴幼儿观察对象。观察者应依据观察的目标行为,选择合适的时间、场所和情境进行观察记录。例如,观察托班婴幼儿的穿脱衣服行为,适宜在午睡前和午睡后进行。

5. 观察记录行为表现

观察者依据行为检核表,在预定时间与环境下对婴幼儿行为进行观察记录。在婴幼儿行为作出肯定或否定的评定时,观察者应保持评定客观性,避免个人偏见干扰。此外,记录方式应保持一致性,通常在相应的表格中标注"√""○""×"等符号来表示(如案例 2-3-1)。

6. 分析评价行为表现

行为检核法收集的观察记录资料通常可直接量化处理,主要统计婴幼儿目标行为的出现频率、所占百分比、个体间差异对比以及行为前后变化对比等,以评估婴幼儿行为的特征及其变化和发展情况。

7. 提出引导支持策略

对婴幼儿行为分析和发展评价后,观察者要根据结果提出进一步引导支持婴幼儿的策略(如案例2-3-1)。

(四) 行为检核法的优缺点

1. 行为检核法的优点

(1) 操作简单、方便。行为检核法是一种常用的婴幼儿行为观察方法,它不受时间和空间限制。观察者只需预先熟悉行为检核表的内容,便可以随时随地观察记录婴幼儿的行为表现,或者结合日常观察作出判断。这种方法可操作性强,记录简单便捷。

(2) 应用范围广泛。行为检核法适用于观察婴幼儿日常生活中的各类行为,涵盖动作、认知、言语、情绪等方面,以及生活、交往、游戏等活动,不受特定情境限制。此外,该方法的适用性不受婴幼儿样本量大小的限制。

(3) 观察结果适合进行量化处理。行为检核法主要提供婴幼儿行为表现是否出现的信息,便于量化。通过量化处理,既能比较婴幼儿在不同时间点的行为发展变化,了解其成长轨迹;也可对比不同婴幼儿之间的行为差异,更好地理解个体发展的独特性。

2. 行为检核法的缺点

(1) 行为信息碎片化。行为检核法仅能显示婴幼儿在特定检核范围内是否发生了某些行为,无法提供完整的情境性和过程性信息。缺乏这些关键信息,观察者在对婴幼儿行为进行深入分析和解读时会遇到困难。这种局限性导致行为检核法无法全面反映婴幼儿行为的复杂性和多样性,限制了对婴幼儿行为背后原因和动机的理解。

(2) 容易遗漏其他信息。行为检核法事先设定观察目标行为范围,观察者常专注于特定行为,易忽略范围外的婴幼儿行为,导致重要信息被遗漏,影响观察结果的有效性和准确性。例如,观察婴幼儿社交行为时,观察者若只关注言语表达和肢体动作,就可能忽略表情等非言语表达的细微表现。因此,实际应用中可结合其他叙事观察方法,以全面了解婴幼儿的行为表现。

二、等级评定法

(一) 等级评定法的含义

等级评定法是观察者依据预先设定的行为项目对婴幼儿行为进行观察,并对行为的水平、程度、频率等进行等级评定,再进行分析评价的一种观察方法(案例2-3-2)。与行为检核法不同,行为检核法仅记录行为是否出现,而等级评定法需对行为性质做出等级评定。该方法需要观察者迅速概括婴幼儿的行为特征。所以,等级评定法并非直接观察方法,而更接近于基于观察的评价手段,它要求观察者在细致观察婴幼儿行为后作出相应判断。

•案例2-3-2•

幼儿的精细动作观察

观察目标:了解雯雯的精细动作发展情况

观察对象:雯雯,女,2岁9个月

观察方法:等级评定法

观察记录:见表2-3-3

表2-3-3　2~3岁幼儿精细动作发展等级评定表①

评定内容	等级				
	1	2	3	4	5
垒高积木					√
使用筷子			√		
用笔画出平行线	√				
玩倾倒游戏					√
自己翻书					√
粘贴游戏			√		

注:1=从未进行尝试,2=进行尝试从未获得成功,3=进行尝试偶尔获得成功,4=进行尝试多次获得成功,5=熟练掌握

分析评价:

雯雯的精细动作发展总体上处于中等水平(平均等级=3.67)。具体而言,她能够稳定地堆叠积木、准确地控制倾倒动作及其结果,并且能够熟练地翻书,这些表现反映出她具备良好的手眼协调能力和空间感知能力。此外,雯雯在尝试使用筷子和进行粘贴游戏时,偶尔能够成功,这表明她在手部精细动作控制方面已经具备了一定的基础。

引导支持:

为雯雯提供适合她年龄和能力的工具和材料,如适合小手抓握的筷子、易于控制的画笔和纸张、安全的粘贴材料等,为其创造更多的机会来练习使用筷子、画画、翻书和粘贴等精细动作活动。通过反复练习,她可以逐渐提高技能水平。在雯雯进行精细动作练习时,给予她积极的反馈和鼓励,肯定她的努力和进步。这可以增强她的自信心和动力,激发她继续学习和探索的兴趣。

(二) 等级评定法的特点

1. 结构性

等级评定法要求观察者预先确定并界定具体的婴幼儿行为作为观察内容,具有较高的结构性。该方法聚焦于对既定范围内行为进行等级评定,对范围外的行为则不予关注。例如,对0~3个月婴儿大动作发展水平进行等级评定时(见表2-3-4),仅关注列表上的大动作表现,其他大动作或婴幼儿其他发展方面的行为表现则不在关注之列。

表2-3-4　0~3个月婴儿大动作发展等级评定表(列举)

月龄	项目	一级	二级	三级
1	追视玩具	头和眼同时转动	仅双眼转动	不追视,双眼也不动
2	俯卧抬头	俯卧时下巴离床头抬至45°	俯卧时下巴贴床	俯卧时抬眼观看或脸全贴床
	竖抱抬头	头可以直立,不用扶持	头垂向前方	头仰向后
3	追视玩具	头颈活动,上下左右环形追视	上下追视	左右追视,头没有转动

---

① 韩映虹.婴幼儿行为观察与分析[M].上海:上海科技教育出版社,2017:31.

续表

月龄	项目	一级	二级	三级
	俯卧抬头	俯卧抬头 90°, 前臂可以支撑,头能竖直平稳	俯卧抬头至 45°, 头能竖直但不平稳	俯卧抬头可离床面, 在成人扶助下头可竖直
	翻身动作	可主动由仰卧转为侧卧	在成人推动下可由仰卧转为侧卧	在成人帮助下可由仰卧转为侧卧

2. 推断性

在使用等级评定法时,观察者需判断婴幼儿是否表现出评定表上所列行为,并依据等级划分评估其行为表现的水平、程度或频率等属于哪个等级。这种评估要求观察者根据之前更广泛的婴幼儿观察资料进行推断。因此,等级评定法具有较强的推断性。

3. 封闭性

等级评定法针对评定表上列出的婴幼儿行为表现,进行水平、程度、频率等方面的等级评定,提供的是婴幼儿行为的符号化信息,而不具体描述婴幼儿行为的情境和过程信息,具有一定的封闭性。

(三) 等级评定法的使用

1. 确定观察目的

等级评定法是一种结构观察,和行为检核法类似,它适用于评估婴幼儿在各个领域的发展状况或在不同活动中的行为表现。在进行婴幼儿行为等级评定之前需要明确观察目的。例如,观察评定 0～3 个月婴幼儿的大动作发展情况。

2. 选择或制定等级评定量表

拓展阅读

0—6 岁儿童发育
行为评估量表

观察者应优先选用权威的婴幼儿行为评估量表,如《0～6 岁儿童发育行为评估量表》《Achenbach 儿童行为量表(CBCL)》《中国儿童气质量表》等。这些量表经研究者标准化编制、应用和修订,持续完善。使用它们有助于观察者收集大量可信有效的婴幼儿行为数据,同时减轻前期准备负担,缓解工作压力。

当现有量表无法满足需求时,观察者需自行制定等级评定量表。与行为检核法相似,要明确观察目的并界定目标行为。不同之处在于,确定等级标准是制定等级评定量表的关键。观察者应依据观察目的,从行为发展水平(如很差、较差、中等、良好、优秀)、行为发生频率(如从不、很少、偶尔、经常、总是)以及行为发生程度(如非常不符合、比较不符合、一般符合、比较符合、非常符合)等方面设定等级,并明确每个等级的具体标准。此外,量表中的项目描述需准确、简洁、清晰,如案例 2-3-2 中"2～3 岁婴幼儿精细动作发展等级评定表"对"垒高积木"和"自己翻书"等行为的描述。

3. 选择观察对象

等级评定法的观察对象选择不受样本数量限制。观察者可根据观察目的和实际需求,灵活选择一名或多名婴幼儿作为观察对象。

4. 观察评定行为表现

观察者依据等级评定量表,对婴幼儿行为进行细致观察与等级评定,记录方式通常是在相应等级选项上做"√""○"等标记(如案例 2-3-2)。由于等级评定法要求观察者基于观察作出等级判断,为确保评定结果的客观性与准确性,观察者应通过多次观察全面了解观察对象,以作出更精确的等级评定。此外,采用多人观察与评定的方式,有助于降低个体主观偏见对评定结果的影响。

5. 分析评价行为表现

等级评定法的观察结果可以直接进行量化处理。通过描述性统计、比较检验分析等方法,可以评价婴幼儿行为的特点、横向的个体差异以及纵向的发展变化。

6. 提出引导支持策略

婴幼儿行为分析评价后,观察者要根据分析评价的结果提出进一步引导支持婴幼儿的策略(如案例2-3-2)。

(四)等级评定法的优缺点

1. 等级评定法的优点

(1)操作便捷高效。与行为检核法相似,观察者只需提前熟悉等级评定表的评定内容和等级。观察记录时仅需简单填写,无须详细描述婴幼儿行为,显著提升操作便利性。

(2)适用范围广泛。等级评定法适用于观察记录婴幼儿在生活、游戏、交往等多方面的行为表现,也适用于评估其动作、认知等多方面的发展状况。此外,该方法适用于收集任意样本数量的婴幼儿行为数据。

(3)观察结果可量化。通过该方法,观察者可获得婴幼儿行为水平、程度或频率的量化数据。这些数据有助于对婴幼儿的发展情况进行横向比较,识别个别差异,开展针对性保教活动,实现因材施教。同时,数据还可用于纵向比较婴幼儿在不同时间的行为表现,发现其发展变化,提供适宜的引导和支持。

2. 等级评定法的缺点

(1)易受主观偏差影响。等级评定法依赖观察者对婴幼儿行为的等级判断。由于多数等级评定表未明确具体行为对应的等级,不同观察者对等级的理解存在差异,加之部分观察者可能存在友好倾向或趋中倾向,均会影响评定的客观性和准确性。此外,等级评定通常基于多次观察后的综合判断,观察者容易将主观猜测作为评定依据,导致评定结果产生偏差。

(2)行为信息不够全面。与行为检核法类似,等级评定法侧重于对预先设定的目标行为进行水平、程度或频率的等级评定,而不涉及婴幼儿行为起因、过程和结果的具体描述,导致观察者获得的婴幼儿行为信息不够全面,难以进行深入分析和评估。

任务思考

学习评价

表2-3-5　学习评价表

项目	内　　容	水平				
		优秀	良好	中等	合格	较差
学习态度	按时参与课程学习,如期完成学习任务	5	4	3	2	1
知识领悟	了解行为检核法和等级评定法的含义、特点和优缺点;熟悉行为检核法和等级评定法的使用	5	4	3	2	1
实践应用	能够运用适宜的评定观察方法进行婴幼儿行为观察与发展评价	5	4	3	2	1
价值认同	树立科学观察的意识,愿意运用适宜的评定观察方法进行婴幼儿行为观察与发展评价	5	4	3	2	1
沟通交流	参与小组讨论,倾听他人观点,清晰表达自己见解	5	4	3	2	1
合作探究	共同探讨、合理分工,合作完成小组任务	5	4	3	2	1
信息素养	检索相关资料,自主阅读学习	5	4	3	2	1
自我评价						

学习思考

1. 请以列表形式,梳理行为检核法和等级评定法的异同。

2. 你如何看待检核法和等级评定法在婴幼儿行为观察与发展评价中的应用价值?

3. 除了行为检核法和等级评定法,你还知道哪些评定观察方法?它们有哪些特点、优缺点和使用价值?

育儿宝典

陈鹤琴采用日记记录法的经典案例

1. 背景与动机

陈鹤琴是我国现代杰出教育家、儿童心理学家。1920 年其长子陈一鸣出生后,他决定以儿子为研究对象,通过系统观察和记录揭示儿童心理发展规律。这一决定源于他对儿童心理学和学前教育的兴趣与责任感。

2. 方法与过程

系统观察:用文字和照片记录自己儿子的生理反应、表情、动作等,持续了 808 天,积累大量资料。

第 38 个星期

(88)近来他喜欢上下跳跃:你抱他立在膝上,两手扶着他的两腋,并提他一提,他就上下跳跃,以后一抱他立在膝上,他就要跳了。

(89)他能独自坐了。

……

第 48 个星期

(104)要匍匐了:到了生后 10 月底,他就不做上下跳跃的动作,他喜欢爬了。

第 49 个星期

(112)身体的发展:①他能受人提着行走。②他能从仰天而睡的姿势翻到背天的姿势。③他能扶着东西站起来。④他能稍微运用手臂拉抽屉出来。⑤他能匍匐自在。

……

第 58 个星期

(133)1 岁 2 个月总述:①爬的动作减少了。②独自要走了。③扶着东西(如桌椅等)能站起来。④他知识增进些了。⑤喜欢与人游戏。⑥言语上没什么增进,还是只能发出各种异样的声音。⑦不怕生疏的人,不过不愿意亲近他们。⑧喜欢用手触人的颈项作痒取乐。[1]

科学分析:对记录资料进行了深入的分析对比,致力于解读儿童生理心理发展规律及影响因素。

教育实践:将观察成果应用于家庭教育和课堂教学,提供了生动的实践案例。

3. 成果与影响

经过两年半的系统观察记录,陈鹤琴出版了中国首部研究儿童心理发展的专著——《儿童心理之研究》,填补了中国儿童心理学研究领域的空白,为中国现代家庭教育理论奠定科学基础,对后续的儿童心理和学前教育研究产生了深远的影响。

4. 特点与启示

开创性:以自己儿子作为研究对象较为罕见,为中国儿童心理学研究开辟了新道路。

系统性:通过长期的观察记录和深入的分析对比,研究过程系统科学。

实践性:研究成果应用于教育实践,理论与实践相结合,具有现实意义和指导价值。

---

[1] 引自:孙玲,殷娴,韩燕.幼儿行为观察与分析[M].湖南师范大学出版社出版,2023 年,第 18 页,内容有所调整。

实训实践

实训实践一:运用轶事记录法进行婴幼儿行为观察与发展评价

内容：以某一婴幼儿为对象,运用轶事记录法进行行为观察与发展评价。

要求：提供观察对象、观察时间、观察环境(含观察场景和观察情境)等基本信息;按照轶事记录法的要求进行观察记录,并尝试就观察记录进行分析评价和提出引导支持策略

婴幼儿行为观察与发展评价

观察对象：

观察时间：

观察环境：

观察方法:轶事记录法

观察记录：

分析评价：

引导支持：

实训实践二:运用时间取样法进行婴幼儿行为观察与发展评价

内容：以小组为单位,运用时间取样法进行托大班婴幼儿注意力分散行为观察与评价。

要求：① 观察实施之前制订观察计划,包括观察目标,观察对象,观察时间(包括观察时长、观察间隔、观察次数),观察环境(包括观察场景和观察情境)等;界定观察的目标行为的类型和定义;设计观察记录表,选择适宜的记录方式。

② 观察实施时,严格按照观察计划进行观察记录。

③ 观察实施后,尝试就观察记录进行分析评价并提出引导支持策略。

婴幼儿注意力分散行为观察

观察目标：

观察对象：

观察环境：

观察行为：

观察方法：时间取样法

观察时间：

观察记录：

分析评价：

引导支持：

实训实践三：设计一份行为检核表

内容：以小组为单位，查阅相关资料并结合所学，设计一份针对12～18个月幼儿言语发展情况的行为检核表。

要求：行为项目的表述严谨，逻辑清晰，简洁明了，通俗易懂。

12—18个月幼儿言语发展行为检核表

赛证链接

在线练习

赛证 链接

1. 最适合使用连续记录法的情境是(   )。(单选题)

A. 统计幼儿攻击行为频率

B. 记录幼儿午餐环节的完整互动过程

C. 评估幼儿精细动作发展水平

D. 测量幼儿注意力持续时间

2. 最适合记录婴幼儿在自由游戏中典型片段的是(   )。(单选题)

A. 时间取样法　　B. 连续记录法　　C. 等级评定法　　D. 轶事记录法

3. 明明一出现打扰人的行为,陆老师就进行观察和详细的记录,这使用了(   )。(单选题)

A. 轶事记录法　　B. 时间取样法　　C. 事件取样法　　D. 日记记录法

4. 无法了解行为发生的具体情境、原因、经过和结果等细节的是(   )。(单选题)

A. 轶事记录法　　B. 行为检核法　　C. 事件取样法　　D. 连续记录方法

5. 评定观察的观察结果量化,可以深入分析婴幼儿行为的原因(   )。(判断题)

6. 等级评定法可以用于比较个别差异,核查个人感知和现实之间的一致性(   )。(判断题)

7. 事件取样法可以对行为的前因后果做详细记录(   )。(判断题)

8. 简述连续记录法与轶事记录法在记录内容上的主要差异。(简答题)

9. 简述时间取样法与事件取样法的主要差异。(简答题)

10. 比较分析轶事记录法、行为检核法和事件取样法的特点和优缺点。(论述题)

项目三 学习婴幼儿行为观察与发展评价的要点

学习导读

科学观察、合理解读、有效引导是解锁婴幼儿成长密码的关键钥匙。本项目聚焦婴幼儿行为观察与发展评价的核心能力培养,围绕"观察记录—分析评价—引导支持"三任务展开,系统解析观察记录的价值和要点、记录资料的科学处理方法和分析评价要点,以及引导支持的常见策略和要点。通过婴幼儿行为案例剖析与理论结合实践的方式,重点探讨如何通过精准记录捕捉成长信号、解读行为规律、制定个性化支持方案,以促进婴幼儿全面发展。

通过本项目学习,学习者可以建立系统化的观察记录体系,提升基于证据的行为分析能力,形成科学有效的引导策略,实现从观察到干预的闭环。

学习目标

1. 了解婴幼儿行为观察中记录的价值,熟知婴幼儿行为观察记录的要点;理解婴幼儿行为观察记录资料的处理方法,熟知婴幼儿行为分析评价的要点;熟知婴幼儿行为引导支持的策略和要点。

2. 提高对婴幼儿行为细致观察和准确记录的能力;提升对婴幼儿行为科学分析和发展评价的能力;强化制定和实施有效引导支持婴幼儿策略行为的能力。

3. 树立科学观察的意识,重视观察记录,尊重事实依据;形成以婴幼儿为本的意识和科学的育儿观,关注、关心、关爱婴幼儿。

知识导图

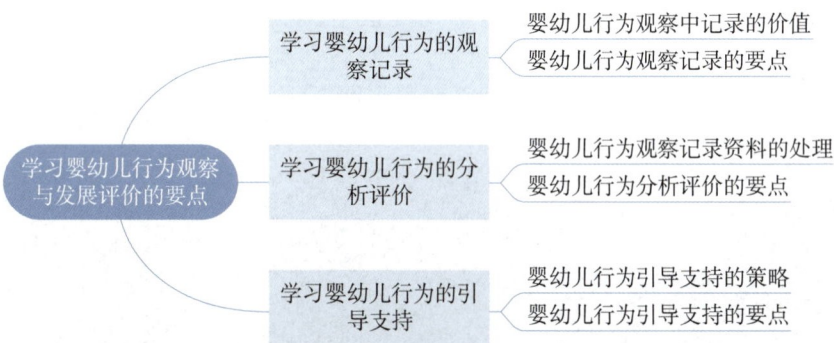

任务一 学习婴幼儿行为的观察记录

案例导入

为什么观察要进行记录?

刘老师是一位经验丰富且充满爱心的托育教师。她深知婴幼儿时期是个体早期发展的关键阶段,因此总是投入大量时间观察孩子们的日常行为,试图捕捉每一个细微的成长信号。然而,近期刘老师面临一个棘手的挑战——观察与记录之间的失衡。

随着时间的推移,刘老师发现,尽管她对孩子们的行为有深刻印象和见解,但由于缺乏系统记录,这些宝贵的观察结果往往难以整理和分享给其他教育同仁或家长。特别是在进行婴幼儿发展评估或制订个性化教学计划时,刘老师发现自己很难快速准确地回顾和引用具体的观察实例来支持她的判断和建议。

请思考:案例中的刘老师面临了什么问题?为什么会出现这样的问题?婴幼儿行为记录资料有哪些价值?如何科学地进行婴幼儿行为观察记录?

一、婴幼儿行为观察中记录的价值

婴幼儿行为观察不应仅停留在观察层面,而应进一步将观察到的现象以记录的形式保存和积累下来。记录工作贯穿婴幼儿行为观察全过程,是不可或缺的工具,具有重要价值。

(一)留存见闻

人的记忆能力有限,尤其在长时间观察或观察多名对象时,单凭记忆难以记住所有细节。回忆时,多数人的记忆内容会变得简略、压缩、概括。记录有效弥补了记忆的不足,帮助人们记住关键细节,为后续分析行为、评价发展提供可靠依据。当暂时无法理解婴幼儿的行为时,也应先完整记录事实,避免遗漏。

(二)深化加工和思考

记录是将观察现象转化为文字或符号的信息加工过程。观察者通过文本或符号记录婴幼儿行为,能加深对其行为表现的印象。此外,记录本身是一个澄清事实、组织思路的过程,即思考的过程。观察者在进行婴幼儿行为记录的时候,实际上是在进行一系列的决策活动,包括选择记录内容、确定记录方式等,这反映的是观察者与观察现象之间的一种互动。[①]

(三)便于回顾与反思

记录为观察者提供了反复推敲和解读婴幼儿行为的机会。通过不断回顾和反思,观察者能有计划地重新审视观察结果,更深入地理解婴幼儿行为背后的原因,更全面地评估其发展状况,从而提供更有效的支持和帮助。

(四)推动多元主体互动

通过记录积累的婴幼儿行为文本资料,可在观察者、教师、家长及其他专业人士等多元主体之间分享、交流与讨论。多元主体间的有效互动,可使观察者对婴幼儿形成更全面、立体的认识,获得有效

---

① 引自:施燕,韩春红.学前儿童行为观察[M],华东师范大学出版社出版,2011年,第106页,内容有微调。

引导支持策略,也有助于多元主体之间建立更紧密的联系与合作关系,形成教育合力,促进婴幼儿健康发展。

(五) 利于持续追踪观察

婴幼儿发展是连续且长期的过程,其行为表现会随时间演变。记录具有可追溯性,观察者可通过记录追踪婴幼儿在不同发展阶段的行为表现,洞察其行为轨迹与演变趋势,从而更准确地评估婴幼儿的发展水平,提供更具针对性的教育支持。

二、婴幼儿行为观察记录的要点

拓展阅读

新记录模式下,
教师如何做好
记录

本部分主要阐述采用叙事观察进行婴幼儿行为观察记录的要点。部分要点,诸如提供必要的基本信息、及时记录避免遗漏、聚焦观察要点展开记录等,同样适用于取样观察和评定观察。若将符号系统记录与文字描述记录结合,以下记录要点也具有参考价值。

(一) 提供必要的基本信息

为了使分析评价和引导支持更具针对性,进行婴幼儿行为观察记录时需提供观察目的、目标、人物、时间、环境及方法等必要的基本信息。

1. 观察的目的和目标信息

观察目的体现观察的全部意图,决定观察的对象、目标、方法、时间及环境等要素。观察目标是观察目的具体化和可操作化的体现。一般而言,观察记录中应提供观察目的和目标的信息,以明确婴幼儿行为观察的关注焦点和具体内容,为后续的婴幼儿行为分析、发展评价及引导支持提供依据。

2. 观察的人物信息

婴幼儿行为观察记录应提供必要的人物信息,包括观察对象、观察者以及与观察对象互动的其他人物。

观察对象的基本信息至关重要,包括婴幼儿的姓名或昵称、年龄或出生年月、性别,以及必要的家庭背景或成长背景信息。这些信息明确"观察对象是谁",便于观察者建立婴幼儿个人成长记录档案,帮助读者快速形成对婴幼儿的初步认识。此外,这些信息可能是影响婴幼儿行为和反映婴幼儿发展水平的重要因素,是后续行为分析和发展评价的重要参考。

观察者的基本信息在记录中呈现,包括姓名和角色(如参与者、旁观者)。这既便于工作资料的存档,也为读者提供交流和探讨的对象。

记录中还可以包括与观察目标婴幼儿互动的其他人物的信息,尤其是那些对目标婴幼儿行为有显著影响的人物。

3. 观察的时间信息

婴幼儿行为观察记录应包含观察的时间信息,一般包括观察进行的具体日期和起止时间。结合观察日期和婴幼儿出生日期,可推算其确切年龄,这是评价发展水平的重要指标。观察日期有助于对婴幼儿不同时期的记录进行纵向对比,了解其行为或发展的变化。观察的起止时间则反映婴幼儿在某一活动中行为或反应的持续时间,也是后续分析评价的重要指标。

4. 观察的环境信息

观察的环境信息,包括场景和情境信息。不同环境下,婴幼儿的行为表现可能有差异。观察记录应包含婴幼儿行为发生时必要的场景和情境信息,这有助于观察者或其他读者清晰了解婴幼儿是在何种心理或社会环境下表现出特定行为,从而对婴幼儿行为形成直观印象,为后续分析评价提供关键线索。

5. 观察的方法信息

在婴幼儿行为观察记录中,需提供所采用的观察方法的详细信息。不同的观察方法适用于不同的观察目的。明确记录观察方法有助于读者理解观察记录的形成过程,更精确地评估观察结果的可靠性。此外,观察者可根据不同的观察方法选择恰当的处理和分析方式,以更深入地探究观察资料中的潜在价值。

(二) 及时记录,避免遗漏

在婴幼儿行为观察中,记录工作通常分为两种情形:一是观察者在观察婴幼儿行为的同时,用纸笔迅速进行现场记录;二是在婴幼儿行为事件发生过程中或结束后进行事后记录。无论哪种情形,为保持观察时的专注性,观察者在记录时应先抓住婴幼儿行为的关键,简洁地描述主要人物、环境信息、基本活动等重要信息,或利用特定符号快速记录,或使用摄像机等设备辅助记录。事后,观察者应结合记忆及时补充和完善观察记录,避免因遗忘影响记录的准确性,确保观察资料的使用价值。

视频

4 个月宝宝酸味初体验

如:图书角,珊妮挑图书、没挑中、拿了佳佳的绘本,佳佳反对,珊妮不理会。这是观察者在进行婴幼儿行为观察时所做的简要记录。随后,观察者根据记忆进行了补充记录:图书角,珊妮在图书架上拿一本黑猫警长的图书看了看又放回去,又拿了一本猫咪的绘本,看了一眼也放回去,重复了好几次,没有挑中任何一本图书。珊妮左看右看,看到正在看书的佳佳手中的鼠小弟绘本,走了过去,伸手拿走了鼠小弟的绘本。佳佳立马喊道:"这是我先拿的!"珊妮没有回应,坐在图书角的一个角落里,翻看起鼠小弟的绘本。

(三) 聚焦要点,展开记录

在婴幼儿行为观察中,观察者会收集到大量关于观察对象行为及其相关的信息。在明确的观察目标或"为什么选择记录这一内容"的意识导向下,观察者不必记录婴幼儿所有行为细节,而要侧重于详细记录那些与观察目标有关、有价值或观察者感兴趣的信息,聚焦在观察行为要点上。与这些要点无关的信息可以简要记录甚至完全忽略。这就需要观察者具备敏锐的判断力,能够在众多信息中准确识别哪些是需要详尽记录的,并尽可能提供丰富的细节信息。

案例 3-1-1 中,观察者捕捉到婴幼儿发展中的里程碑行为事件(第一次垒高积木),选择将这一行为过程记录下来。整个观察记录聚焦在婴幼儿如何垒高等细节上,而其他无关的信息(如垒高之前正在做什么)则没有记录。

• 案例 3-1-1 •

第一次垒高积木

观察对象:航航,男,1 岁 2 个月

观察时间:2023 年 6 月 10 日

观察场景:托班建构区

观察方法:轶事记录法

观察记录:

航航坐在软垫上,面前散落着 5 块方形积木。他抓起一块积木,用掌心按压在垫子上,随后双手握住另一块积木,尝试将其叠放在第一块上方。因对不准位置,积木滑落两次。航航停顿片刻,左手扶住底层积木,右手捏住第二块积木边缘缓慢下压,成功垒高后露出笑容。教师轻声问:"还能再叠一块吗?"航航抬头看向教师,抓起第三块积木,垂直下放时因用力过猛导致整个结构倒塌。他盯着散落的积木眨了眨眼,转而爬向旁边的摇铃玩具。

(四) 依序、完整、详实而具体

采用文字记录方式进行观察记录,通常要求观察者按婴幼儿行为发生的顺序,尽量完整、详实且具体地记录婴幼儿行为。

1. 按照婴幼儿行为或事件发生的顺序记录

如前所述,连续记录法要求观察者按行为过程连续记录一段时间内婴幼儿的行为;轶事记录法要求记录婴幼儿行为事件的起始、经过和结果;事件取样法中的叙事描述记录要求围绕婴幼儿目标行为的背景、因果和历程进行记录。可见,无论采用何种方法,按行为或事件顺序记录婴幼儿行为至关重要,这能使阅读观察记录的人清晰构建出婴幼儿行为过程的画面。

2. 完整记录婴幼儿行为,尽量不遗漏

记录的内容应涵盖婴幼儿行为的各个方面。首先,记录行为发生时的环境、时间以及婴幼儿的主要活动和言语表达至关重要。在记录中,应使用引号标注对话内容,以区分被观察对象的实际话语和观察者的描述。

其次,记录环境中其他人与婴幼儿的互动,以及与婴幼儿有关联的其他人的反应。例如,可可走到树下左手抓起一把落在地上的树叶走到洞口,右手从左手抓着的树叶中拿出一片,对着洞口扔了进去,反复好几次。小五站在不远处,举着手说"给我、别扔"。

最后,如果婴幼儿的行为和期望的行为不一致,记录中要指出应发生但未发生的活动。例如,妈妈让可可将滚到爬垫外的西瓜球捡回来说:"西瓜球跑了,可可去捡一下。"可可看了看妈妈,身体一扭,头转向一边嘴巴嘟囔着:"你自己捡,我手手有饼干,没办法捡。"

记录越完整,观察者进行婴幼儿行为分析评价时才越有可能基于事实依据。尤其是一段时间过后,最初的观察印象可能逐渐模糊,但完整的记录能使婴幼儿的行为事实如同就在眼前。

3. 根据婴幼儿行为的层次进行描述记录

观察者可以把婴幼儿行为分为三个层次进行描述记录:第一个层次是描述记录婴幼儿主要的活动或动作。第二个层次是描述记录婴幼儿如何进行主要活动或动作,即这些主要活动或动作的细节或变化过程。第三个层次是描述记录婴幼儿主要活动或动作中其他的活动或动作,提供主要动作以外的信息。

记录中行为描述的三个层次如下:

第一个层次:小悦尝试站立并迈出步伐。

第二个层次:小悦先是用手扶住沙发边缘,慢慢站起,然后小心翼翼地抬起一只脚,向前迈出一步,但身体有些摇晃,随后迅速用脚尖点地以保持平衡,再尝试迈出另一只脚。

第三个层次:小悦先是用手扶住沙发边缘,慢慢站起,然后小心翼翼地抬起一只脚,向前迈出一步,但身体有些摇晃,随后迅速用脚尖点地以保持平衡,再尝试迈出另一只脚。在迈出几步后,小悦突然停下,低头看了看自己的脚,然后抬头望向母亲,脸上露出了笑容,接着又继续尝试。

从上述例子可见,婴幼儿行为描述的三个层次:从概括性描述记录扶站迈步的动作开始,到具体描述扶站迈步的过程和细节,再到捕捉扶站迈步这一主要动作以外与母亲互动的表现。这样的层次结构使得行为描述具体、准确而丰富,有助于更全面地呈现婴幼儿的行为表现。

4. 具体描述婴幼儿行为,减少概括描述

观察记录时,观察者应该尽量具体、详实地描述婴幼儿行为,减少抽象、概括或笼统的描述。例如,恩宝今天很活跃,玩了一会儿玩具小汽车,然后又爬来爬去,最后还尝试站了一会儿。这种描述比较笼统,只概括了婴幼儿的一系列活动,但未具体描述每个活动的细节、婴幼儿的反应或与环境的互动。

相比之下,今天下午,恩宝在客厅的地毯上玩耍。他首先拿起了一个红色的积木,仔细地看了一会儿,然后试着将它塞进旁边的小洞里。前几次都失败了,但恩宝没有放弃,他调整了一下积木的角度,终于成功地将积木放进了洞里,脸上露出了笑容。接着,他爬到了客厅的另一边,发现了一辆会发出声音的玩具小汽车。恩宝抬手按下了玩具汽车上的按钮。随着音乐响起,恩宝坐起身挥动着手臂,嘴里还发出了"呜呜"的声音。音乐停止后,恩宝爬到沙发旁边,尝试扶着沙发站起来。他的小腿用力

视频

2岁3个月宝宝
攀爬行为

蹬地,双手紧紧抓住沙发的边缘,经过几次努力,他终于摇摇晃晃地站了起来,持续了几秒钟。这种描述展现了婴幼儿在玩耍过程中的一系列行为,包括其如何将积木放进洞里、对发声玩具小汽车的反应以及如何尝试扶站。通过这些描述,读者能够直观地感知婴幼儿的行为,为后续的分析评价提供更多的事实依据。

（五）客观描述,不夹杂主观判断

拓展阅读

记录的主观性与客观性

为了确保收集的婴幼儿行为数据可靠、有效,观察者必须客观记录所观察到的行为,即记录感官所获取的信息。记录时应使用描述事实的语言,尽量避免使用带有个人主观情感或预设判断的评价性语言(见表3-1-1)。

表3-1-1　记录中评价性的语言和事实性的描述

评价性的描述	他总是/经常……;他喜欢/热爱……;他不满意……;他想……;他很快…… 他善于……;他似乎/好像……;我觉得……;我认为……
事实性的描述	他每周5次……;他每天……;每月有两三次……;她每次都…… 他花了一分钟……;他说……;他正在……;他做了……;我看到他……

例如,这两周的区域活动,他都跑到娃娃家;他满头是汗,背后的衣服也都湿透了;她喊着:"妈妈,我当妈妈。"这是客观的事实性描述,是观察者看到、摸到、听到的内容。他很喜欢建构游戏;他一定很热;他想扮演妈妈的角色。这些是带有一定主观判断的评价性描述。

（六）语言文字通俗、平实、易懂

以文字记录的方式进行观察记录,观察者要力图做到用通俗、平实、易懂的语言文字描述婴幼儿行为,便于读者能够清楚地理解。记录时,观察者要避免使用以下四种语言①。

一是过于文学化或具有特定含义的用语,比如隐喻、双关语、成语等。如"一航如坐针毡"中"如坐针毡"是成语,是概括性的描述,可以改为对婴幼儿行为的具体而通俗的描述:一航在座位上频繁地挪动,双手不自觉地交握或松开,眼神中透露出紧张和焦虑。

二是过于口语化的民间语言,例如"森森从犄角旮旯里找到了一块菱形的积塑",这里用到的"犄角旮旯"是俚语,不如"角落"来得清晰、易懂。

三是专业术语,如"爸爸将1个月的宝宝抱起来,轻轻地做出向上抛的动作,宝宝出现了惊跳反射"中,"惊跳反射"是专业的术语,不容易被理解,可以改为:仰头、挺身、双臂伸直、手指张开,然后弯身收臂,紧贴胸前,作搂抱状。

四是网络流行语,如"宇恒在碗里舀了一勺花生仁,没拿稳,勺子翻了,花生仁掉得到处都是,他微微低头嘟着嘴囧囧地看着老师。"这里的"囧"是网络流行语,相比之下"尴尬"一词可能更为平实。

任务思考

💬 学习评价

表3-1-2　学习评价表

项目	内　　容	水平				
		优秀	良好	中等	合格	较差
学习态度	按时参与课程学习,如期完成学习任务	5	4	3	2	1
知识领悟	了解婴幼儿行为观察中记录的价值,熟知婴幼儿行为观察记录的要点	5	4	3	2	1

① 引自:施燕,韩春红.学前儿童行为观察[M].华东师范大学出版社出版,2011年,第112页,内容有所调整。

续表

项目	内 容	水平				
		优秀	良好	中等	合格	较差
实践应用	提高对婴幼儿行为细致观察和准确记录的能力	5	4	3	2	1
价值认同	树立科学观察的意识,重视观察记录,关注婴幼儿行为与发展	5	4	3	2	1
沟通交流	参与小组讨论,倾听他人观点,清晰表达自己见解	5	4	3	2	1
合作探究	共同探讨、合理分工,合作完成小组任务	5	4	3	2	1
信息素养	检索相关资料,自主阅读学习	5	4	3	2	1
自我评价						

学习思考

1. 婴幼儿行为观察中的记录对教师、家长、婴幼儿分别有哪些价值?

2. 请收集婴幼儿行为观察记录,仔细阅读后思考观察记录的内容存在哪些不足,并提出改进建议。

3. 搜集资料并结合所学,谈一谈如何在婴幼儿行为观察记录中尽量减少误差。

任务二 学习婴幼儿行为的分析评价

微课

学习婴幼儿行为观察记录资料的处理

案例导入

如何分析评价呢?

刘老师每天都会投入大量时间,细心观察孩子们在生活、游戏、社交等各个环节中的表现,并详细记录下来,积累了大量的婴幼儿行为记录资料。她希望通过这些记录,深入了解每个孩子的成长轨迹,发现他们的兴趣所在,识别可能存在的发展障碍,并据此制订个性化的保教计划。然而,随着时间的推移,刘老师逐渐感到了一种难以言喻的困惑——面对这些堆积如山的记录资料,她却不知如何进行有效地分析解读,以从中提炼出有价值的信息。

请思考:案例中的刘老师面临了什么问题?为什么会出现这样的问题?如何科学地分析解读婴幼儿行为的记录资料呢?

一、婴幼儿行为观察记录资料的处理

婴幼儿行为观察记录资料的处理包括量化处理与质性处理两个方面,目的在于为进一步分析和评价婴幼儿行为提供依据。

(一)量化处理

拓展阅读

多媒体资料分析方法

量化处理是针对婴幼儿行为观察记录中可量化的数据,运用统计学方法进行数据处理的过程。该方法侧重于通过数据描述、概括、解释和预测婴幼儿行为,揭示其行为特点。在婴幼儿行为观察中,可量化的数据主要源自取样观察(如事件取样法、时间取样法)和评定观察(如行为检核法、等级评定法)所记录的婴幼儿行为数据。统计处理方法包括描述性统计和推测性统计。

描述性统计是通过频数、百分比、平均数、中位数、众数等一系列的数据处理手段,对婴幼儿行为

数据进行描述和概括,反映行为的频率、强弱、持久性等特征(见表3-2-1)。描述性统计的结果可以用统计表或统计图(如折线图、柱状图、饼状图等)的可视化方式呈现。

表3-2-1 常见描述统计方式在婴幼儿行为分析中的运用

统计方式	含义	运用	示例
频数	某一行为出现的次数	反映婴幼儿某种行为出现的频繁程度;识别常见婴幼儿行为	统计婴幼儿每天使用安抚奶嘴的频率,了解其对安抚奶嘴的依赖程度
百分比	某一行为在所有观察行为中的比例	了解某一婴幼儿行为在总体中的分布情况;比较不同婴幼儿行为之间的相对差异	计算婴幼儿中能够自己吃饭的比例,评估其自理能力的发展情况
平均数	所有观察数值的总和除以观察数值的数量	描述婴幼儿行为的总体水平	计算婴幼儿平均每天的睡眠时间,以评估其睡眠需求是否得到满足
中位数	将所有观察数值由小到大排列后,位于中间的观察数值	描述婴幼儿行为的中间水平	统计婴幼儿身高数据的中位数,以了解大多数婴幼儿的身高发育情况
众数	某一行为或特征出现次数最多的观察数值	识别婴幼儿中最常见的行为;了解婴幼儿行为的集中趋势	识别婴幼儿最喜欢的玩具类型(如积木),以了解他们的兴趣和偏好

以案例2-2-4为例(本书项目二任务二中),观察者运用频数、百分比、众数等描述性统计方法对数据进行统计,并通过可视化方式呈现结果,由此识别出观察目标婴幼儿的常见社会性游戏行为,进而把握其社会性发展的特点。

在案例3-2-1中,观察者对通过行为检核法记录的量化数据,采用频数、众数等描述性统计方法进行分析,呈现了某托大班婴幼儿整体及个体的如厕问题行为情况。这些数据有助于识别目标婴幼儿群体中普遍存在的如厕问题行为,并确定需要特别关注的婴幼儿。

● 案例 3 - 2 - 1 ●

如厕问题行为

观察目标:观察婴幼儿的如厕问题行为

观察对象:托大班幼儿,2岁6个月~3岁5个月

观察方法:行为检核法

观察时间:2024年5月11日

观察场景:盥洗室

观察记录:见表3-2-2

表3-2-2 托大班幼儿如厕问题行为观察记录表

婴幼儿序号	如厕问题行为								如厕问题行为发生频数
	随意大小便	需要特别提醒	用不惯蹲便器	经常尿衣服上	憋便/尿回家	不会自己冲厕所	不会脱裤子如厕	如厕后不洗手	
1			√	√		√		√	5
2						√	√	√	3
3		√	√		√		√		4
4			√			√			2
5	√	√				√		√	5

续表

婴幼儿序号	随意大小便	需要特别提醒	用不惯蹲便器	经常尿衣服上	憋便/尿回家	不会自己冲厕所	不会脱裤子如厕	如厕后不洗手	如厕问题行为发生频数
6			✓	✓			✓	✓	4
7			✓			✓	✓		3
8						✓	✓	✓	3
9						✓	✓		3
10	✓				✓	✓		✓	4
11		✓		✓		✓		✓	4
12		✓	✓	✓		✓	✓		5
13				✓	✓	✓		✓	4
14		✓		✓			✓		3
15			✓			✓	✓	✓	4
合计	1	6	9	5	4	11	10	10	56

分析评价:

根据观察记录发现,该托大班幼儿均有不同程度的如厕问题行为(人均每天出现3.7次如厕问题行为)。

观察中发现,幼儿不会自己冲厕所、不会脱裤子如厕、如厕后不洗手、用不惯蹲便器等如厕问题行为的发生频次居多。这与2岁以后幼儿属于逐步具有初步的生活自理能力和卫生习惯的阶段,自理水平尚低,卫生习惯尚未养成有关。

约三分之一的幼儿存在需要特别提醒、经常尿在衣服上、憋便/尿回家的如厕问题行为。这可能与幼儿对托幼环境尚不熟悉和适应,缺乏一定的安全感有关。

仅发现1名幼儿有随意大小便的情况。在科学的教养情况下,幼儿从2岁左右开始逐步能够控制自己的大小便,基本较少出现随意大小便的情况。

序号为1、5、12的幼儿如厕问题行为较多,需要给予更多关注并提供个别化指导。

引导支持:

1. 开展专门的如厕训练。如通过游戏、儿歌、故事等形式,让幼儿在轻松愉快的氛围中学习穿脱裤子、如厕、冲厕所、洗手等步骤。

2. 建立明确的如厕规则和习惯。制定清晰的如厕时间表,鼓励幼儿定时如厕,避免憋便或憋尿的行为。

3. 增强幼儿的自信心和安全感。应给予幼儿足够的耐心和关爱,鼓励他们尝试自己如厕,并在成功时给予及时的表扬和肯定。

4. 家托共育,形成教育合力。加强托育中心与家长的沟通与合作,共同关注幼儿的如厕问题,分享教育经验和策略。对于个别存在较多如厕问题的幼儿,可以与家长协商制订个性化的教育计划,共同促进幼儿的发展。

推断性统计建立在描述性统计的基础之上，可以利用样本数据对总体特征进行推断或假设检验。在进行推断统计时，样本需具有充分代表性和随机性，以根据少数样本的行为数据推断总体的行为模式或趋势。在婴幼儿行为观察与发展评价中，由于婴幼儿行为的复杂性、多样性及观察条件（如观察环境、观察者经验等）的限制，推断性统计应用较少且需要格外谨慎。

（二）质性处理

质性处理是指对婴幼儿行为观察记录中的文本资料进行阅读、标签、归类和统计。婴幼儿行为观察中的文本资料主要来源于采用叙事观察（如连续记录法、轶事记录法）收集的婴幼儿行为数据。

1. 阅读记录资料

在处理婴幼儿行为观察记录之前，观察者需认真反复地阅读原始记录资料，熟悉内容并琢磨其中的意义。第一，观察者应回归原始资料，暂时搁置个人判断，尊重原始资料本身，避免过度解读；第二，观察者要留意自己在阅读过程中产生的感受和想法，这些都是解读资料的宝贵来源。

2. 处理记录资料

（1）将记录资料的意义进行标签。在熟悉原始记录资料后，观察者要寻找记录资料中蕴含的意义，从复杂的婴幼儿行为表现中提炼要点，并以标签形式摘录，即用简短易懂的词语来代表婴幼儿的某些行为表现，简化复杂的行为表现。例如，仔仔接过娃娃，笑了起来，并像米粒之前那样给娃娃梳头发；仔仔看到后，放下布娃娃，也拿起一辆玩具小车，学着米粒的样子玩了起来。此时"模仿"就可以作为表示这一类行为表现的标签。

（2）对标签进行归类和统计。在对记录资料进行标签处理之后，可以进一步对标签进行归类和统计。归类是依据标签将相同或相近的行为资料整合在一起，区分不同的行为资料，以发现资料间的内在联系。对资料的归类方式有很多不同的、灵活的方式，但其中最为重要的是，要根据观察目的的需要和资料本身的特点来选择合适的归类方式[①]。统计则是指将相同标签的出现次数进行计数。

通过对标签的归类和统计，一般可以发现婴幼儿行为中与观察目标相关的行为特征，以及常见的行为倾向或模式。例如案例3-2-2中，观察者围绕"观察婴幼儿的同伴互动行为"的目标来寻找记录资料中的意义并进行标签。经过归类和统计，可以发现两位婴幼儿的互动行为主要是非言语交流（包括眼神交流、手势交流、触碰玩具等），其次是以玩具为中心的互动行为（包括模仿、分享、平行游戏等）。

·案例3-2-2·

仔仔和米粒

观察目标：了解2.5岁左右婴幼儿的同伴互动行为

观察对象：仔仔，男，2岁6个月；米粒，女，2岁4个月

观察方法：连续记录法

观察时间：2023年4月15日，15:00—15:30

观察场景：活动室

观察情境：仔仔和米粒在同一区域的软垫上玩耍，周围摆放着积木、玩具车、布娃娃等玩具。

观察记录：见表3-2-3

---

① 施燕、韩春红.学前儿童行为观察[M].上海：华东师范大学出版社，2011:136.

表3-2-3 观察记录与标签

观 察 记 录	标签
3:00—3:05 米粒坐在软垫上,拿着梳子给布娃娃梳头发。仔仔一开始坐在稍远的地方,眼睛盯着米粒手中的布娃娃。过了一会儿,他慢慢地挪到米粒身边,眼神始终在布娃娃身上。米粒抬头看了仔仔一眼,继续低头摆弄布娃娃,没有说什么。仔仔伸出手,轻轻碰了碰布娃娃的衣角,然后抬头望向米粒。米粒感受到仔仔的动作,转头看向仔仔,两人对视了几秒钟,米粒微微一笑,但没有说话。	假装 旁观 好奇 眼神交流 触碰玩具 眼神交流
3:05—3:10 仔仔不太清晰地说:"我……玩……娃娃?"米粒点了点头,并轻轻把布娃娃递给了仔仔。仔仔接过娃娃,笑了起来,并像米粒之前那样给娃娃梳头发。米粒拿起旁边的玩具小车,开始在地毯上推动,同时发出"嘟嘟"的声音。仔仔看到后,放下布娃娃,也拿起一辆玩具小车,学着米粒的样子玩了起来,"嘟……"。两人偶尔相视一笑。	询问 分享 模仿 假装 模仿 眼神交流
3:10—3:15 米粒突然停下小车,指向远处的一个积木塔。仔仔和米粒一起走过去,两人开始堆叠积木。过程中,两个人的积木几次倒塌,但他们都笑着重新开始。搭着搭着,仔仔不小心碰倒了米粒刚搭好的三块积木,米粒愣了一下,但随即看向仔仔,仔仔连忙说:"对……不起。"并帮助米粒重新搭好。米粒没说什么,继续搭积木。	手势交流 平行游戏 冲突 道歉 解决
3:15—3:25 仔仔又玩起了玩具小车,把小车"开到"米粒旁边,嘴里发出"哗哗"的声音。米粒笑着看了看仔仔。仔仔主动把小车递给米粒,自己则去抓了一块积木继续搭了起来。米粒也像仔仔一样"开"起了玩具小车,"哗哗……"	假装 眼神交流 分享 模仿
3:25—3:30 老师播放了轻柔的音乐作为结束信号。仔仔和米粒一起把玩具放回收纳箱。收完之后,两人手拉手回到了座位上。	守则、合作 身体接触

分析评价:

两位幼儿的互动行为主要为非言语交流、以玩具为中心的互动行为等。

1. 初步的社会交往能力和有效沟通能力:仔仔通过眼神交流、肢体动作和初步的言语尝试来表达对玩具的兴趣、寻求加入游戏的机会和表达歉意。米粒通过点头和微笑等非言语性回应仔仔的加入请求和歉意,这显示了他们之间的初步社交互动能力。另外也可以看出,两位幼儿的言语和动作还不够成熟,但已经能够通过简单的言语和非言语方式进行有效沟通。

2. 模仿学习能力突出:仔仔模仿米粒给布娃娃梳头发和玩玩具小车的行为,以及两位幼儿的假装行为,均体现了幼儿的模仿学习能力。

3. 具有一定的分享意识:米粒分享布娃娃给仔仔,仔仔也主动分享玩具小车给米粒。这体现了他们之间的分享意识,这是幼儿社会性发展的重要组成部分。

4. 初步的冲突解决能力:当仔仔不小心碰倒米粒的积木时,他立即道歉并帮助重建,这表明他具有基本的冲突解决能力。米粒的宽容态度也促进了和平解决冲突的过程。

引导支持:

1. 促进社交互动:安排更多需要两人或多人互动的游戏和活动,如拼图、角色扮演等,以促进他们之间的社交互动。可以进一步鼓励仔仔和米粒使用更清晰、完整的言语表达自己的想法和需求,比如通过提问和重复他们的言语来帮助他们练习。

2. 增强模仿学习:示范更多的新技能和游戏方式,鼓励孩子们模仿和学习,同时给予积极的反馈和奖励。

3. 强化分享意识：通过故事讲述、角色扮演等方式，让孩子们理解分享和轮流的重要性，并在日常生活中给予他们实践的机会。

4. 提升冲突解决能力：适时引导孩子们学习如何以积极的方式解决冲突，如使用"对不起""没关系"等礼貌用语，以及通过协商找到共同的解决方案。

二、婴幼儿行为分析评价的要点

要进一步了解和认识婴幼儿，需要在处理记录资料的基础上，对婴幼儿行为进行深入的分析，并以此评价婴幼儿的发展状况。

微课

学习婴幼儿行为分析评价的要点

（一）秉持客观求实的态度

在进行婴幼儿行为分析与发展评价时，必须保持客观和实事求是的态度，尽量减少个人价值观、预期、主观情感和经验投射等因素对婴幼儿行为和发展进行先入为主的判断，避免偏见与扭曲，也要防止把对婴幼儿行为的分析错误地上升为对个人特质的解释。

> ● 案例 3-2-3 ●
>
> 她为什么不说话？
>
> 观察对象：小满，女，2 岁 6 个月
> 观察时间：2023 年 9 月 15 日
> 观察场景：亲子阅读角
> 观察方法：轶事记录法
> 观察记录：
>
> 亲子阅读时间，其他孩子围坐着听老师讲故事。小满独自站在书架旁，反复翻动同一本绘本的封底，偶尔抬头看向人群但未靠近。老师邀请她："小满过来？"小满摇头后退两步，继续低头翻书。活动结束后，小满主动将绘本放回原位并帮老师整理散落的书签。
>
> 分析评价：
>
> 小满性格内向，缺乏社交意愿，可能存在言语发育迟缓问题，需加强人际互动训练。

案例 3-2-3 中，观察者仅基于单次"不参与集体活动""回避邀请"的行为，便将婴幼儿定性为"内向""言语发育迟缓"，存在明显主观臆断。实际上，婴幼儿行为受情境、情绪等多因素影响。例如，小满翻书可能是在探索绘本细节，整理书签的行为则体现出责任感和秩序意识。观察者需结合连续观察数据（如日常社交表现、言语发展水平）及环境背景（如是否处于新入园适应期），避免依据孤立事件下结论。

（二）围绕要点进行分析评价

在明确的观察目标或"为何选择记录这一内容"的意识指导下，观察者除了进行有针对性的观察记录外，还应围绕观察目标和关注焦点，深入有效地进行婴幼儿行为分析和发展评价。例如，案例 3-2-2 中，观察者就是围绕"了解 2.5 岁左右幼儿的同伴互动行为"这一目标，先是对观察记录资料进行质性处理，之后进一步结合记录资料深入分析评价了幼儿的社交能力、沟通能力、模仿能力、分享意识和冲突解决能力等。又如，案例 3-2-4 中，观察者的关注点集中在婴儿掌握站立和迈步这一发展里

程碑的表现。因此分析和评价主要围绕婴幼儿的身体控制能力、协调能力以及下肢力量等大动作发展状况进行。

• 案例 3 - 2 - 4 •

扶站迈步

观察对象：小悦，女，10 个月
观察时间：2023 年 5 月 1 日
观察场景：家中客厅
观察方法：轶事记录法
观察记录：

小悦正坐在沙发前面的爬爬垫上玩耍。玩着玩着，小悦先是用手扶住沙发边缘，慢慢站起来，然后小心翼翼地抬起一只脚，向前迈出一步，但身体有些摇晃，随后迅速用脚尖点地以保持平衡，再尝试迈出另一只脚。迈出几步后，小悦突然停下来，低头看了看自己的脚，然后抬头望向母亲，脸上露出了笑容。妈妈走过去伸出双臂笑着对小悦说："哇，宝宝好棒啊，会走了，来，到妈妈这里来。"小悦笑得更开心了，看了看妈妈的脸，又看了一眼妈妈的手。原地站了一会儿，最后又坐回爬爬垫上了。

分析评价：

小悦能够用手扶住沙发边缘作为支撑点，成功地从爬行状态过渡到站立状态。站立时，她能够保持相对稳定的姿势，尽管在迈出步伐时身体有些摇晃，但她能够迅速通过脚尖点地来调整平衡。这表明她的身体控制能力和平衡能力都在显著发展。

在站立稳定后，小悦勇敢地尝试迈出步伐，这是动作发展的一大里程碑。尽管她的步伐还不稳定，需要依靠沙发等物体作为辅助，但这意味着她的下肢力量和协调性正在快速发展。

从婴幼儿动作发展常模来看，10 个月大的婴儿在动作发展上正处于从爬行到站立和行走的过渡阶段，小悦的表现刚好符合。

引导支持：

1. 提供安全环境：继续为小悦提供一个安全、无障碍的爬行和行走环境，确保家具边缘没有尖锐角，地面铺设防滑垫，以减少摔倒的风险。

2. 鼓励尝试与挑战：在保证安全的前提下，鼓励小悦多尝试站立和行走，可以放置一些她感兴趣的玩具作为目标，激发她探索的欲望。同时，当她尝试新动作时，给予积极的反馈和鼓励，增强她的自信心。

（三）借助理论知识的支持

经过专业培训并积累了丰富经验的观察者，通常能够敏锐地识别婴幼儿行为观察记录中的关键信息，并进行深入分析和解释。然而，过分依赖经验判断容易导致误解，因此将理论知识与实践经验相结合至关重要。婴幼儿发展相关理论是前人的研究成果和智慧结晶，它们对婴幼儿的发展特点进行了科学的梳理和总结，为观察与评价提供了理论指导。

观察者借助不同流派的婴幼儿心理发展理论和自身经验，对婴幼儿行为进行分析评价，可以提升观察的科学性和有效性。例如，案例 3 - 2 - 5 中，观察者利用皮亚杰的认知发展阶段理论，分析评价了婴幼儿的游戏表现，阐明了其游戏行为所体现的认知发展水平及特征。

•案例 3 - 2 - 5•

美发师①

观察对象：琳琳，女，3 岁

观察时间：2016 年 10 月 14 日，9:40—10:00

观察场景："理发厅"活动区

观察方法：轶事记录法

观察记录：

琳琳在这次区域活动中选择了当一名美发师，她拿了一条大毛巾、一把玩具剪刀和一台玩具吹风机等材料开始布置理发厅。当客人到来后，琳琳发现自己的理发厅提供的材料不够，她拿大毛巾为客人包住头发后，就没有毛巾帮客人擦脸了。于是，她掏出自己的小手帕，用它假装为客人擦脸。当用小手帕为客人擦完脸后，她又拿了个篮子假装是水槽，将手帕洗干净后再继续使用。

过了一会儿，正在理发厅理发的小男孩强强哭了起来。琳琳跑过来对我说："米老师，我刚刚在为强强剪头发时，剪刀不小心划到他的脸了。"我走过去仔细看了看强强的脸，发现有些泛红，但是没有划破，于是我对琳琳说："你划到了强强的脸，需要跟他道歉。下次要小心一点哦。"琳琳向强强道歉后，对强强说："我书包里有小贴画，我送给你一张，你别哭了可以吗？"强强破涕为笑。琳琳从自己的小贴画中选择了一副珍珠项链的贴画递给强强，说："这是我最喜欢的贴画了，送给你吧。"可是强强皱着眉头问："还有别的贴画吗？"

分析评价：

大部分幼儿在游戏中比较喜欢直接使用已提供的道具或材料，替代物的使用现象较少，几乎都以教师提供的材料为主。但是琳琳在游戏时，发现没有毛巾时，能想出用手帕代替，没有水槽就用篮子代替，主动找寻替代物。一方面，这体现了她的认知水平已经达到了前运算阶段的象征思维阶段，符合这一阶段幼儿认知水平发展的一般规律；另一方面，也体现了她较高的游戏自主性水平。在向同伴道歉的事件中，琳琳为同伴选择的礼物体现了她认知发展水平的自我中心的特征，只会从自己的角度去认识事物，而不能从他人的观点去考虑事情。

引导支持：

这一年龄段的婴幼儿，在认知发展水平上已经进入了前运算阶段，因此在假装游戏中，也有了"替代"的需要与行为。但是，在游戏中，提供的材料大多是教师提供的成品，婴幼儿需要替换的场景不够充分。因此，除了丰富婴幼儿相处经验外，教师还可以提供一些半成品或是在游戏中可用来替代的材料、道具等，放在百宝箱中供婴幼儿自由选择。同时也可以启发婴幼儿发挥想象力，用班上的多种玩具材料充当游戏中所需要的物品。教师也要多鼓励婴幼儿主动寻找替代品，从而促进婴幼儿象征性思维的进一步发展。

另外，对于婴幼儿自我中心的表现，也可以采取多种措施帮助婴幼儿减弱自我中心化。比如，让婴幼儿更多地参与集体活动，在同伴互动中了解他人可能与自己有着不同的看法。成人也可以通过讲故事、做游戏、角色扮演等方法引导婴幼儿设身处地认识他人、理解他人。

　　不同流派的观点虽存在分歧，却为观察者提供了多维解读婴幼儿行为的机会。这种理论的多样性有助于挖掘行为背后的复杂动因，理解婴幼儿发展的无限可能。观察者需将直接观察与理论经验

---

① 引自：李晓巍，幼儿行为观察与案例［M］，华东师范大学出版社出版，2017 年，第 30 页，案例有所调整。

相结合,通过持续分析反思,逐步贴近婴幼儿的真实发展状态。

婴幼儿的发展遵循普遍规律与阶段顺序,这为观察者提供了发展常模与年龄目标等参照体系。这些理论框架可帮助判断个体在群体中的发展位置,同时为行为分析提供科学依据,使支持策略更符合成长规律。案例3-2-6中,观察者就是以婴幼儿言语发展的常模为参照,对比分析了2.5岁幼儿的发展水平。

案例3-2-6

幼儿学语①

观察目的:观察幼儿的言语发展情况

观察目标:观察一名2.5岁幼儿的词汇发展情况

观察对象:B,女,2.5岁

观察场景:托班公共区域

观察方法:连续记录法

观察记录:

B和成人坐在一起看故事书《好饿的毛毛虫》。成人指着第一页问:"B,这是什么?""树叶",B边回答边把书翻到了另一页。

"看,毛毛虫。"B说。

"对,这是一条毛毛虫(caterpillar)",成人说,"还有太阳。"

"太阳。"B边说边把书翻到另一页。

"这是什么?"成人问道。

"苹果。"B指着图画说,"毛毛虫、苹果。"

"对,毛毛虫吃苹果。"成人说,"它还吃了两个梨。"

"还有梨。"B说。

"让我们来数数这些梨。"成人说着,指着图画数起来,"1、2、3。"

"2、3。"B重复着。

分析评价:

B重复着别人对她说的话,这被称为"幼儿学语"。她使用两个词的短语来表达自己的想法,如"毛毛虫、苹果"意思是毛毛虫吃苹果。这种语句通常被称为电报句。B的言语发展水平是符合2岁幼儿言语发展的常模。

引导支持:

1. 为B提供丰富言语环境,包括故事书、儿歌、日常对话等。鼓励家长和教师在与B交流时使用丰富的词汇和句式,帮助她扩展词汇量并学习不同的语法结构。

2. 给予B充分的表达机会,鼓励她用自己的话语描述所见所闻和感受。在B尝试表达时,即使她使用了不完整或错误的句子,也应给予正面反馈,以增强她的自信心和表达欲。

3. 继续利用故事书等阅读材料来激发B的言语兴趣。在共读过程中,可以通过提问、讨论和角色扮演等方式引导B深入思考和理解故事内容,同时丰富她的言语经验和想象力。

---

① 引自:[英]里德尔-利奇.观察:走近儿童的世界[M].潘月,王艳云,译.北京师范大学出版社出版,2008年,第70页,内容有所调整。

（四）兼顾个体和整体的发展

为深入理解婴幼儿行为模式,研究者通常从身心发展与活动领域两个维度进行划分:前者包括动作、认知、言语、情绪及社会性等发展层面,后者涵盖生活、游戏与交往等具体行为场景。这种多重视角为观察者提供了结构化分析框架,使其能够针对特定领域(如动作发展)提取关键行为线索,系统评价婴幼儿的阶段性能力表现。

需特别注意的是,婴幼儿各发展或行为领域并非孤立存在,而是彼此关联、相互作用的有机整体。观察与评价的核心目标在于促进全面发展,因此既要对单领域能力进行精准评估,也要重视跨领域行为的联动影响。以案例3-2-4为例,当小悦在迈步后主动观察脚部动作并与母亲进行眼神互动时,这一行为不仅反映了大动作协调能力的进步,还体现了小悦开始意识到自己的行动与结果之间的联系,以及她能够感知母亲的存在并回应其鼓励,展现出一定的社会认知和情感交流能力。此类整体性分析能够突破单一视角的局限,更完整地揭示婴幼儿发展的复杂性和动态性,为制定兼顾多领域的教育策略提供科学依据。

（五）关注行为与环境的关系

婴幼儿的行为与其所处的物理、心理或社会环境存在密切关联。观察者在分析评价婴幼儿行为时,不能脱离行为发生时的场景和情境信息。例如,在托育中心,如果活动区域空间狭小且缺乏足够的材料,婴幼儿推挤、争吵、争抢或旁观等行为的频率可能增加。又如,2岁11个月的小宇在托班的时候,动不动就大声哭泣,一直要跟着带班老师,一整天也不怎么说话。观察者可能会认为小宇情绪波动大,依赖性强且言语表达发展迟缓。然而,小宇的行为可能更多地反映了他刚入托不久,对陌生环境的不适应。至于小宇是否真的存在情绪、社会性和言语方面的问题,还需要进一步的观察分析,不能轻易下结论。

（六）从正向发展的角度出发

每个婴幼儿都是独特的个体,拥有各自的发展轨迹和成长路径。在进行婴幼儿行为分析评价时,观察者应当保持谨慎,避免轻易对婴幼儿的行为做出定论,也不宜轻易在不同的婴幼儿之间进行横向比较。相反,观察者应当从正向发展的角度出发,关注婴幼儿在成长过程中积极的变化和发展,更多地关注婴幼儿行为中的优势和闪光点,而不是不足或问题。例如案例3-3-7,观察者在分析评价婴幼儿进餐行为时,没有单纯只看到婴幼儿使用勺子吃饭过程中的不足,而是从正向发展的角度,肯定婴幼儿在尝试自己吃饭过程中的努力和坚持,并发现其手部精细动作发展的需求。

● 案例 3-2-7 ●

小杰的午餐时光

观察对象:小杰,男,2岁5个月

观察时间:2023年6月14日

观察场景:活动室

观察情境:午餐环节

观察方法:轶事记录法

观察记录:

午餐时间,大部分小朋友已经开始吃饭。小杰靠坐在椅子上,这边看一眼、那边看一眼。老师轻轻走到他身旁,说道:"小杰,今天我们来当个小勇士,自己吃饭好不好?"小杰听到后,拿起了自己的勺子,眼睛盯着自己的餐盘。停顿了几秒钟后,他舀起一勺米饭慢慢地送到口中,边嚼还边看着周围的其他小朋友。尝试第二勺时,小杰的勺子倾斜了,米饭就掉到桌子上,他看向老师。

老师鼓励说:"没事的,你再试试。"小杰抿了抿嘴,开始尝试第三勺。这次小杰打的是胡萝卜丁,从碗里送到嘴里,掉了几个,还有几个被成功送到小杰嘴里。老师又一次鼓励道:"又吃了一口,小杰会自己吃饭了,加油!"小杰咧嘴笑了笑,继续吃。

分析评价:

在今天的午餐时间里,小杰展现出了令人欣喜的成长与变化,勇敢迈出了独立进餐的第一步。尽管由于手部精细动作发展的不足,小杰进餐过程中遇到了小挫折,如勺子控制不稳导致食物掉落,但他并未因此放弃,反而是在老师的鼓励下,持续尝试。这一过程不仅体现了小杰自我意识的发展,也可以看到他愿意尝试与挑战的积极态度。

引导支持:

为了进一步提升小杰的自理能力,可以设计更多手部精细动作训练游戏,如串珠、抓放等,以增强其手部肌肉的力量与灵活性。同时,通过日常餐前准备活动,如摆放餐具、分发食物等,进一步锻炼其手眼协调能力,让小杰在享受乐趣的同时,也逐步掌握更多生活技能。

(七) 融合多元主体的思想

婴幼儿行为分析评价易受观察者主观情感影响,导致理性判断受限。该过程本质是观察者依据个人经验和理论知识,对所收集的观察记录资料进行意义探寻和观点构建的过程。不同观察者的经验背景和理论基础存在差异,在面对同样的婴幼儿行为观察记录,就会做出不一样的解读。换而言之,每一个观察者对于记录资料的阐释只能是一家之言,不能保证是唯一合理的解释。[1] 因此,为减少认知偏差,观察者需突破固有思维定式,以开放的态度与其他同仁、专家、家长等形成分析评价的共同体,共同参与婴幼儿行为观察记录的探讨、反思,融合多元主体的思想,赋予婴幼儿行为更为恰当和丰富的意义。

(八) 结合多次观察记录的信息

婴幼儿行为分析若仅依赖单次观察记录,易产生结论偏差。主要原因有三:其一,婴幼儿行为具有情境依赖性,易受即时环境影响;其二,婴幼儿身心发展速度快,短期行为表现存在显著波动;其三,单一视角难以获取完整信息,需结合家长、其他观察者等多方面的信息。因此,观察者应该树立连续观察的意识,通过多次观察和多种渠道收集婴幼儿行为的直接或间接信息,在获得充分事实信息的基础上,深入分析解读婴幼儿行为,从而更接近真实的婴幼儿。例如,在案例 3-2-8 中,观察者就是基于对婴幼儿多次观察记录资料的分析评价,更充分地认识到婴幼儿自我意识的表现特征和变化发展。

• 案例 3-2-8 •

早早的自我意识[2]

第一次观察

观察时间:2021 年 6 月 11 日

观察对象:早早,男,1 岁 4 个月

---

[1] 叶小红.走向视域融合——幼儿教师观察能力培养的思考与探索[J].学前教育,2017(6):43—46.
[2] 引自:王其红,孔霞,谭尹秋,婴幼儿行为观察与指导[M],西南大学出版社出版,2022 年,第 153 页,内容略有调整。

观察场景：家中

观察方法：轶事记录法

观察记录：

妈妈下班后拿着一个快递盒回到家里，将快递盒拆开，拿出一件给早早买的新裤子，并对早早说："早早来，我们试试新裤子好看不好看！"早早立马跑到妈妈身边，让妈妈给他穿上新裤子。"哇，真好看！快去照照镜子。"妈妈对着早早赞美，早早听到后，立马走到镜子面前，认真地看着镜子里的自己，开心地笑了。这时，早早看到他的脸蛋上沾了一点饼干屑，赶紧用手擦掉。

第二次观察：

观察时间：2021 年 7 月 5 日

观察对象：早早，男，1 岁 5 个月

观察场景：公园

观察方法：轶事记录法

观察记录：

午睡后，妈妈带着早早在公园里玩耍，早早推着自己的玩具购物车往前走，几个两岁左右的小朋友对早早的玩具推车很感兴趣，纷纷围过来，小手要摸玩具推车。早早突然一巴掌打在其中一个小朋友的手上，嘴里念叨着："早早的，早早的……"妈妈蹲下来对早早说："这个小推车是你的，别人不会抢走，他们只是想玩一下，你不能打人。"

第三次观察：

观察时间：2021 年 8 月 12 日

观察对象：早早，男，1 岁 6 个月

观察场景：家中

观察方法：轶事记录法

观察记录：

和往常一样，早早一早就起床了，妈妈拿来 T 恤和短裤，开始给早早穿衣服。妈妈拿起 T 恤套在早早的脖子上，并对早早说："来，伸胳膊。"早早赶紧抬起自己的胳膊让妈妈给他穿袖子。然后，妈妈又拿起短裤，让早早站在床上抬脚，早早便扶着妈妈的头，分别将两只脚抬起来穿进裤子里，之后，妈妈再帮早早整理好裤子和 T 恤。

第四次观察：

观察时间：2021 年 10 月 3 日

观察对象：早早，男，1 岁 8 个月

观察场景：家中

观察方法：轶事记录法

观察记录：

吃完早饭，妈妈问早早："早早，我们出去溜达溜达，好不好？"早早说："不要！""那我们一起玩积木，怎么样？""不要！""那我们一起看故事书，好不好？""不要！"……最终，妈妈决定带早早去公园玩耍，出门前，对早早说："早早，过来把鞋子穿上。""不穿！""哇！早早快看，鞋子上有小猪佩奇，好漂亮，我们穿上小猪佩奇的鞋子出去找哥哥姐姐玩，好不好？"早早一边说着"不好"，一边让妈妈给他穿鞋子。

分析评价：

一岁半左右，早早已经有了初步的自我意识，自我意识中的客体自我有一定的发展，能够认出镜子中的自己,也能意识到自己形象的改变,知道自己身体部位的名称。同时,自我控制能力也有一定的发展,能在自己的能力范围内配合成人,完成成人的要求。

随着自我意识的萌芽,早早对物体的所有权意识增强,更加明白自己与他人的区别,对自己的东西有着强烈的占有欲。同时,由于还不能清楚地表达自己的观点,会用打人的方式表示他不愿意。

两岁左右的幼儿已经具有初步的独立自主性。早早一口一个"不"的表现正是这个阶段婴幼儿身上比较普遍的现象,说明他已经表现出最初的独立自主性。

引导支持:

1. 创造环境,让婴幼儿自由探索。婴幼儿萌发了自我意识后,会对外部世界充满好奇,不断地探索这个世界,过程中也学会了区分自我动作和外界动作。成人应该尽量为婴幼儿营造安全、自由的环境,让其能自由探索。

2. 为婴幼儿提供独立的机会。自我意识萌芽阶段的婴幼儿会表现出强烈的独立意识和自主愿望,什么事情都要自己来,这是他们寻求自我肯定的需要。成人应该积极为其创造条件,在保证安全的前提下,放手让其做一些力所能及的事,比如自己洗手、穿脱衣服、独立进食、喝水等,让婴幼儿在自己动手和探索的过程中获得满足和自信。

3. 尊重婴幼儿的个人物品。要注意区分自我意识和自私。自我意识萌芽阶段的婴幼儿往往认为物品是他的,当他并不愿意将自己的玩具分享给其他孩子时,要尊重他,这样有利于婴幼儿构建自我意识。

4. 应该冷静温和地应对婴幼儿的"逆反"行为。在平时的沟通中,尽量避免使用否定词,多用正面的、认同的词句。比如,当孩子要求先看动画片再睡觉时,成人不要一来就说"不行""不准",可以尝试说:"我们看一集动画片,然后就去吃饭。"另外,这个阶段婴幼儿喜欢说"不",其实是在表达自己的诉求,寻求独立。成人可以给孩子一些简单的选择空间,比如"乖乖,你想吃米饭还是面条?"

任务思考

学习评价

表3-2-4 学习评价表

项目	内　　容	水平				
		优秀	良好	中等	合格	较差
学习态度	按时参与课程学习,如期完成学习任务	5	4	3	2	1
知识领悟	理解婴幼儿行为观察记录资料的处理方法,熟知婴幼儿行为分析评价的要点	5	4	3	2	1
实践应用	提升婴幼儿行为科学分析和发展评价的能力	5	4	3	2	1
价值认同	尊重事实依据;形成以婴幼儿为本的意识,关注婴幼儿行为与发展	5	4	3	2	1
沟通交流	参与小组讨论,倾听他人观点,清晰表达自己见解	5	4	3	2	1
合作探究	共同探讨、合理分工,合作完成小组任务	5	4	3	2	1
信息素养	检索相关资料,自主阅读学习	5	4	3	2	1
自我评价						

学习思考

1. 进行婴幼儿行为分析评价时,如何采用跨领域整合的视角来全面理解婴幼儿的行为模式和发展情况?

2. 分别收集量化和质性的婴幼儿行为观察记录,尝试对记录资料进行量化或质性处理,并进一步分析评价婴幼儿行为。

3. 搜集资料并结合所学,谈一谈观察者进行婴幼儿行为分析评价会受哪些因素影响。

任务三　学习婴幼儿行为的引导支持

案例导入

拼图挑战

观察对象:米米,女,2岁8个月

观察场景:托班益智区活动

观察记录:

米米选择了一张四块的动物拼图,尝试将碎片放入底板,但多次翻转方向仍无法匹配。教师靠近后未直接动手帮忙,而是指着底板空缺处问:"米米看,这块缺口边线是直的还是弯的?"米米触摸底板边缘回答:"弯弯的!"教师继续引导:"那找找哪块拼图的边线也是弯弯的?"米米对比后选中正确的碎片,成功嵌入时教师鼓掌:"你找到了形状的秘密!"随后米米主动用同样的方法完成了剩余拼图。

请思考:案例中的教师如何引导支持米米拼图? 根据案例,可以提出哪些进一步引导支持米米发展的策略?

> 微课
>
> 熟悉婴幼儿行为
> 引导支持的策略

一、婴幼儿行为引导支持的策略

在完成婴幼儿行为观察和发展评价后,可以从作息安排、环境创设、氛围营造、活动设计、家托共育、同伴互动、反思实践等多个方面入手,制定引导支持婴幼儿行为的策略。

(一)合理的作息时间安排

为了帮助婴幼儿建立稳定的日常规律,需要确保每天都有相对固定的活动时间,包括固定的睡眠时间、规律的饮食时间、多样化的游戏时间、适宜的活动时间、适量的运动时间等。在遵循基本规律的同时,密切关注婴幼儿的情绪状态、身体状况和兴趣变化,适时调整活动的时长和内容,避免活动冗长导致婴幼儿疲劳或无聊,也避免活动短暂而无法满足其需求。

(二)创设满足需求的环境

创设满足婴幼儿需求的物质环境,确保空间既安全、舒适、整洁有序,又富有启发性。为此,可以划分出不同的活动区域,如生活区、建构区、操作区、阅读区等,以便婴幼儿在特定区域内进行有针对性的活动。提供的材料应当丰富多样,能够激发婴幼儿的好奇心和探索欲,并且要根据婴幼儿的发展水平精心挑选。此外,还需要定期检查和更新材料,以确保它们能够持续吸引婴幼儿的兴趣,满足其发展的需求。这样,不仅能够丰富婴幼儿的感官体验,还能激发他们的行为反应,满足他们探索和学习的需求,从而促进婴幼儿多方面行为发展。

（三）营造良好的心理氛围

构建充满鼓励与支持的心理环境，给予婴幼儿充分的关注、关怀与爱护，及时恰当地回应其生理需求；运用肯定性的话语反馈，增强婴幼儿的安全感与信任感，满足他们的情感与社会需求；尊重婴幼儿的意愿与选择，信任他们的能力，满足他们的自主性与独立性需求，促进个性与社会性发展；敏锐地觉察婴幼儿需求的变化，鼓励他们表达自己的感受与想法，并认真倾听。

（四）设计有针对性的活动

根据婴幼儿的行为特点、发展水平、已有经验，设计故事讲述、角色扮演、游戏互动等有针对性的活动，以有趣的形式引导婴幼儿积极参与，促进其特定行为的发展。例如，发现婴幼儿的精细动作技能需要提高，可以安排拼图、串珠等活动，提升他们手指灵活性和手眼协调能力。此外，根据婴幼儿的发展需要和兴趣爱好，设计感知体验、认知探索、艺术创作、音乐律动、动作练习、言语互动等多类型的活动，促进他们的学习与发展。

（五）家托合作，共促成长

家托合作是引导支持婴幼儿行为与发展的重要策略。这包括托育机构定期与家长进行沟通，分享婴幼儿行为观察与发展评价的结果；邀请家长一同参与观察评价婴幼儿在不同环境中的行为表现，共同关注发展，共享优势和不足，共商照护计划和保教策略，形成教育合力；确保家庭和托育机构在引导支持婴幼儿行为方面保持一致性，提高引导支持措施的有效性和连贯性，更好地促进婴幼儿的成长和发展。

（六）同伴互动，携手成长

同伴互动对婴幼儿成长具有重要意义。通过与同龄人的互动，婴幼儿可以学习社交技能、情感交流和合作分享。观察者应创设有利于同伴互动的环境，组织丰富的小组活动，鼓励婴幼儿之间的交流与合作。例如，可以安排小组游戏、角色扮演等活动，促进婴幼儿在互动中学习和发展。同时，观察者应关注同伴互动中的个体差异，及时提供个别化支持，帮助婴幼儿建立良好的同伴关系，携手成长。

（七）持续关注，反思实践

针对已有的婴幼儿行为观察与评价结果，如果不足以让观察者提出适宜的引导支持策略，持续追踪观察不失为一个有效的手段。通过持续地观察婴幼儿行为、记录行为变化，进一步探究行为特点、发展趋势以及影响因素等，观察者能够不断反思并优化现有的婴幼儿教育工作，提出更行之有效的、促进婴幼儿学习与发展的策略。

此外，观察者提出的策略多种多样，但不一定完全切实有效。落实一定的引导支持策略后，观察者应当持续关注目标婴幼儿的行为变化，追踪其发展情况，以此评估策略的有效性，并根据实际情况做出必要调整，确保策略的针对性和适宜性，真正促进婴幼儿的健康成长。

二、婴幼儿行为引导支持的要点

前文介绍的常用策略并非针对具体的观察评价实例。在实际运用中，观察者还应结合具体的婴幼儿行为，遵循一定的原则，灵活地调整、制定和应用这些策略。

（一）遵循适宜性原则

观察者提出的策略要具备高度的适宜性，应当全面且细致地考虑以下四个关键方面。

（1）顺应行为模式：基于婴幼儿自然成长轨迹设计活动，强化正向行为与习惯养成。观察者需识别个体兴趣与优势，提供适配资源与环境，激发其潜能。

（2）匹配发展阶段：根据年龄特征及当前能力水平，精准设置活动难度，在挑战性与可实现性间保持平衡,维持婴幼儿探索的内在动力。

(3) 扩展现有经验:以婴幼儿已有认知与技能为起点,通过阶梯式活动设计(如从单一动作到组合操作),逐步拓展其认知、社交及情感能力。

(4) 兼顾身心需求:结合生理成熟度与心理发展阶段,设计符合身体发育规律且满足情感依恋、安全感等心理需求的策略,构建全面支持体系。

以3-3-1为例,观察者基于婴幼儿现有的经验、发展水平和心理需求,从提供示范与鼓励、引导交流与表达、支持自主探索等角度,提出了适宜的引导支持策略。

·案例3-3-1·

他要做什么?

观察对象:哆哆,男,2岁9个月

观察时间:2022年5月20日

观察场景:托班活动室

观察方法:轶事记录法

观察记录:

哆哆到托班的时候,其他小朋友已经开始活动了。他站在教室门口,头转来转去地看着。哆哆朝操作区走去,每走一步都要停下来,左看右看。到了操作区,哆哆拿了一个垫板、一盒绿色的彩泥,找了个椅子坐了下来。他把彩泥放在垫板上没有打开,而是看旁边两个小朋友正在揉搓彩泥。其中一个小朋友问他"你要做什么?",哆哆没有说话。

分析评价:

哆哆展现出了对周围环境的强烈好奇心和探索欲。他站在教室门口观察其他小朋友的活动,表明他正在适应新环境并寻找自己感兴趣的活动区域。进入操作区后,哆哆选择了垫板和彩泥,这是婴幼儿阶段常见的创造性游戏材料,显示了他对动手操作和创造活动的兴趣。

然而,哆哆在拿到彩泥后并没有立即开始操作,而是先观察了旁边的小朋友如何揉搓彩泥。这表明哆哆在尝试学习新的技能或模仿他人的行为,这是幼儿学习的重要方式之一。同时,当被问到"你要做什么?"时,哆哆没有回答,可能因为他正在思考或还在观察阶段,尚未形成明确的行动计划。

引导支持:

主动参与到哆哆的活动中,通过示范如何揉搓彩泥、制作简单形状等方式,激发哆哆的参与兴趣和动手能力。同时,给予哆哆正面的鼓励和表扬,让他感受到成功的喜悦和成就感。

在哆哆观察或操作时,适时地与他进行简单的交流,如询问他看到的颜色、形状等,引导他表达自己的感受和想法。这有助于培养哆哆的言语表达能力和社交技能。

在哆哆表现出对彩泥的兴趣后,给予他足够的空间和时间,让他根据自己的节奏和兴趣进行探索和创造。同时,注意观察哆哆的活动情况,及时给予必要的支持和帮助。

再以3-3-2为例,观察者针对婴幼儿的分离焦虑以及对爱与安全感的需求,从营造心理环境、缓解焦虑情绪、合理安排作息以及家托合作共育等多个角度,提出了促进婴幼儿适应新环境和托育生活的适宜策略。

• 案例 3-3-2 •

我要找阿姨①

观察对象：芊芊，女，2 岁 4 个月

观察时间：2023 年 10 月 19 日

观察方法：轶事记录法

背景信息：

经过一个多月的时光，芊芊逐渐适应集体生活。入园环节，每次看到保育员阿姨在门口接待时，她不再像之前一样哭泣，能保持稳定、愉快的情绪，拉着阿姨的手一起进入班级。她与阿姨形成了强烈的情感依恋，她是阿姨的"小尾巴"，喜欢跟在她的后面。在游戏活动中她能专注地与材料互动，摆弄各种各样的操作材料。但是，每次一到一日生活的过渡环节，她都露出着急的神色，在嘴巴里念叨着："我要找阿姨。"

观察记录：

片段一：

一听到要准备吃午餐，芊芊一边着急地说："我不吃我不吃。"一边找到自己的椅子坐下来。教师走了过去，拿起碗打算喂她，她把头歪向一边，拒绝道："我不要，我要阿姨喂。"

"老师也可以喂。"

"不要，阿姨喂。"说着，眼泪便掉了下来。

保育员阿姨拿起碗，她便开始大口大口地吃了起来。

片段二：

午睡时间到，小朋友纷纷找到自己的床位躺了下来。芊芊躺在小床上，看到教师坐在她旁边，看着教师喃喃地说："我要找阿姨。"

"好的，阿姨现在在打扫卫生，让我先陪你，等一下就来。"教师说。

"等一下阿姨就来，放学就可以找爸爸妈妈。"说完，她安静地躺在小床上。

过了一会儿，她又重复说道："等一下阿姨就来，放学就可以找爸爸妈妈。"

分析评价：

在片段一中，尽管芊芊用言语表达了拒绝进餐的意愿，她的身体动作却不由自主地走向了自己的座位。这表明芊芊已经开始适应托班的一日常规，即便她内心并不愿意进食，她也明白在用餐环节应该坐在自己的位置上。她的行为反映了这个年龄段孩子特有的直觉式思维和行动，即在行动中思考。当教师提出帮助她进食的建议时，她并未接受。这是因为作为一位新来的"陌生"老师，教师尚未与她建立起足够的信任关系。

在片段二中，芊芊再次开始寻找情感上的依靠，她的嘴巴不断重复着"很快就能见到阿姨、爸爸妈妈"的话。可以看出，在入睡环节，芊芊内心存在一定程度的焦虑。为了缓解她的这种焦虑，教师首先肯定了她的感受，告诉她依恋对象很快就会出现，并且留在她身边陪伴，希望能够与她建立起良好的信任关系。在陪伴的过程中，芊芊也通过重复的话语来缓解自己的焦虑情绪。

综合日常对芊芊的观察以及这两个片段，可以看出托班幼儿同样具备应对分离焦虑的能力。他们能够在新环境中找到新的情感联结对象，以此来转移与家人分离所带来的焦虑。在焦虑状态下，他们还能通过言语自我安慰，有效地缓解焦虑情绪。

---

① 本案例由福建省泉州幼儿师范学校附属幼儿园刘冰冰老师提供。

引导支持：

1. 积极与幼儿互动，增进相互间的了解，建立信任关系。要持续以友善的态度对待幼儿，对幼儿的需求、感受和想法予以关注和重视，倾听他们的意见并积极回应，向幼儿传递出亲切和善意，使幼儿安心和信任。

2. 不必每次都满足幼儿寻找依恋对象的需求，而应适当转移其注意力。转移幼儿的依恋对象是一个渐进的过程，可根据当前情境，采取适当的策略和方法来转移幼儿的注意力。例如，在游戏时与幼儿进行互动，共同参与游戏；幼儿出现焦虑情绪时，采用正面引导和言语肯定，鼓励幼儿参与同伴的活动，培养他们的自信和独立性。

3. 向幼儿明确介绍一日生活环节的流程，以减轻幼儿的分离焦虑。让幼儿了解一日生活环节的流程，知道午睡后吃完点心再游戏便可以回家，这将极大地减轻幼儿的分离焦虑。

4. 与家长保持定期沟通，分享幼儿的情绪和适应情况，共同探讨解决方案，保持互相的支持与配合。与家长建立紧密的合作关系，使幼儿感受到安全和被关爱。

（二）立足长远的发展

婴幼儿发展兼具阶段性特征与连续性进程。每个阶段均有标志性发展里程碑，而各阶段间并非割裂孤立，而是相互交织促进的，构成完整的成长轨迹。观察者需立足当前阶段特征，设计适龄引导策略，同时前瞻下一阶段发展需求，为支持做好衔接准备。

婴幼儿发展呈动态渐进模式，而非线性上升。受个体差异、环境适应及遗传因素等影响，其发展可能呈现速度波动、暂时停滞甚至短期倒退等现象。此类波动是成长的自然组成部分，需以包容的态度理性对待。观察者应超越对短期表现的局限关注，以发展性视角审视婴幼儿潜能，制定前瞻性支持方案：既化解当前发展挑战，亦为其长远能力建构奠定基础，最终实现全面成长目标。

以案例3-2-6（本书项目三任务二）为例，观察者针对婴幼儿言语的进一步发展，提出了丰富言语环境、鼓励积极表达以及支持早期阅读等策略，既考虑了婴幼儿当前的言语发展水平，又着眼于其未来的言语发展潜能。

（三）尊重个体的差异

观察者应当充分认识到每个婴幼儿在发展水平、学习速度、经验积累以及能力倾向上存在显著的个体差异，这些差异受到遗传、环境、家庭背景和早期经验等多种因素的影响。观察者需要敏锐地捕捉到这些差异，认识到每个婴幼儿都有其特定的成长节奏。在此基础上采取多样化的引导策略和支持方法，确保每位婴幼儿的独特需求得到满足，鼓励他们个性化选择与探索，促进其全面发展。在案例3-2-1（本书项目三任务二）中，观察者不仅为所有婴幼儿制定了培养良好如厕习惯的策略，还针对存在较多如厕问题的婴幼儿提出了个性化的引导方法，体现了对婴幼儿个体差异的尊重，允许每个孩子按照自己的节奏和方式发展。

（四）聚焦目标和分析要点

观察者可以紧密围绕婴幼儿行为观察目标，提出具有针对性的引导支持策略。在案例3-2-2（本书项目三任务二）中，观察者旨在了解婴幼儿的同伴互动行为，因此在分析评价基础上提出了一系列促进婴幼儿同伴互动的针对性策略。另外，观察者还可以根据婴幼儿行为分析评价的结果，提出相应的引导和支持策略。以案例3-3-3为例，观察者对婴幼儿在引导下习得问题解决方法的行为过程进行了细致分析评价，并围绕提升婴幼儿问题解决能力这一要点提出了具有针对性的策略。

•案例 3-3-3•

书本卡住①

观察对象: 涵涵,女,3 周岁左右;扬扬,男,3.5 周岁左右

观察时间: 2024 年 4 月 3 日

观察方法: 轶事记录法

观察记录:

自由游戏时间,涵涵急急忙忙地跑过来拉住我的手,往阅读区的地方走。我问她:"发生什么事情?"她支支吾吾没有说出来。到了阅读区,只见扬扬站在小汽车书架前,低着头探着脑袋往架子上瞧,时不时伸手进去里面掏了掏。我又询问道:"怎么啦?"扬扬边说边指着书架小格子:"卡住啦!"原来,《小金鱼逃走了》这本正方形的书本严丝合缝地卡在了小汽车书架的方形小格里。我困惑道:"这可怎么办?"扬扬伸出手再次尝试,可是书本并没有撬起来,还隐隐卡得更深了。看到两个孩子你看看我、我看看你,我说:"我有办法,有什么东西可以把他们撬起来呢?"说完便在教室里转一转,寻找撬动的材料。我找到了一根长长的鸡毛掸子,用掸子的把手往边沿撬,可惜掸子的把手棍子粗壮,不能很好地伸进格子里,对撬动毫无帮助。扬扬看着它,突然兴冲冲地跑到娃娃家。他快速地拿到一根小小的塑料汤勺来,自己尝试地撬起来。可惜,汤勺边沿过于圆滑粗厚,并不能伸进格子里。他尝试了多次,仍以失败告终。涵涵也去找了一把塑料小刀,在书本边沿滑了滑,可惜怎么也无法伸进格子空隙中。扬扬看到后,又去娃娃家找了找,过了一会,拿来了一根塑料小叉子,小叉子上有三根尖尖的插头,他不时调整着勺子的位置,间或用小手扒拉,终于小书本拿出来了,扬扬露出开心的笑容。

分析评价:

解决问题的能力是指个体面对各种问题和挑战时,运用思维、知识和经验,分析问题、寻找解决方案并付诸实践的能力。事件初始,面对书本卡住的情况,由于孩子的思维水平、知识和经验的限制,涵涵选择寻求成人的帮助,而扬扬则尝试用小手不断扒拉,尚未考虑到使用工具。当看到老师尝试用工具撬动时,幼儿对简单的因果关系有一定理解,意识到可以借助工具来解决问题。孩子们通过观察和模仿,不断尝试使用班级的玩具小刀和叉子,他们通过多次寻找材料反复操作的方式来解决问题。即使在多次失败后,他们也没有轻易放弃,展现了坚持的良好学习品质。

事件中,观察者在发现幼儿束手无策时能帮助他们开拓思路,提出用材料撬动书本的建议。在幼儿尝试解决问题的过程中,观察者没有过度干预,而是以观察者和支持者的身份,允许幼儿自主尝试。成人的示范和引导对于幼儿解决问题能力的发展起到了关键性的作用。

引导支持:

1. 为幼儿提供一个充满支持和鼓励的探索空间。例如,在日常生活中,可以组织"寻宝"游戏,让孩子们在限定区域内寻找隐藏的物品,从而培养他们的观察和分析能力。

2. 赋予幼儿足够的自由度,让他们独立尝试解决问题,例如,可以安排一些拼图或迷宫游戏。同时,在确保安全的前提下,多带他们到户外观察自然界的动植物。

3. 采用启发式提问。在活动过程中,向孩子们提出问题,引导他们思考并寻找解决问题的方法。例如,在讲故事时,可以引导孩子们讨论故事中遇到的问题以及可能的解决策略。

4. 示范引导。在日常生活中通过示范问题解决的方法,让孩子们学习和模仿。

---

① 本案例由福建省泉州幼儿师范学校附属幼儿园刘冰冰老师提供。

（五）具体、可行、易操作

婴幼儿行为的引导支持策略应具体、可行、易于操作，以便教师和家长等实施者能够轻松理解和有效执行。

1. 目标清晰化

策略需针对婴幼儿具体行为或发展需求，设定明确可执行的目标。例如，培养如厕能力应聚焦"脱裤子、正确如厕、穿裤子、冲厕所、洗手"等关键技能，最终目标是实现婴幼儿独立完成且无需过多辅助。建议将大目标分解为小目标，如引导脱裤子可细化为"双手抓住裤腰两侧""下拉至膝盖位置"等步骤，通过分步练习逐步达成预期效果。

2. 遵循发展规律

策略需以婴幼儿身心发展规律为基础，确保方式符合其能力水平，避免造成身心压力。实施所需的时间、空间及材料资源应便于获取且操作简便。例如，利用日常物品或自制简易玩具设计趣味游戏，既经济高效，又能促进婴幼儿认知与动作发展。

3. 考虑实施者经验

策略需充分考虑实施者（如教师、家长）的经验水平，采用通俗话语结合可视化指引（如步骤图示），降低理解门槛并提升操作效率，确保实施者快速掌握核心要点，从而增强策略的落地效果和实用性。

（六）注重策略的整合性

注重婴幼儿行为引导支持策略的整合性，即将各种有效手段和有利资源整合起来，形成一个协调一致、相互促进的系统。这有助于婴幼儿在不同情境下发展适宜的行为模式，促进其全面和谐成长。例如，案例 3-3-4 中针对婴幼儿自主穿鞋等自理能力的引导支持策略整合了针对性训练、家托合作、持续关注反思等有效策略，以提升婴幼儿的自我服务能力。

拓展阅读

回应性照护

• 案例 3-3-4 •

自己穿鞋

观察对象：豆丁，男，2 岁 2 个月

观察时间：2023 年 4 月 15 日

观察场景：托班教室门口

观察记录：

豆丁看到林老师拿出了自己的鞋子，走近并蹲下查看。他用手触摸鞋子，轻轻拍打，拿起其中一只鞋看了看，又抬头看向老师。老师鼓励道："豆丁，要不要试试自己穿上鞋子？"

豆丁开始尝试将脚伸进鞋子里，但起初方向不对，右脚尝试穿进了左鞋。老师轻声提醒："豆丁，看看鞋子上的图案，哪只脚上的图案和鞋子上的一样呢？"豆丁听后，抬头看了看鞋子，又低头看了看自己的脚，然后尝试调整方向，成功将右脚放入右鞋。接着，他尝试用同样的方法穿左鞋，但过程略显笨拙，几次尝试后终于成功。

穿好鞋子后，豆丁发现鞋子有些松，于是尝试用手拉鞋后跟，但力度不够，鞋子没紧贴脚跟。老师见状，向豆丁示范如何用手提鞋后跟，帮助鞋子更贴合脚部，豆丁模仿着做。经过一番努力，豆丁终于成功穿上了鞋子，脸上露出了笑容。他站起来，在走廊走了几步。老师给予正面反馈："豆丁真棒！自己学会穿鞋了，真厉害！"并轻轻拥抱了豆丁。

分析评价：

此次观察中，豆丁展现了良好的好奇心、探索欲和自我服务意识。在老师的引导下，他能够克服困难,通过观察和尝试,逐步掌握穿鞋的技巧。尽管过程中有些小挫折,如穿错脚、鞋子松等,但豆丁没有放弃,而是通过不断尝试和调整,最终成功完成任务。这次经历不仅提升了豆丁的手眼协调能力和问题解决能力,也增强了他的自信心和成就感。

引导支持:

1. 持续给予豆丁正面的鼓励和反馈,强调他的努力和成就。设置挑战与逐步提升难度,比如使用带有搭扣或魔术贴的鞋子。

2. 与家长沟通豆丁的进步和需要继续加强的方面,鼓励家长在家中也创造机会让豆丁自己穿鞋,保持教育的一致性和连续性。

3. 在日常生活中,鼓励豆丁参与更多的自我服务活动,如自己整理玩具、选择衣物、穿脱衣物等,培养他的独立性和责任感。

4. 定期与豆丁一起回顾他的进步和成就,持续关注其成长和变化。

任务思考

💬 学习评价

表 3-3-1 学习评价表

项目	内　　容	水平				
		优秀	良好	中等	合格	较差
学习态度	按时参与课程学习,如期完成学习任务	5	4	3	2	1
知识领悟	熟知婴幼儿行为引导支持的策略和要点	5	4	3	2	1
实践应用	强化制定和实施有效引导支持婴幼儿策略的能力	5	4	3	2	1
价值认同	形成以婴幼儿为本的意识和科学的育儿观,关注、关爱婴幼儿	5	4	3	2	1
沟通交流	参与小组讨论,倾听他人观点,清晰表达自己见解	5	4	3	2	1
合作探究	共同探讨、合理分工,合作完成小组任务	5	4	3	2	1
信息素养	检索相关资料,自主阅读学习	5	4	3	2	1
自我评价						

⏰ 学习思考

1. 选取一个典型的婴幼儿行为案例(如吮吸手指、分享行为、争执行为等),分析其产生的原因,并提出相应的引导支持方案

2. 作为婴幼儿照护者或教育者,需要具备哪些专业素养以有效地引导支持婴幼儿行为呢?

3. 你觉得家长在婴幼儿行为引导支持中扮演什么角色? 需要哪些知识和技能呢?

育儿 宝典

将记录资料蕴含的意义进行标签的注意事项

一、保持客观中立

标签应避免主观价值判断,采用中性描述词汇。例如,将"大米一遍又一遍地站起、蹲下,反反复复做了十多次"的行为标签为"反复动作"而非"好动",前者客观呈现行为特征,后者隐含观察

者主观评价。

二、独立分析判断

标签应由观察者根据观察记录的资料,经过深思熟虑后提炼,要警惕现成理论框架的局限性。例如,将"在操场的角落里,一群小朋友围在一起,看着地上的蚂蚁。米洛坐在不远处的石头上,伸长脖子,目光紧紧跟随着他们"的行为标签为"好奇"或"关注",而非套用帕顿的社会性游戏理论标签为"旁观行为",避免理论预设造成的认知偏差。

三、聚焦观察目标

通常情况下,观察者应该重点围绕与观察目标相关的行为进行标签,并且要尽量避免遗漏重要的行为信息。例如,"宝宝看到其他小朋友时,先是微笑,然后伸手轻轻碰了碰对方的手,随后把玩具小车递给对方。"根据"了解婴幼儿社交行为的表现"的观察目标,此时可以将行为标签为"身体接触""情绪交流""分享行为"等。

四、重视重复模式

观察记录中发现婴幼儿反复出现的行为,需要特别关注并进行标签。例如,"这几天,知艺午睡起来,都会翻出螃蟹玩具,不断地摆弄它的蟹爪,时而打开开关,看着螃蟹玩具在地上到处爬行。"可以将其标签为"特定兴趣"或"持续探索",既反映了婴幼儿的行为规律,又体现了其个人偏好。

五、确保标签统一

观察者应注意相同行为在不同情境要保持标签一致,以避免混淆和误解。例如,无论是对于婴幼儿自发的发出笑声,还是与同伴互动时产生的笑声,都应该统一标签为"笑声"或"情绪表达",避免因情境差异使用"社交笑声""游戏笑声"等碎片化标签。

实训实践

实训实践一:婴幼儿行为观察记录的不足反思与改进

内容:以小组为单位,思考婴幼儿行为观察记录存在哪些不足,应如何改进。

要求:结合婴幼儿行为观察记录的要点,逐一列出观察记录资料中存在的不足,并尝试修改或提出改进方向。

婴幼儿行为观察记录

观察对象:芝芝,女,18个月

观察时间:2023年4月15日

观察场景:家庭客厅

观察情境:芝芝和爸爸在客厅的地毯上玩耍,周围摆放了各种玩具,包括积木、小车和布书。芝芝的母亲在厨房准备午餐,偶尔出来查看芝芝的情况。

观察方法:连续记录法

观察记录:

10:00—10:15:芝芝开始拿起积木尝试堆叠,但她似乎对颜色更感兴趣,不断将积木按颜色分类摆放,而非传统意义上的堆叠。爸爸询问芝芝在做什么。芝芝没有回应。

10:15—10:30:芝芝突然对远处的小车产生了兴趣,丢下积木爬向小车。她试图推动小车,但似乎力气不够,小车只是轻微晃动。她尝试了几次后显得非常沮丧,生气地拍了几下小车。

10:30—10:45:芝芝妈妈从厨房走了进来,给了她一个拥抱并鼓励他继续尝试。芝芝在母亲的鼓励下,再次尝试推动小车,这次成功让小车移动了一小段距离,芝芝兴奋极了。

10:45—11:00:芝芝开始对图书感兴趣,她试图翻页但显得有些笨拙。妈妈注意到她用力过猛,有时会把书页撕扯下来,提醒了她。芝芝完全听不进去,还是用力地翻扯图书。

不足反思与改进:

实训实践二:婴幼儿行为观察与评价

内容:根据观察记录,进行婴幼儿行为分析评价并提出引导支持策略。

要求:根据婴幼儿午睡情况观察记录资料,进行量化处理;基于量化处理结果,进一步分析婴幼儿的午睡问题行为及影响因素;根据分析结果,提出科学合理的引导支持策略。

婴幼儿午睡情况观察

观察目标:了解托大班幼儿午睡环节的问题行为,探讨影响因素并提出合理化建议

观察对象:托大班幼儿 10 名,2 岁 3 个月—3 岁 4 个月

观察时间:2024 年 6 月 4 日

观察场景:托班午休室

观察方法:行为检核法

观察记录:见表 3-3-2

表 3-3-2　托大班幼儿午睡情况记录表

婴幼儿编号	睡前					睡中						睡后	
	哭闹抗拒	过度兴奋	东张西望	玩或吮吸手指	依赖特定物品或人	频繁醒来	睡眠过短	睡眠不安稳	睡姿不正确	尿床	踢被子	情绪不稳定	难从睡眠状态中恢复
1	√				√	√	√					√	
2			√	√								√	
3			√		√				√				
4		√							√			√	
5				√								√	√
6	√					√	√						
7				√						√			
8		√					√			√			

续表

婴幼儿编号	睡前					睡中						睡后	
	哭闹抗拒	过度兴奋	东张西望	玩或吮吸手指	依赖特定物品或人	频繁醒来	睡眠过短	睡眠不安稳	睡姿不正确	尿床	踢被子	情绪不稳定	难从睡眠状态中恢复
9	√				√							√	
10				√				√					√

分析评价：

_____

_____

_____

引导支持：

_____

_____

_____

实训实践三：婴幼儿行为观察与评价

内容：根据观察记录，进行婴幼儿行为分析评价并提出引导支持策略。

要求：根据观察记录资料，进行质性处理；基于质性处理结果，进一步进行婴幼儿行为分析和发展评价；根据分析评价结果，提出科学合理的引导支持策略。

玩转数字积木①

观察目的：了解婴幼儿的动作发展水平

观察对象：瑶瑶，女，1岁7个月

观察时间：2016年12月8日，下午3:35—4:00

观察场景：家中客厅

观察方法：轶事记录法

观察记录：

瑶瑶吃完饭后，拿着一盒子数字积木放在了沙发上，身体前倾趴在沙发上，接着双手抓着沙发，抬高右腿，双手用劲往上一拉，左腿也蹬上了沙发，然后跪坐在沙发上，从盒子里拿出数字积木在沙发上摆了起来。突然，她看到旁边放着一根红色的绳子，她拿起绳子看了看，然后又拿起一个红色的数字积木穿过绳子，当数字积木很顺利地穿过了绳子后，又拿了一个红色的积木继续穿起来。穿完了红色的积木，又开始穿黄色的，依次又穿了绿色、蓝色的绳子。等穿到绳子的顶端，

① 韩映虹.婴幼儿行为观察与分析[M].上海：上海科技教育出版社，2017：150.

瑶瑶提起绳子,结果数字积木全部掉了下去,她看了看,又拿着数字积木穿了起来,当穿到绳子的顶端,再一次提起绳子,结果数字积木又全部掉了下去。这时候,瑶瑶叫妈妈过来,说:"数字,在绳子上,掉。"妈妈看了看,笑着对瑶瑶说:"没关系的,妈妈给你系一个大大的结,就不掉了。"妈妈一边说一边给绳子的一端打了一个大大的结,瑶瑶高兴地又开始穿了起来。一会儿,她又穿到了绳子的顶端,这次她提起来,数字积木没有掉下去,瑶瑶高兴地拿着一串数字积木挥舞着。之后将数字积木一个一个拿了下来,又开始重新穿。这次还是先穿红色的,穿完又穿绿色的、黄色的、蓝色的。穿到绳子的顶端,又一个一个拿了下来,重新穿,就这样反反复复了六次,一直在沙发上玩穿数字积木的游戏。

分析评价:

引导支持:

赛证 链接

1. 在观察记录中"小白自己穿外套带滑板车下去"属于(　　)。(单选题)

A. 主观推断记录 　　　　　　B. 客观行为描述

C. 观察环节说明 　　　　　　D. 行为状态分析

2. 当观察到不理解的行为时,正确的处理方式是(　　)。(单选题)

A. 立即询问家长原因 　　　　B. 先完整记录事实

C. 暂时不做记录 　　　　　　D. 与其他教师讨论

3. 婴幼儿行为观察记录要避免使用的语言包括(　　)。(多选题)

A. 网络用语　　　B. 书面用语　　　C. 专业术语　　　D. 民间俚语

4. 婴幼儿行为分析评价应避免(　　)。(多选题)

A. 贴标签　　　B. 先入为主　　　C. 偏见　　　D. 实事求是

5. 婴幼儿行为的支持与引导策略应做到(　　)。(多选题)

A. 面面俱到　　　B. 有针对性　　　C. 方向明确　　　D. 科学、具体、可行

6. 记录婴幼儿行为时只需关注主要活动,其他互动可忽略。(　　)(判断题)

7. 婴幼儿行为的分析评价应该注重个体差异,避免一刀切的标准。(　　)(判断题)

8. 简述婴幼儿行为观察记录的要点。(简答题)

9. 简述婴幼儿行为分析评价的要点。(简答题)

10. 简述婴幼儿行为引导支持的常用策略。(简答题)

项目四　发展中的婴幼儿行为观察与评价

💡 **项目导读**

　　婴幼儿阶段是人生发展的黄金窗口期,科学的观察与评价是理解其成长规律、提供适宜支持的关键基石。本项目聚焦婴幼儿动作、认知、言语、情绪与社会性发展的核心领域,基于婴幼儿典型行为表现的理论基础,系统梳理不同月龄段婴幼儿在各核心领域的观察评价要点,并提供可参考借鉴的观察评价方法。

　　通过学习本项目,学习者能够精准识别婴幼儿发展关键信号,设计个性化支持策略,提升教育干预的有效性。同时,形成科学育儿观,在理论与实践的融合中成长为具备观察敏锐性、分析系统性与引导专业性的婴幼儿发展支持者。

📋 **学习目标**

　　1. 掌握婴幼儿动作、认知、言语、情绪与社会性发展的观察要点。

　　2. 能够根据不同年龄段婴幼儿动作、认知、言语、情绪与社会性发展的观察要点,选择适宜的方法对婴幼儿行为进行观察记录、分析评价和引导支持。

　　3. 树立尊重婴幼儿发展规律、重视亲历观察的科学育儿观,增强观察意识,形成观察习惯。

📖 **知识导图**

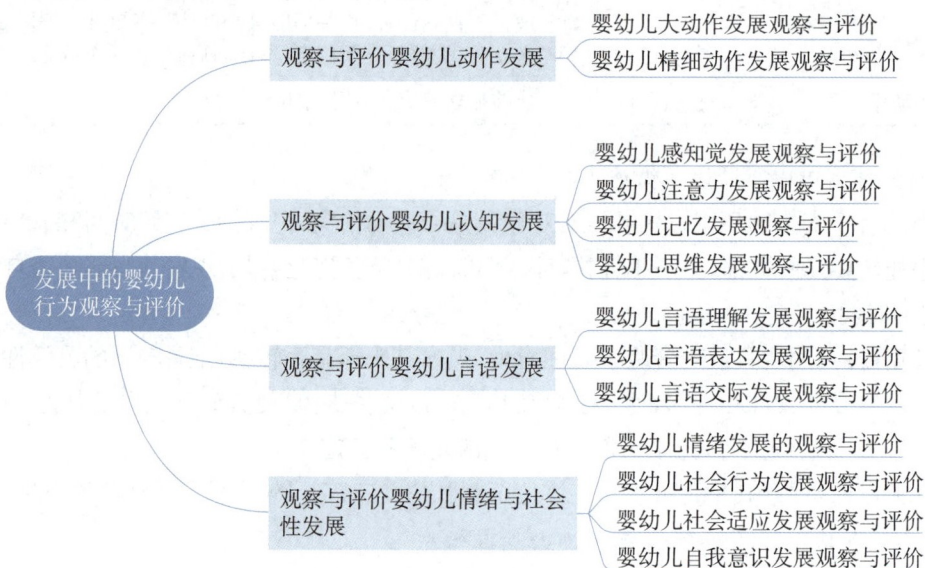

任务一 观察与评价婴幼儿动作发展

案例导入

好好探索世界

好好(女,8个月)伸出一只手,用她那已经更加灵活的手指,尝试去抓取小球。她成功地抓住了小球,并且把它从一只手换到另一只手,还时不时地把它举起来,仔细地看看,然后再放下去。在这个过程中,她还尝试用小球敲击床边的小鼓,发出"咚咚"的声音,这让她笑得非常开心。母亲把小球放在稍远的地方,她会爬过去拿这个小球。

请思考:案例中观察记录了婴幼儿哪些动作表现?根据这些表现,分析评价婴幼儿的动作发展情况。

个体的动作从涉及肌肉的广泛性来看,可以分为大动作和精细动作,这是目前最常用的动作分类方式。大多数动作都可以简单地归为这两类中的一种。本任务从大动作和精细动作两个方面阐述婴幼儿动作发展的观察与评价。

拓展阅读

婴幼儿大动作的
类别及特点

一、婴幼儿大动作发展观察与评价

(一) 0~3个月婴儿大动作发展的观察与评价

0~3个月婴儿自主运动性动作开始出现,头部控制逐渐增强,开始能够变换体位(见表4-1-1)。

表4-1-1 0~3个月婴儿大动作的观察与评价

观察内容	月龄参考	观察与评价要点
头部动作	1个月	○ 能够俯卧抬头,持续约2秒 ○ 被竖直抱起时,头部能够自主挺直,稳定保持2至3秒
	2个月	○ 在俯卧状态下,能够自主抬头至接近45°的倾斜角度
	3个月	○ 俯卧时,不仅能够抬头,还能够灵活地左右转动头部 ○ 被置于直立位置时,头部能自行保持竖直超过10秒 ○ 坐立时,头部竖直而稳定,不会向后倾倒
体位变换动作	3个月	○ 能够独立完成从俯卧到侧卧的体位转变

观察与评价时,可以参照以下做法:

① 将婴儿置于安全的环境,呈俯卧位,观察其是否主动抬头,记录抬头持续时间和倾斜角度。

② 一手托住婴儿的臀部,另一手轻扶其腰部和背部,竖直抱起婴儿,观察其头部是否自主挺直,记录保持稳定的时间。

③ 婴儿俯卧时,用玩具或声音吸引其注意力,观察其头部是否转动,记录转动的灵活性和范围。

④ 一手轻扶婴儿背部和臀部,另一手放在其胸前以提供支撑,使其处于坐立的状态,观察其头部是否竖直稳定、是否后倾倒等,记录头部竖直持续的时间和稳定性。

⑤ 婴儿俯卧时,观察其是否自主转变体位至侧卧的状态,记录转变的自主性和流畅性。

(二) 4~6个月婴儿大动作发展的观察与评价

4~6个月婴儿大动作发展主要在于头颈力量的显著增强以及躯干控制能力的持续进步(表4-1-2)。

表 4-1-2　4～6 个月婴儿大动作观察评价要点

观察内容	月龄参考	观察评价要点
头部动作	4 个月左右	○ 身体在倾斜状态下,头部能够保持稳定的平衡
	6 个月左右	○ 仰卧时,头部能够自主抬离床面
体位变换动作	4 个月左右	○ 从仰卧状态被拉坐起时,身体能够保持稳定,不会向后倾倒 ○ 俯卧时,能够利用双手或前臂的力量支撑起头部或胸部
	6 个月左右	○ 能够自如地从仰卧姿势翻转为俯卧,或者从俯卧翻转为仰卧
坐姿动作	4 个月左右	○ 在成人的帮助下能够坐立
	5 个月左右	○ 能够独立坐立 5 秒以上
	6 个月左右	○ 独立坐立时,坐得更加稳当,持续时间也更长
	5 个月左右	○ 当被双手扶住腋下时,能够站立超过 2 秒,并且能够配合成人进行双腿支撑下的跳跃运动
	6 个月左右	○ 在被扶着站立时,双腿能够上下跳动 ○ 能够张开双臂主动迎接并配合成人的抱起动作

观察与评价时,可以参照以下做法:

① 一只手轻轻扶住婴儿的背部和臀部,另一只手轻轻托住其头部,缓慢地将婴儿的身体向一侧倾斜,观察记录头部的稳定性、平衡性和控制能力。

② 让婴儿仰卧于床上,头自然放松,双手放于身侧或胸前。通过轻声呼唤或玩具吸引其注意力,观察记录头部是否自主抬离床面,抬离次数、高度、持续时间以及是否稳定控制头部。

③ 让婴儿自然仰卧于垫子上,头、颈、背放松。双手握住其手腕,缓慢把他拉坐起,观察记录其头部、躯干及身体稳定性表现,如头部位置、躯干倾斜程度、有无摇晃等。

④ 让婴儿仰卧或俯卧,用玩具或声音吸引其注意力并引导尝试翻转,观察其是否用手支撑身体、抬头部和胸部并翻转为另一姿势,记录动作流畅度、力量使用及是否需要辅助。

⑤ 扶住婴儿腋下助其站立,观察其是否稳定站立,记录腿部肌肉紧张度、膝盖弯曲情况及平衡性。稳定站立后,轻提婴儿至大腿上,帮助其轻微上下跳动,观察其是否配合跳跃,记录跳跃时的协调性、节奏感和下肢力量。

⑥ 面向婴儿做抱起姿势,观察记录其是否主动张开双臂配合成人的抱起动作,以及动作的协调性和自主性。

(三) 7～9 个月婴儿大动作发展的观察与评价

7～9 个月婴儿大动作发展明显,不仅能稳固地坐立较长时间,还出现了爬行动作(见表 4-1-3)。

表 4-1-3　7～9 个月婴儿大动作观察评价要点

观察内容	月龄参考	观察评价要点
坐姿动作	7 个月左右	○ 能够不依赖手部支撑独自保持坐姿约 10 分钟
爬行动作	7 个月左右	○ 能够以腹部为支点在支撑面上向前蠕动
	8 个月左右	○ 当处于俯卧姿势时,能够腹部脱离支撑面,利用胳膊和膝盖力量支撑身体向前爬行
	9 个月左右	○ 能够以双手和双膝着地的姿势爬行 ○ 能够根据需要调整爬行的速度和方向
体位变换动作	8 个月左右	○ 能够独立从俯卧位变换到坐立位

视频

7 个月宝宝大动作:
匍匐爬行

续表

观察内容	月龄参考	观察评价要点
站立动作	7个月左右	○ 在被扶住双臂的情况下,能够站立片刻
	9个月左右	○ 能够自行拉拽硬物站立

观察与评价时,可以参照以下做法:

① 让婴儿自由坐立,观察其坐姿稳定性,记录其是否需要手部支撑以及独坐的保持时间。

② 在平坦的地面或爬行垫上,观察婴儿的爬行动作,记录其是否利用腹部力量、是否从俯卧姿势变为四肢支撑,以及蠕动和爬行的协调性、速度和方向控制能力。

③ 给予体位变换的引导,观察婴儿是否自主完成从俯卧位到坐立位的体位变换,记录其变换的流畅性和自主性。

④ 成人扶住婴儿双臂,观察婴儿是否独站片刻和是否自行拉拽硬物站立,记录站立的稳定性和时间以及行走的协调性和兴趣程度。

(四) 10~12 个月婴儿大动作发展的观察与评价

10~12 个月婴儿大肌肉力量和平衡感逐渐增强,为更复杂的大肌肉运动技巧奠定了基础(见表 4-1-4)。

表 4-1-4 10~12 个月婴儿大动作观察评价要点

观察内容	月龄参考	观察评价要点
坐姿动作	10个月左右	○ 在成人言语引导和动作示范下,能够自主坐下
爬行动作	10~12个月	○ 能够用四肢爬行且腹部不贴地面
体位变换动作	10~12个月	○ 能够独立扶着栏杆完成站立、坐下及蹲下取物等动作 ○ 能够从站姿平稳过渡到坐姿,没有跌倒
站立动作	10个月左右	○ 当被扶持站稳时,能够独自站立超过 2 秒 ○ 扶着物体时能够稳定行走 3 步或以上
	11个月左右	○ 能够扶住物体来回移动步伐 ○ 在成人牵引的情况下,能够跟着走
	12个月左右	○ 能够扶着栏杆蹲下捡东西 ○ 当被扶持站稳时,能够独自站立超过 10 秒 ○ 能够自如变换体位并在两个成人之间安全行走 2 至 3 步

观察与评价时,可以参照以下做法:

① 向婴儿发出坐下的指令,并展示坐下的动作,观察婴儿是否模仿并执行。

② 在平坦的地面或爬行垫上,观察婴儿爬行的动作,记录其四肢的协调性、腹部的抬起情况以及爬行的速度。

③ 设置栏杆并放置一些玩具,观察婴儿扶着栏杆时的站立、坐下和蹲下取物等动作,记录其动作稳定性、协调性和力量运用。

④ 引导婴儿从站姿尝试坐下,观察其从站姿向坐姿过渡时的身体平衡性和协调性。

⑤ 成人轻轻扶持婴儿,观察其是否独自站立并保持平衡,记录其站立的时间和稳定性。

⑥ 设置可供扶持的物体,观察婴儿扶着物体的行走动作,记录其行走的稳定性、协调性和步数。

⑦ 设置可供扶持的物体,观察婴儿扶着物体来回移动步伐的情况,记录其行走意愿和移动的协调性、稳定性。

⑧ 成人牵着婴儿的手,观察其是否跟着走,记录其行走的稳定性、协调性和依赖性。

⑨ 设置栏杆,放置物品供婴儿捡取,观察其是否扶着栏杆蹲下并捡起物品,记录其动作的协调性、稳定性和力量运用。

⑩ 安排两位成人按一定间隔站立在婴儿周围,观察婴儿是否自如变换体位(如从坐姿到站姿)并在成人之间安全行走,记录其行走的协调性、稳定性和步数。

(五) 13～18 个月幼儿大动作发展的观察与评价

13～18 个月幼儿开始表现出更为复杂的运动能力,以移动运动为主,能够独立行走并逐渐稳定,学会爬楼梯、蹲下站起等复杂动作(见表 4-1-5)。

视频

1 岁 5 个月宝宝大
动作:爬梯

表 4-1-5　13～18 个月幼儿大动作观察评价要点

观察内容	月龄参考	观察评价要点
爬行动作	13～18 个月	○ 能够手脚并用爬上 1 至 2 级台阶
投掷动作	13～18 个月	○ 能够将球举过肩膀并准确扔出
行走动作	18 个月左右	○ 能够行走自如,步伐稳定,不再左右摇摆 ○ 能够绕开障碍物行走 ○ 行走时能够自如转身和转弯
站立动作	13～18 个月	○ 蹲下捡物后,能够独自站立起来,无须辅助

观察与评价时,可以参照以下做法:

① 放置 1 至 2 级台阶,鼓励幼儿尝试攀爬,观察记录其攀爬过程,包括手脚的协调性、力量的运用以及是否需要辅助。

② 提供一个大小适合的球,鼓励幼儿尝试将球举过肩膀并扔出,观察记录扔球的动作、力量运用、方向感以及准确性。

③ 在平坦、无障碍的地面上,让幼儿自由行走,观察记录其行走的姿态、步伐的稳定性。

④ 在幼儿行走的路径上放置安全的障碍物(如小椅子、玩具等),观察记录其绕开障碍物的灵活性、反应速度以及是否需要引导。

⑤ 在行走的路径上设置安全障碍物,引导幼儿尝试行走并转身转弯,观察记录其在行走过程中转身转弯的灵活性、协调性以及是否需要辅助。

⑥ 利用玩具逗引幼儿蹲下捡取地上的玩具或物品,观察记录其站立起来的动作、力量运用以及是否需要辅助。

(六) 19～24 个月幼儿大动作发展的观察与评价

19～24 个月幼儿站立和行走的动作能力进一步完善,开始出现跑、跳、抛投等动作表现(见表 4-1-6)。

表 4-1-6　19～24 个月幼儿大动作观察评价要点

观察内容	观察评价要点
爬行动作	○ 在成人牵引下,能够连续上台阶,至少达到 3 级
投掷动作	○ 能够向不同的方向抛球
行走动作	○ 能够用脚后跟走路 ○ 能够倒退行走
踢球动作	○ 能够朝着特定的方向踢球,有一定的方向感
跳跃动作	○ 能够双脚同时离地跳跃,次数超过 2 次

观察与评价时,可以参照以下做法:

① 安排成人牵着幼儿的手,引导其尝试连续一级一级地上台阶或楼梯,观察记录幼儿上台阶的过程,包括步伐的稳定性、连续性、上台阶的数量。

② 引导幼儿尝试向不同的方向抛球,包括向前、向后、向左、向右等,观察记录其抛球的方向、速度和准确性。

③ 成人站在幼儿前方,引导其尝试倒退行走,观察记录其倒退行走的过程,包括步伐的稳定性、连续性。

④ 在指定方向(如前方、左侧或右侧)放置一个目标(如篮子、球门等),引导幼儿尝试将球踢向目标,观察记录其踢球方向、准确性和力量。

⑤ 成人做双脚离地跳跃的动作,引导幼儿模仿,观察记录其跳跃的次数、高度、身体平衡性。

(七) 25~30 个月幼儿大动作发展的观察与评价

25~30 个月幼儿大动作表现出更高的协调性和更好的灵活性(见表 4-1-7)。

表 4-1-7　25~30 个月幼儿大动作观察评价要点

观察内容	观察评价要点
行走动作	○ 能够走过平衡木并双脚跳下
接球动作	○ 能够接住并抱起从约 2 米远滚来的球
跳跃动作	○ 能够双脚并拢,连续向前跳跃 1 至 2 米的距离后保持站立
站立动作	○ 在不扶住物体情况下,能够单脚站立 2 秒以上

观察与评价时,可以参照以下做法:

① 设置一条宽度、高度适宜的平衡木,让幼儿尝试走过平衡木并双脚跳下,观察记录其走过平衡木时的身体姿态、步伐稳定性、步伐均匀性以及双脚跳下时的协调性。

② 在约 2 米外轻轻滚球给幼儿,观察其是否及时反应、准确接住并顺利抱起球,记录接球的成功率、抱球动作的流畅性。

③ 在平坦地面画起点线,引导幼儿双脚并拢向前跳跃 1 至 2 米,记录其跳跃的远度、动作协调性及跳跃后站立平衡的情况。

④ 让幼儿尝试在不扶住任何物体的情况下,单脚站立 2 秒以上,观察记录其是否顺利完成、站立时的稳定性。

(八) 31~36 个月幼儿大动作发展的观察与评价

31~36 个月幼儿大动作发展开始表现出在快速奔跑中保持平衡的能力,跳跃时力量与协调性兼备,复杂动作表现也更为协调、灵活(见表 4-1-8)。

表 4-1-8　31~36 个月幼儿大动作观察评价要点

观察内容	观察评价要点
跳跃动作	○ 能够双脚交替跳 ○ 能够双脚向前跳 3 至 4 米远
跑步动作	○ 听到指令后,能够迅速向指定的方向奔跑
投掷动作	○ 能够将沙包或球投向 2 米远的位置
骑车动作	○ 能够骑行脚踏三轮车

观察与评价时,可以参照以下做法:

① 设置一段短距离(如 5 米),引导幼儿尝试双脚交替跳跃这段距离,观察记录其跳跃的稳定性、身体的协调性以及是否连续跳跃。

② 在平坦的地面上画一条起点线,引导幼儿从起点双脚向前跳跃,观察并记录其跳跃的最远距离,同时观察其跳跃过程中的稳定性。

③ 发出简单的指令(如"跑到那边的树下"),观察幼儿是否迅速理解指令,并准确地向指定方向奔跑,记录其反应时间和奔跑速度。

④ 提供沙包或软球,让幼儿尝试将它们投向指定的目标区域(如 2 米外的篮子),观察记录投掷的准确度、力度。

⑤ 提供合适的脚踏三轮车,观察记录幼儿是否独立上车、平稳骑行并保持平衡协调。

二、婴幼儿精细动作发展观察与评价

(一) 0~3 个月婴儿精细动作发展的观察与评价

0~3 个月婴儿精细动作主要体现为原始的握持动作(见表 4-1-9)。

拓展阅读

婴幼儿精细动作的类别及特点

表 4-1-9　0~3 个月婴儿精细动作观察评价要点

观察内容	月龄参考	观察评价要点
抓握动作	0~1 个月	○ 手常呈现握拳状态,有时张开
	1~2 个月	○ 当有物体置于掌心时,能够把手握起来
	2~3 个月	○ 能够紧紧抓住置于手中的物体
双手协调动作	3 个月左右	○ 仰卧时能够将双手握在一起 ○ 手常呈半张开状态,有时两手能凑到一起,摆弄自己的衣襟

观察与评价时,可以参照以下做法:

① 观察婴儿手部是否经常握拳、何时会张开手掌,记录握拳和张开手掌的频率和持续时间。

② 将小玩具或手指放在婴儿掌心,观察其是否立即或片刻后握住。

③ 将不同大小和材质的物体放在婴儿手中,观察其是否抓住,记录其抓握的力度和稳定性。

④ 让婴儿处于仰卧状态,观察其是否有双手相互接触和双手握持的行为。

⑤ 观察婴儿的手部姿势变化(如握拳到半张开),记录其双手是否凑到一起、是否摆弄衣襟等。

(二) 4~6 个月婴儿精细动作发展的观察与评价

4~6 个月婴儿开始有意识地主动抓握物体,手指动作也变得灵活,并逐渐发展出更复杂的探索性动作(见表 4-1-10)。

表 4-1-10　4~6 个月婴儿精细动作观察评价要点

观察内容	月龄参考	观察评价要点
抓握动作	5 个月左右	○ 能够紧握带柄的玩具并做出摇晃的动作
双手协调动作	6 个月左右	○ 能够将物体从一只手传递到另一只手
手眼协调动作	5 个月左右	○ 能够双手轻松地抓取目标物品
	6 个月左右	○ 能够较为准确地将自己手中的东西放入口中

观察与评价时,可以参照以下做法:

① 在婴儿面前放置带柄的玩具,观察其抓握动作,记录其是否稳定抓握并做出连贯的摇晃动作。

② 在婴儿手中放置一个小物体,如小球或积木,引导其将物体从一只手传递到另一只手,观察记录其传递过程的流畅性和准确性。

③ 放置不同大小和形状的物体,引导婴儿抓取,观察其双手抓取物体的动作,记录其抓握速度和准确性。

④ 放置小块食物在婴儿手中,观察其是否将食物放入口中,记录其动作的准确性和协调性。

(三) 7~9 个月婴儿精细动作发展的观察与评价

7~9 个月婴儿手指抓握能力更加灵活,开始使用拇指和其他手指进行更精细的抓取动作(见表 4-1-11)。

表 4-1-11　7~9 个月婴儿精细动作观察评价要点

观察内容	月龄参考	观察评价要点
抓握动作	7 个月左右	○ 能够拿起瓶子等物品 ○ 能够抓到自己的脚趾 ○ 拇指能够与其他四指平行,同时用力抓握物体
	8~9 个月	○ 拇指能够与食指相对,用两手抓握物体
手眼协调动作	7~9 个月	○ 能将物体放入瓶子或盒子中并反复放入、倒出 ○ 能够用手指伸入小瓶子里做抠的动作
双手协调动作	7~9 个月	○ 能够将两块积木对击

观察与评价时,可以参照以下做法:

① 放置不同大小和材质的瓶子或盒子,观察记录婴儿抓握和拿起的过程。

② 婴儿玩耍时,观察其是否尝试并成功抓到自己的脚趾,记录尝试和成功的次数。

③ 提供不同大小和形状的物体,观察婴儿抓握时的手部姿势和力度,记录其是否使用拇指与其他四指平行,共同用力抓住物体并稳定持握。

④ 提供小珠子、小积木等精细物体,观察婴儿抓握时的手部姿势和协调性,记录其是否使用拇指和食指相对形成钳状抓握,并用两手协调操作。

⑤ 提供不同大小和形状的瓶子或盒子,在其中放置相应大小的物体,观察婴儿放入和倒出物体的过程,记录其是否准确操作并反复进行放入和倒出的动作。

⑥ 提供内置小物体的小瓶,观察婴儿是否尝试并成功抠取物体,记录其尝试和成功的次数。

⑦ 提供两块大小适宜的积木,观察婴儿是否尝试并成功将它们对击在一起,记录其尝试和成功的次数。

(四) 10~12 个月婴儿精细动作发展的观察与评价

10~12 个月婴儿能够灵活使用拇指和食指捏取小物件,手眼协调能力逐步提升,并开始尝试握笔涂鸦等更复杂的精细动作(见表 4-1-12)。

表 4-1-12　10~12 个月婴儿精细动作观察评价要点

观察内容	观察评价要点
抓握动作	○ 能够自发地用笔涂鸦 ○ 能够稳稳地抓住铃铛的把手或是细长物体的末端
手眼协调动作	○ 能够打开包装纸拿出物品
双手协调动作	○ 能够双手协调拿取杯子里的物品

观察与评价时,可以参照以下做法:

①　提供无毒、安全的绘画工具,观察婴儿在没有外界引导情况下的绘画行为,记录其使用笔的频率、涂鸦的样式和持续性。

②　提供不同大小和材质的细长物体,如铃铛、细棒等,观察婴儿抓握时的稳定性,记录其是否持久抓握而不掉落。

③　提供包装简单、安全的物品,如带包装纸的小糖果或带包装盒的玩具,观察婴儿独立打开包装的过程,记录其使用的方法和手指灵活性。

④　在杯子里放置一些易于抓握的物品,如小积木,观察婴儿双手配合拿取物品的过程,记录其是否成功地将物品从杯子中取出而不掉落。

(五) 13~18 个月幼儿精细动作发展的观察与评价

13~18 个月幼儿能够完成更复杂的拾取、放置和堆叠动作,手腕和手指控制力较为灵活,手眼协调能力进一步发展(见表 4-1-13)。

表 4-1-13　13~18 个月幼儿精细动作观察评价要点

观察内容	观察评价要点
抓握动作	○ 能够稳当握笔 ○ 能够使用小勺子
手眼协调动作	○ 能够搭三块左右积木 ○ 能够用手将勺子中的饭菜放入口中
双手协调动作	○ 能够双手自如地拿起玩具进行组合

观察与评价时,可以参照以下做法:

①　提供无毒、安全的绘画工具,观察幼儿握笔的姿势和稳定性,记录其涂鸦或绘画的尝试情况。

②　提供适当大小和形状的积木,观察幼儿搭建积木的过程,记录其搭建的积木数量和结构情况。

③　用餐时,观察幼儿使用勺子的动作,记录其是否将食物顺利地送入口中。

④　安排需要双手协作的活动,如拼图、搭建积木等,观察幼儿双手的协调性和灵活性,记录其完成任务情况。

(六) 19~24 个月幼儿精细动作发展的观察与评价

19~24 个月幼儿能够进行更复杂的抓握、捏取和翻书等手部操作,双手协调能力不断发展(见表 4-1-14)。

表 4-1-14　19~24 个月幼儿精细动作观察评价要点

观察内容	观察评价要点
抓握动作	○ 能够用大拇指、食指、中指抓握笔并画出相对直的线 ○ 能够连续翻书 3 页或以上
手眼协调动作	○ 能够将珠子逐一穿入绳线中 ○ 能够垒高积木五六块 ○ 当成人丢球时,能够用双手接球
双手协调动作	○ 能够通过双手配合完成串珠子活动 ○ 能够进行穿袜子、开关门等生活自理动作

视频

1 岁 10 个月宝宝精细动作:垒高

观察与评价时,可以参照以下做法:

①　提供彩色笔和纸张,引导幼儿自由绘画,观察其抓握笔的姿势(如是否用大拇指、食指、中指正确抓握笔)和绘画线条的直度。

② 在幼儿面前放置一本适合其阅读的图画书,观察其翻书的动作和连续翻页的页数。

③ 提供珠子和绳线,观察幼儿逐一串珠的情况,记录其穿珠子的速度和准确性。

④ 提供大小适宜的积木,观察记录幼儿垒高积木的高度和稳定性。

⑤ 与幼儿保持适当距离,轻轻丢球给他,观察其是否用双手接球和反应速度。

⑥ 提供珠子和绳线,观察幼儿是否一手拿珠子,另一手拿绳线,双手配合成功将珠子穿入绳线中。

⑦ 引导幼儿尝试穿袜子、穿鞋、开关门等生活自理行为,观察其完成情况和动作的准确性。

(七) 25～30 个月幼儿精细动作发展的观察与评价

25～30 个月幼儿表现出一定的自理能力和使用物体的能力,其精细动作的发展主要体现在完成这些行为的协调性和准确性上(见表 4 - 1 - 15)。

表 4 - 1 - 15   25～30 个月幼儿精细动作观察评价要点

观察内容	观察评价要点
抓握动作	○ 能够画封闭圆形或直线
手眼协调动作	○ 能够将积木拼接成不同的形状 ○ 能够垒高七八块积木 ○ 能够使用筷子夹起一些食物
双手协调动作	○ 能够解开并扣上衣服或鞋子的按扣

观察与评价时,可以参照以下做法:

① 提供彩笔和纸张,引导幼儿自由绘画,观察其绘画作品的形状和线条,记录其是否画出封闭圆形或直线。

② 提供积木,观察幼儿在拼接积木时的动作和拼接形状,记录其拼接的准确性和创造力。

③ 提供适当大小的积木,鼓励幼儿尝试垒高,观察记录其垒高的高度和稳定性。

④ 进餐时提供筷子和易于夹取的食物,观察幼儿使用筷子的动作。

⑤ 在穿衣或穿鞋时,观察幼儿是否独立解开并扣上按扣。

(八) 31～36 个月幼儿精细动作发展的观察与评价

31～36 个月幼儿手部控制能力显著提高,能够完成更精细的操作(见表 4 - 1 - 16)。

表 4 - 1 - 16   31～36 个月幼儿精细动作观察评价要点

观察内容	观察评价要点
抓握动作	○ 能够基本正确地握笔 ○ 能够独立画出十字形、正方形 ○ 能够让拇指分别与其他四指对碰
手眼协调动作	○ 能够跟着学习折纸动作 ○ 能够垒高十块积木
双手协调动作	○ 能够脱下和拉起裤子 ○ 能够使用剪刀剪圆或剪开较短的纸条

观察与评价时,可以参照以下做法:

① 提供绘画工具,观察幼儿在纸张上的绘画情况,记录其是否正确握笔,是否画出如正方形、十字形等简单图形。

② 设置简单的手指游戏,引导幼儿进行手指对碰的动作,观察记录其拇指对碰其他手指的协调性。

③ 示范简单的对折或卷纸等折纸动作,观察幼儿是否跟着操作,记录其手指灵活性。

④ 提供大小、形状适宜的积木,引导幼儿尝试垒高,观察其是否成功垒高十块积木。

⑤ 换尿布或上厕所时,观察幼儿是否独立完成脱下和拉起裤子等裤子脱穿动作。

⑥ 提供安全剪刀和彩色纸张,指导幼儿进行简单剪纸活动(如剪圆或剪开较短的纸条),观察其使用剪刀时的手部姿势和剪纸效果。

●案例 4-1-1●

宝贝动起来

观察目标:观察评价婴儿大动作发展能力

观察对象:小雨,女,9 个月

观察场景:托育机构活动室

观察时间:2018 年 9 月 19 日

观察方法:轶事记录法

观察记录:

实录一:小雨坐在活动室的学站栏旁,老师手里拿着一串彩色小铃铛,轻轻摇晃着,吸引着小雨的目光。起初,小雨坐在垫子上,观察着老师手里的小铃铛。小雨尝试着用手抓住学站栏的边缘,同时用力蹬着小腿,想要站起身来。第一次尝试并不顺利,小雨的身体摇晃了几下,最终坐回了垫子上看着老师手中的小铃铛。老师见状,继续用铃铛引导她,同时调整了学站栏的位置,让小雨能够更轻松地抓住并借力。小雨再次用力蹬腿,双手紧紧抓住学站栏站了起来!虽然身体还有些摇晃,但她已经能够保持几秒钟的平衡了。

实录二:小雨坐在台阶下方,周围摆放着她平时喜爱的玩具。小雨用小手触摸着台阶的边缘。然后,她尝试着用膝盖跪在地面上,双手用力地撑在台阶上,做出了一个准备攀爬的姿势。老师轻轻地在小雨的背后给予了一点推力,同时用温柔的话语鼓励她:"小雨,你可以的!"她更加用力地蹬着小腿,双手也紧紧地抓住台阶的边缘,一点一点地向上挪动。

分析评价:

小雨在尝试站立时,能够主动用手抓住学站栏的边缘,并用力蹬小腿;在攀爬台阶时,能够用膝盖跪地、双手支撑。表明她正在发展腿部肌肉的力量以及上肢支撑的力量。成功站立后,虽然身体还有些摇晃,但她能保持几秒钟的平衡,这是平衡能力的重要体现,也是她身体控制能力提升的标志。攀爬台阶需要更加精细的协调能力,包括手臂、腿部和躯干的协同工作。小雨的表现说明她正在发展这种复杂的协调性。

引导支持:

1. 增强腿部力量:设计一些增强腿部肌肉力量的活动,如踢腿游戏、踩踏玩具等,帮助小雨建立更强的腿部支撑力;在学站栏的使用中,可以逐渐增加难度,如减少支撑面积或调整高度,让小雨更多地依靠自己的力量站立。

2. 提高协调能力:进行爬行练习、体位变换练习,如手膝爬、蹲下站起等,提升小雨的身体协调能力,为发展更多复杂动作做准备。

· 案例 4-1-2 ·

手巧心灵

观察目标：观察评价幼儿精细动作发展能力

观察对象：星星，女，1 岁 9 个月

观察场景：托育机构

观察时间：2022 年 11 月 2 日至 2022 年 11 月 9 日

观察方法：行为检核法

观察记录：见表 4-1-18

表 4-1-18　1 岁 9 个月幼儿精细动作发展观察表

观察内容	是	否	备注
能够用大拇指、食指、中指抓握笔并画出相对直的线		√	手掌抓握铅笔，画出歪歪扭扭的曲线
能够将珠子逐一穿入绳线中	√		能穿大孔、大珠子
能够连续翻书 3 页以上	√		
能够垒高积木五六块	√		
当成人丢球时，能够用双手接球		√	用双脚挡住球
能够通过双手配合完成串珠子活动	√		
能进行穿袜子、开关门等生活自理动作		√	完成穿袜子等精细动作有困难

分析评价：

星星用手掌抓住铅笔，画出歪歪扭扭的曲线。这是幼儿前书写常见的阶段，表明她正在尝试控制工具进行绘画，但手指的精细控制还不够成熟，无法形成直线或更复杂的图形。星星能够将珠子逐一穿入绳线中，能够通过双手配合完成串珠子活动，这一技能展示了她在手眼协调、双眼协调方面的显著进步，对日常生活和学习都有重要意义。

引导支持：

1. 增强双手协调与操作能力：设置一些需要双手配合完成的游戏，如嵌板、搭积木等，这些活动能够锻炼她的双手协调性和手部力量。

2. 提升前书写技能：使用粗蜡笔或大号画笔，让星星在画纸上自由涂鸦，减少对手指精细控制的要求，同时激发她对绘画的兴趣；虽然现在还不要求她掌握正确的握笔姿势，但可以开始引导她尝试用更合适的手指（如大拇指、食指和中指）握住铅笔，为将来书写做准备。

任务思考

💬 **学习评价**

表4-1-19　学习评价表

项目	内　　容	水平				
		优秀	良好	中等	合格	较差
学习态度	按时参与课程学习,如期完成学习任务	5	4	3	2	1
知识领悟	掌握婴幼儿动作发展的观察要点	5	4	3	2	1
实践应用	选择适宜的方法对婴幼儿动作发展进行观察记录、分析评价与引导支持	5	4	3	2	1
价值认同	增强观察意识,形成观察习惯,树立正视婴幼儿动作发展个体差异的积极态度	5	4	3	2	1
沟通交流	参与小组讨论,倾听他人观点,清晰表达自己见解	5	4	3	2	1
合作探究	共同探讨、合理分工,合作完成小组任务	5	4	3	2	1
信息素养	检索相关资料,自主阅读学习	5	4	3	2	1
自我评价						

🖉 **学习思考**

1. 在评价婴幼儿动作发展时,如何考虑其个体差异和发育速度的差异?
2. 观察与评价婴幼儿动作发展时,如何与照护者进行有效沟通,以获取更全面的信息?

任务二　观察与评价婴幼儿认知发展

案例导入

小小的认知发展之旅

　　小小(男,9个月)特别喜欢一个彩色的摇铃玩具,每当这个玩具出现在他的视线中,他都会兴奋地伸出手去抓取,并尝试摇动它以发出悦耳的声音。即使玩具被暂时拿走,过一段时间后再次给他,他仍然能迅速认出并表现出浓厚的兴趣。此外,小小还开始记住一些简单的日常活动,如每天洗澡前的准备步骤中,每当他看到浴盆或听到水声,都会表现出期待和兴奋的情绪。

　　请思考:为什么小小每次看到彩色摇铃玩具,都会兴奋地伸手去抓取? 为什么小小每当看到浴盆或听到水声,都会表现出期待和兴奋的情绪?

　　认知发展就是注意、感知觉、记忆、思维等心理过程的渐进变化。个体的认知发展水平是个体情绪与社会性等发展的基础,制约着它们的发展速度和程度。[①]

拓展阅读

婴幼儿认知发展
的规律

一、婴幼儿感知觉发展观察与评价

(一) 0～3个月婴儿感知觉发展的观察与评价

　　0～3个月婴儿的感知觉能力正处于发展的初期,各感官发展水平和速度不同(表4-2-1)。

---

① 王其红.婴幼儿行为观察与指导[M].重庆:西南大学出版社,2022:88.

表4-2-1　0~3个月婴儿感知觉发展观察评价要点

观察内容	观察评价要点
视觉	○ 能够看到模糊的影子,瞳孔对光有反应 ○ 视力范围能够到20~25厘米,视野只有45°左右 ○ 偏好鲜艳的色彩和对比强烈的黑白色 ○ 在距离约20厘米的位置,能够持续注视眼前的物体5秒 ○ 喜欢看自己手中抓住的玩具 ○ 能够区别不同的面孔
听觉	○ 能够区别言语信号和其他非言语信号 ○ 对母亲的声音反应敏感,易于被其吸引 ○ 能够随着声音转动头部
触觉	○ 当尿布潮湿不适时,能够通过哭泣来表达 ○ 当奶粉冲泡得过热时,能够本能地拒绝入口 ○ 对抚摸、温度和疼痛等刺激非常敏感
味觉和嗅觉	○ 喜欢甜味 ○ 喜欢闻香气 ○ 闻到臭味能够皱眉头 ○ 能够辨识母亲的体味

1. 视觉

0~3个月婴儿初期视力范围有限,逐渐能追视近处物体,对光线和黑白颜色敏感度强,视力发展迅速。观察与评价时,可以参照以下做法:

① 在室内,用光源将手影投在墙上,缓慢变换手影,观察婴儿有无眼神停留、眨眼或转头反应。

② 放置颜色鲜艳或黑白对比强烈的卡片在婴儿视力范围内,观察其注视情况,记录视力范围、视野角度、持续注视时间。

③ 在婴儿面前放置不同颜色和图案的卡片,观察其反应和偏好。

④ 在婴儿手中放置玩具,观察其是否注视并尝试抓取。

⑤ 出示不同面孔的图片,观察婴儿的注视反应,判断其是否区别不同的面孔。

2. 听觉

0~3个月婴儿从出生时对声音不敏感,到逐渐能对不同方向发出的声音有所反应,并能分辨出熟悉人的声音,尤其是主要照护者的声音。观察与评价时,可以参照以下做法:

① 播放言语声、音乐声、环境声等不同类型的声音,观察婴儿对不同声音的反应,判断其是否区别言语输入信号和其他非言语输入信号。

② 安排主要照护者在婴儿附近说话或唱歌,观察其是否转头寻找声源。

③ 在婴儿附近使用不同工具发出声音,观察记录其对声音的敏感度和定位能力。

3. 触觉

0~3个月婴儿触觉敏感,尤其是嘴边、眼、前额、手掌和脚底等部位。观察与评价时,可以参照以下做法:

① 用手轻轻抚触婴儿的皮肤,观察其反应,判断婴儿对抚摸、温度的敏感度。

② 更换尿布时,观察婴儿是否有不适的反应,如通过哭泣来表达不适。

③ 喂奶时,观察婴儿对奶液温度的反应,如过热时是否本能地拒绝入口。

4. 味觉与嗅觉

0~3个月婴儿能逐渐区分不同味道和气味,对不喜欢的味道或气味表现出排斥。观察与评价时,可以参照以下做法:

① 喂食时,观察婴儿对甜味食物的偏好反应。

② 分别用清香物品、轻微异味物品靠近婴儿鼻子,观察其有无靠近或皱眉躲避。

③ 在附近放置带有明显气味的物品,观察婴儿反应。

④ 母亲靠近时,观察婴儿是否辨识母亲的体味并表现出亲近的行为。

(二) 4～6 个月婴儿感知觉发展的观察与评价

4～6 个月婴儿的感知觉能力得到了显著的提升(见表 4－2－2)。

表 4－2－2　4～6 个月婴儿感知觉发展观察评价要点

观察内容	观察评价要点
视觉	○ 眼睛运动更加自如,视野能够达 180° ○ 能够追视 ○ 偏爱某种颜色 ○ 能够由近向远看,再由远向近看 ○ 能够寻找声音来源,追踪移动物体 ○ 能够盯住某一物体看几秒钟 ○ 能够注视远处活动的物体
听觉	○ 能够在黑暗中准确地朝向发声物 ○ 能够判断出成人叫的是自己的名字还是别人的名字 ○ 听到自己的名字后能够做出反应 ○ 开始能够对声音的远近做出判断 ○ 能够辨别出音乐中不同的旋律、音色和音高 ○ 初步能够协调听觉与身体运动
触觉	○ 开始能够对物体的质地、硬度等产生认识,口腔探索活动增加 ○ 喜欢用手去摸、抓,用口咬各种物品 ○ 触摸不同物体时,能够表现出不同的反应,如喜悦、惊讶或好奇
味觉和嗅觉	○ 偏好咸味 ○ 能够辨别出更多气味 ○ 当食物味道奇怪或与喜好不符时,能够主动吐出

1. 视觉

4～6 个月婴儿能够更清晰地看到周围的事物,双眼运动更加协调。观察与评价时,可以参照以下做法:

① 在婴儿面前放置色彩鲜艳的玩具,观察记录其眼睛运动的自如情况和视野角度。

② 在婴儿面前移动小物品,观察其是否由近向远再由远向近注视,判断其追视能力。

③ 在婴儿面前放置不同距离和角度的活动的物体,观察其是否注视、追视。

2. 听觉

4～6 个月婴儿能够准确辨别不同方向和距离的声音,对熟悉的声音表现出明显的偏好,并能通过声音来定位和寻找声源。观察与评价时,可以参照以下做法:

① 在黑暗中播放声音,观察婴儿的朝向反应,记录其是否准确朝向发声物。

② 呼唤婴儿或他人的名字,观察婴儿反应,判断其是否有所区分。

③ 在不同距离发出强度一致的声音,观察婴儿的反应,判断其对声音远近的判断能力。

④ 播放不同的旋律、音色和音高的音乐,观察婴儿的反应和偏好。

3. 触觉

4～6 个月婴儿对周围环境的触感更加敏感和好奇,会通过抓握、触摸、放进嘴里等多种方式去探索不同的物体和材质。观察与评价时,可以参照以下做法:

提供不同质地和硬度的物品,观察婴儿探索反应,如是否摸、抓、咬各种物品,判断其口腔探索活动是否增加,记录婴儿在接触不同物体时的表情和动作。

4. 味觉与嗅觉

4～6 个月婴儿味觉与嗅觉继续发展,能分辨出多种味道和气味。观察与评价时,可以参照以下做法:

① 提供不同口味的食物,观察婴儿对不同口味的接受程度和反应。

② 提供有明显气味的物品,如水果等,观察婴儿对不同气味的反应。

(三) 7～9 个月婴儿感知觉发展的观察与评价

7～9 个月婴儿感知觉发展进入了一个较为活跃的阶段(见表 4-2-3)。

表 4-2-3 7～9 个月婴儿感知觉发展观察评价要点

观察内容	观察评价要点
视觉	○ 能够注视某个物体表面上的碎屑或其他细小的东西 ○ 能够识别相近颜色 ○ 能够感知由运动着的灯组成的图案 ○ 能够辨别物体大小、形状及速度 ○ 能够区分简单的几何图形 ○ 能够模仿面部表情 ○ 当照护者站在 3 米外时,能够看到照护者的身影并有寻找的反应 ○ 能够往一个有深度的盒子里看里面的物体
听觉	○ 能够感受出音高差异 ○ 能够被低频声音安抚 ○ 开始能够根据说话人的语调、语气辨别高兴、愤怒等情绪 ○ 能够用眼睛追视发出声响的物体
触觉	○ 当皮肤被刺激时,手能够准确地抚摸被刺激的地方 ○ 喜欢不断重复抚摸手中的物体表面 ○ 当被拥抱和轻柔抚触时,能够表现出愉悦
味觉和嗅觉	○ 能够用力去咬香的固体食物 ○ 拒绝酸的食物 ○ 喜欢闻某种特定气味

1. 视觉

7～9 个月婴儿视觉能力进一步发展。观察与评价时,可以参照以下做法:

① 提供表面带有碎屑或其他细小东西的物体,观察婴儿对这些细小物体的反应。

② 提供颜色相近的物体,观察婴儿对它们的反应,判断其是否识别相近色。

③ 提供不同大小、形状和运动速度的物体,观察婴儿对它们的反应。

④ 提供带有运动灯光的玩具,观察婴儿的视觉追踪能力。

2. 听觉

7～9 个月婴儿对声调的细微变化开始敏感,能通过声音的变化来感知和理解周围人的情绪状态。观察与评价时,可以参照以下做法:

① 用不同音高乐器或发声玩具先后发声,观察婴儿是否有转头、眼神聚焦等反应。

② 播放低频白噪音或摇篮曲,观察其情绪是否由烦躁转为平静。

③ 成人发出代表不同情绪的语音语调,观察婴儿的反应,判断其是否能根据声音区分不同情绪。

3. 触觉

7～9 个月婴儿的触觉更敏锐,喜好触摸、抓握不同材质的物品以认知世界。观察与评价时,可以参照以下做法:

① 用手轻轻刺激婴儿的皮肤,观察其情绪反应和是否能准确地抚摸被刺激的地方。

② 提供不同质地的物体,引导婴儿抚摸,观察其对物体的探索行为和情绪反应。

4. 味觉与嗅觉

7～9个月婴儿味觉和嗅觉变得更加敏锐,能区分更细微的味道差异,识别并对不同气味做出反应。观察与评价时,可以参照以下做法:

① 提供不同味道的食物,观察婴儿的反应,如是否用力咬食物、是否拒绝入口等。

② 提供有明显气味的物品,观察婴儿是否对特定气味表现出兴趣或厌恶。

(四) 10～12个月婴儿感知觉发展的观察与评价

随着感知觉发展水平的提高,10～12个月婴儿的多通道感知越来越明显(见表4-2-4)。

表4-2-4　10～12个月婴儿感知觉发展观察评价要点

观察内容	观察评价要点
视觉	○ 能够区分两张具有明显差异的图片 ○ 能够看懂简单的图片 ○ 当看到小动物的全貌时,能够辨认出那是什么动物 ○ 能够看清较远处的物体,对物体细节表现出兴趣
听觉	○ 对低频声音很敏感 ○ 当听到欢快的音乐时,能够跟着晃动身体 ○ 能够听懂成人说的简单的话 ○ 能够较长时间地聆听一段音乐
触觉	○ 当触摸到不同粗糙程度的物品时,能够表现出不同的反应 ○ 喜欢触摸球体等圆滑物品,并喜欢在身体上滚动或按摩以感受其触感
味觉和嗅觉	○ 对一些难闻的味道表现出厌恶 ○ 不喜欢吃苦的东西

视频

11个月宝宝听觉:
随乐晃动身体

1. 视觉

10～12个月婴儿视力清晰度显著提升,能够清晰分辨周围的人和物体,并具备了一定的立体知觉和视深度感觉。观察与评价时,可以参照以下做法:

① 展示两张具有明显差异的图片,观察婴儿的反应和选择。

② 展示小动物玩具或图片,观察婴儿对不同动物的反应情况。

③ 日常观察婴儿对不同距离和细节物体的注视和反应。

2. 听觉

10～12个月婴儿不仅能准确识别并响应日常熟悉的声音,对故事和音乐也表现出浓厚的兴趣,听觉理解能力显著提升。观察与评价时,可以参照以下做法:

① 播放不同频率的音乐或声音,观察婴儿的反应和偏好。

② 与婴儿进行简单的对话,如"小手伸出来",观察其是否理解并作出回应。

③ 播放一段音乐,观察婴儿是否保持较长时间的注意和聆听。

3. 触觉

10～12个月婴儿能通过触摸来感知和理解物体的形状、大小和属性,触觉反应也变得更加精细和协调。观察与评价时,可以参照以下做法:

① 提供不同材质和粗糙程度的物品供婴儿触摸,观察其反应和表情。

② 提供球体等圆滑物品,观察婴儿是否喜欢触摸,是否喜欢球体在身体上滚动或按摩。

4. 味觉和嗅觉

10～12个月婴儿对食物的味道有了更丰富的感知,嗅觉也更加精细,能够辨识多种气味。观察与评价时,可以参照以下做法:

① 给婴儿尝试不同味道的食物,观察其反应和偏好。

② 提供不同气味的物品,观察婴儿是否对难闻的气味表现出厌恶。

(五)13~18个月幼儿感知觉发展的观察与评价

13~18个月幼儿的感知觉能力日趋成熟,能准确抓取物品,分辨形状、大小、颜色;捕捉细微声音并定位声源;对不同味道、气味有相应反应(见表4-2-5)。

视频
1岁4个月宝宝味觉:舌尖上的探索

视频
1岁5个月宝宝触觉:玩沙

表4-2-5　13~18个月幼儿感知觉发展观察评价要点

观察内容	观察评价要点
视觉	○ 能够准确地伸手抓取到自己喜欢的物品 ○ 能够将不同形状的积木放入对应的孔中 ○ 能够看清近距离物体的细节 ○ 能够完成颜色配对任务 ○ 能够感知物体的距离、大小、形状 ○ 能够长时间注视一个东西
听觉	○ 能够听到小鸟鸣叫等细微的声音 ○ 能够定位不同方向的声源 ○ 能够主动聆听周围自己感兴趣的声音
触觉	○ 喜欢玩水所带来的触觉体验 ○ 喜欢玩沙
味觉和嗅觉	○ 当尝到甜味和酸味时,能够有不同的情绪反应 ○ 喜欢闻花香的味道

1. 视觉

13~18个月幼儿视觉调节功能基本完善,且颜色、形状、大小知觉继续发展。观察与评价时,可以参照以下做法:

① 在幼儿面前放置一些感兴趣的物品,观察其是否迅速准确地伸手抓取自己喜欢的物品。

② 提供形状匹配的积木玩具,观察幼儿是否将不同形状积木放入对应的孔中,判断其操作的准确性和速度。

③ 近距离展示带有细节特征的玩具或图片,观察幼儿是否仔细观察并指出其中的细节。

④ 提供颜色卡片,要求幼儿将相同颜色的卡片配对在一起。

⑤ 在幼儿面前放置不同大小、形状和距离的物体,观察幼儿是否准确感知并描述物体特征。

⑥ 在幼儿面前放置吸引其注意力的物品,观察记录其注视持续时间。

2. 听觉

13~18个月幼儿对声音的定位和反应更加准确和灵敏。观察与评价时,可以参照以下做法:

① 播放如鸟鸣、溪流声等细微的自然声音,观察幼儿是否听到并做出反应。

② 从不同方向发出声音,观察幼儿是否准确判断声源的方向。

③ 在周围制造一些声音,观察幼儿是否主动寻找并聆听感兴趣的声音。

3. 触觉

13~18个月幼儿对周围环境的触觉反应更加敏感。观察与评价时,可以参照以下做法:

① 提供玩水机会,观察幼儿是否主动探索并享受水带来的触觉体验。

② 提供沙堆或沙池,观察幼儿是否愿意在沙中玩耍,并探索沙的质感和形状变化。

4. 味觉和嗅觉

13~18个月幼儿对食物的味道和气味更加敏感和挑剔,开始表现出对某些食物的偏好和排斥,对熟悉和陌生的气味有明确的反应。观察与评价时,可以参照以下做法:

① 提供带甜味和酸味的食物,观察幼儿在品尝时的表情和反应。

② 提供带花香和不带花香的物品,观察幼儿在嗅闻时的表情和反应,判断其偏好。

(六) 19~24个月幼儿感知觉发展的观察与评价

19~24个月幼儿感知觉的观察重点是颜色视觉、图案视觉、音乐听觉等。由于幼儿口唇期等心理阶段逐渐过渡,味觉与嗅觉在幼儿感知觉发展中的作用逐渐变弱[①](见表4-2-6)。

表4-2-6 19~24个月婴幼儿感知觉发展观察评价要点

观察内容	观察评价要点
视觉	○ 能够关注图画中的细节 ○ 能够根据指示拿出相应颜色的卡片 ○ 能够准确说出红、黄、蓝 ○ 能够进行三角形和正方形的匹配
听觉	○ 能够听2~5分钟音乐 ○ 能够根据音乐有节奏地摆动身体 ○ 喜欢敲敲打打,听自己制造出来的声音
触觉	○ 能够区别软和硬的物质 ○ 能够分出冷水和温水 ○ 喜欢毛绒绒的玩具

1. 视觉

19~24个月幼儿视力显著提升,辨别颜色、形状的能力增强,空间感知能力也进一步发展。观察与评价时,可以参照以下做法:

① 展示含有丰富细节的图片,观察幼儿反应,记录其是否主动寻找并指出图画中的细节。

② 准备颜色卡片,给出颜色名称的指示,如"请拿出红色的卡片",观察幼儿是否准确拿出。

③ 提供形状匹配的玩具,如带有不同形状的插槽板,观察幼儿是否将三角形和正方形准确放入对应插槽。

2. 听觉

19~24个月幼儿对声音的辨识能力和反应能力显著增强。观察与评价时,可以参照以下做法:

① 播放节奏明快的音乐,观察幼儿是否随着音乐的节奏摆动身体。

② 提供敲打乐器等物品,观察幼儿是否主动敲打制造声音并享受听觉体验。

3. 触觉

19~24个月幼儿通过抓握、触摸等多种方式更积极地探索周围环境,对物体的质地、温度等特性有了更细致的感知。观察与评价时,可以参照以下做法:

① 准备不同软硬度的物品,如毛绒玩具、塑料积木等,让幼儿触摸并感受,观察其是否准确区分软和硬的物质。

② 准备一杯冷水和一杯温水,让幼儿用手触摸并感受,观察其是否准确区分冷水和温水。

③ 提供多种材质的玩具,观察幼儿对不同材质玩具的反应和喜好。

(七) 25~30个月幼儿感知觉发展的观察与评价

25~30个月幼儿感知觉发展的各个方面更加接近成熟水平,如视力、听觉定位等,但是在颜色视觉、物体形状知觉方面还有很大的进步空间。触觉、味觉与嗅觉能力的发展已经稳定甚至开始有所退化[②](见表4-2-7)。

---

① 周念丽.0—3岁儿童观察与评估[M].上海:华东师范大学出版社,2013:31.

② 周念丽.0—3岁儿童观察与评估[M].上海:华东师范大学出版社,2013:35.

表4-2-7 25～30个月幼儿感知觉发展观察评价要点

观察内容	观察评价要点
视觉	○ 能够指认照片中熟识的人 ○ 能够将同类物体归类 ○ 能够区分物体的大小 ○ 喜欢看有故事情节的图画书
听觉	○ 能够遵从两个连续步骤的指示 ○ 喜欢听故事 ○ 能够跟着音乐哼唱

1. 视觉

25～30个月幼儿能辨认更多事物及细节,视觉记忆逐渐增多。观察与评价时,可以参照以下做法:

① 展示家庭成员或熟悉的人的照片,询问幼儿名字,观察其是否正确指认并命名。

② 提供不同类别的玩具(如动物、车辆等),观察幼儿是否将它们分类放置。

③ 提供大小不同的同类物体(如苹果、球等),询问幼儿大小,观察其是否正确区分。

④ 提供有故事情节的图画书,观察幼儿是否愿意翻阅、聆听并尝试理解。

2. 听觉

25～30个月幼儿的声音辨析能力、言语理解能力等方面显著增强。观察与评价时,可以参照以下做法:

① 给出两个连续步骤的指令(如"拿起球放到篮子里"),观察幼儿是否按顺序完成。

② 给幼儿讲故事,观察其是否愿意聆听、保持注意力并尝试理解。

③ 播放音乐,观察幼儿是否随着音乐的节奏摇摆、拍手或尝试哼唱。

(八) 31～36个月幼儿感知觉发展的观察与评价

31～36个月幼儿感知觉的各个方面都已发育成熟且呈现稳定的态势,只有视觉仍在不断完善、不断发展的过程中。[①] 观察评价要点见表4-2-8。

表4-2-8 31～36个月幼儿感知觉发展观察评价要点

观察内容	观察评价要点
视觉	○ 能够至少用两种颜色画图 ○ 能够认识3种或3种以上的颜色 ○ 能够认识圆形,能够模仿画圆形 ○ 能够从一堆东西中挑出最大的

观察与评价时,可以参照以下做法:

① 提供绘画工具并引导幼儿画画,观察其画图过程中使用的颜色及数量。

② 展示彩色卡片,询问幼儿卡片颜色,观察幼儿是否准确识别或命名,记录准确的数量。

③ 提供纸张和笔,引导幼儿模仿画出图形,观察其绘画的准确性。

④ 提供不同的物体,引导幼儿操作并识别物体的大小、形状。

二、婴幼儿注意力发展观察与评价

(一) 0～3个月婴儿注意力发展的观察与评价

0～3个月婴儿的注意力主要表现为无意识的、被动且短暂的注意力(见表4-2-9)。

视频

1个月宝宝注意力:
大探索

---

① 周念丽.0—3岁儿童观察与评估[M].上海:华东师范大学出版社,2013:37.

表4-2-9　0～3个月婴儿注意力发展观察评价要点

观察内容	观察评价要点
注意力	○ 出生后1～3周,能够把头转向铃声 ○ 2～3周左右,能够盯着眼前的人脸注视片刻 ○ 2～3周左右,能够停止一切活动倾听某种声音 ○ 能够对外界进行扫视 ○ 当有发亮的或鲜艳的东西出现时,能够发出声音或睁眼注视 ○ 在清醒状态时,能够对周围环境中的强光等刺激有反应 ○ 偏好对称的物体超过不对称的物体

观察与评价时,可以参照以下做法:

① 制造声音刺激,观察婴儿是否把头转向声源,记录反应速度和准确性。

② 将人脸置于视线内,观察婴儿是否注视和注视时长。

③ 制造突然的声音,观察婴儿是否立即停止当前活动并专注于声源。

④ 出示发亮、鲜艳的物体,观察婴儿的反应,是否出声或注视等。

⑤ 制造强光刺激,观察婴儿是否表现出眨眼或逃避行为。

⑥ 提供对称和不对称的物体,观察婴儿对哪一类物体表现出更长时间的注视。

(二) 4～6个月婴儿注意力发展的观察与评价

4～6个月婴儿注意力的探索性更加积极,偏好更复杂、有意义的对象(见表4-2-10)。

表4-2-10　4～6个月婴儿注意力发展观察评价要点

观察内容	观察评价要点
注意力	○ 能够比较集中地注意人的脸和声音 ○ 喜欢注视主要照护者或喜欢的玩具 ○ 偏好注视数量多而小的物体 ○ 能够对更细小的物体保持更长的注意时间 ○ 当看到色彩鲜艳的图像时,能够比较安静地注视片刻

观察与评价时,可以参照以下做法:

① 出示不同刺激(如人脸、声音、玩具等),观察婴儿对不同刺激的反应,记录注意偏好和时长。

② 提供不同大小和数量的物体,观察婴儿对它们的偏好和注视时间。

③ 出示色彩鲜艳的图像,观察婴儿的图像偏好和注视时间。

(三) 7～9个月婴儿注意力发展的观察与评价

7～9个月婴儿开始能更长时间地关注感兴趣的事物,注意的对象和范围扩大(见表4-2-11)。

表4-2-11　7～9个月婴儿注意力发展观察评价要点

观察内容	观察评价要点
注意力	○ 开始能够对周围色彩鲜明、发响、活动的东西产生较稳定的注意 ○ 当看到吸引其注意的东西时,能够以各种可能的移动方式获取物品 ○ 能够随着成人的视线或手势而注意某人或某物 ○ 能够在多个刺激中关注对自己有意义或感兴趣的信息 ○ 对新异事物的兴趣增加,产生探索性行为和注意

观察与评价时,可以参照以下做法:

① 放置彩色、发声和能动的物品,观察婴儿对它们的偏好和注意时间。

② 放置婴儿感兴趣的物品,观察其是否以各种可能的移动方式获取物品。

③ 用手指指向某物并说出名称,观察婴儿是否跟随成人视线或手势转移注意。

④ 提供多种刺激物品,观察婴儿对不同刺激物品的反应和选择,判断其是否表现出对特定刺激物品的偏好。

⑤ 引入新玩具或游戏,观察婴儿对新异事物的反应和探索行为,如触摸、抓握等。

(四) 10～12 个月婴儿注意力发展的观察与评价

10～12 个月婴儿的注意时间逐渐增长,有意注意开始萌芽(见表 4-2-12)。

表 4-2-12　10～12 个月婴儿注意力发展观察评价要点

观察内容	观察评价要点
注意力	○ 能够注视某一物体超过 10 秒 ○ 能够长时间地注视并尝试理解图书中的图片、故事中的声音 ○ 能够长时间地注视并尝试理解周围人的表情和动作 ○ 能够在不同刺激之间切换注意力

观察与评价时,可以参照以下做法:

① 提供感兴趣的物体,观察婴儿的注视时间,判断其是否表现出持续兴趣。

② 提供适宜的故事或图书,观察婴儿的注视时间、眼神追踪、表情变化等反应,以及是否根据故事声音或图片信息做出相应的反应。

③ 在自然情况下,观察婴儿对周围人的表情和动作的反应和注视时间,判断其是否理解。

④ 设计包含多种刺激的活动(如同时播放音乐和展示图片),观察婴儿在不同刺激之间的反应和注意力切换情况,判断其是否迅速且准确地适应新的刺激。

(五) 13～18 个月幼儿注意力发展的观察与评价

13～18 个月幼儿注意时间更加持久,注意的内容和方式受言语影响,开始对一些事物表现出兴趣(见表 4-2-13)。

表 4-2-13　13～18 个月幼儿注意力发展观察评价要点

观察内容	观察评价要点
注意力	○ 当成人边说边指某事物时,能够注意地看 ○ 对感兴趣的电视内容,能够连续观看 8 分钟左右 ○ 对感兴趣的书、画报等,能够独自翻阅 5 分钟左右

观察与评价时,可以参照以下做法:

① 成人边指边描述不同的事物或场景,观察幼儿的眼神、表情和动作,记录其是否集中注意力并尝试进一步探索。

② 选择感兴趣的电视节目或动画片,观察幼儿观看时的反应,记录其观看的持续性和专注度变化。

③ 提供适合的书籍、画报,观察其是否独立翻阅,记录其翻阅时间以及过程中的动作、表情和言语,评价其对内容的理解和兴趣。

(六) 19～24 个月幼儿注意力发展的观察与评价

19～24 个月幼儿能够更长时间地集中注意力,注意的有意性有所发展(见表 4-2-14)。

表4-2-14 19~24个月婴幼儿注意力发展观察评价要点

观察内容	观察评价要点
注意力	○ 能够安静地听成人讲5~8分钟简短的故事 ○ 对三角形、圆形等简单的图片感兴趣 ○ 能够遵循成人的简单指令,完成指定的任务

观察与评价时,可以参照以下做法:

① 成人讲述适合的简短故事,观察幼儿听故事时的眼神、表情、动作,记录其是否持续集中注意力并尝试理解故事内容。

② 逐一展示包含三角形、圆形等简单几何形状的图片,观察幼儿反应,判断其是否有对不同形状的兴趣。

③ 给予简单的指令,如"请把玩具放回原处"等,观察幼儿是否理解并执行,记录其完成任务的准确性、速度以及是否需要重复指令。

(七) 25~30个月幼儿注意力发展的观察与评价

25~30个月幼儿能够有意识地持续关注某一事物或活动,开始表现出对复杂事物的兴趣和耐心(见表4-2-15)。

表4-2-15 25~30个月幼儿注意力发展观察评价要点

观察内容	观察评价要点
注意力	○ 能够留心他人的对话 ○ 能够注意到周围不变的事物 ○ 能够注意到周围事物的变化 ○ 能够持续集中注意力10~12分钟

观察与评价时,可以参照以下做法:

① 观察幼儿对不同对话类型(如日常对话、故事讲述)的反应,判断其是否关注和理解对话内容。

② 改变熟悉环境中的事物,如移动玩具的位置等,观察幼儿是否发现变化并好奇探索,以及是否注意到周围未变化的事物。

③ 安排幼儿进行一项活动,如看图画书,观察其是否有分心、中断或寻求新刺激的行为,记录其专注时间。

(八) 31~36个月幼儿注意力发展的观察与评价

31~36个月幼儿注意的有意性增强,注意的转移和分配能力提升(见表4-2-16)。

表4-2-16 31~36个月幼儿注意力发展观察评价要点

观察内容	观察评价要点
注意力	○ 面对成人的指令,能够响应并持续几分钟 ○ 能够专心投入15~20分钟做一件自己感兴趣的事情 ○ 能够对自己感兴趣的事物保持注意20~30分钟 ○ 能够主动把注意从一个对象转移到另一个对象 ○ 能够同时注意2个左右的事物

观察与评价时,可以参照以下做法:

① 给予明确的指令(如"请坐下"),观察幼儿是否理解和响应,记录其持续执行的时间。

② 进行感兴趣的活动时,观察幼儿是否受外界干扰或中断活动,记录其专注时长。

③ 接触感兴趣的事物时,如听有趣的故事,观察幼儿注意力是否稳定,记录其注意的持续时间。

④ 在幼儿活动时提出转移注意要求（如"请把积木排列在柜子上"），观察其是否迅速转移以及转移后的专注程度。

⑤ 安排两个不同的刺激（如图书和玩具），观察幼儿是否同时注意并做出反应。

三、婴幼儿记忆发展观察与评价

（一）0～3个月婴儿记忆发展的观察与评价

0～3个月婴儿以无意记忆为主，开始形成短暂的记忆力，运动记忆为主要记忆内容（见表4-2-17）。

表4-2-17　0～3个月婴儿记忆发展观察评价要点

观察内容	观察评价要点
记忆	○ 当被以固定姿势怀抱时，能够主动寻找乳头 ○ 当注意的物体从视野中消失时，能够用眼睛去寻找

观察与评价时，可以参照以下做法：

① 哺乳时以常见姿势怀抱婴儿，观察其是否自动转向乳房或奶瓶。

② 在婴儿面前放置有吸引力的玩具，后将玩具移到视线之外但仍可触摸的位置，观察其是否用眼睛去寻找。

（二）4～6个月婴儿记忆发展的观察与评价

4～6个月婴儿开始具备短暂的再认能力，能够识别并记住熟悉的人脸、声音（见表4-2-18）。

表4-2-18　4～6个月婴儿记忆发展观察评价要点

观察内容	观察评价要点
记忆	○ 开始认生，只愿意亲近与自己经常接触的人 ○ 能够辨识并记住经常关爱与抚触自己的人 ○ 能够区分熟悉的人与初次见面的陌生人 ○ 能够感知并理解主要照护者的情绪变化，做出不同的反应

观察与评价时，可以参照以下做法：

① 观察婴儿与主要照护者、熟悉人、陌生人的互动，记录其反应，判断其是否出现认生情况。

② 观察婴儿对经常关爱与抚触自己的人（如父母、祖父母等）的反应，如是否主动求关注、准确认出等，记录互动细节。

③ 安排熟悉人和陌生人出现，观察婴儿的反应，如是否喜悦、好奇、警惕或回避，记录其反应方式和程度。

④ 主要照护者变化不同的表情，观察婴儿的反应，判断其是否感知并理解。

（三）7～9个月婴儿记忆发展的观察与评价

7～9个月婴儿记忆的保持时间延长，搜寻物体的能力增强，并且开始出现模仿行为（见表4-2-19）。

表4-2-19　7～9个月婴儿记忆发展观察评价要点

观察内容	观察评价要点
记忆	○ 能够记住主要照护者的模样，见到主要照护者时表现欢乐，甚至发出笑声 ○ 能够记住离开一周左右的熟人 ○ 能够记住物体藏匿的地点 ○ 能够表现出一些模仿成人的动作

观察与评价时,可以参照以下做法:

① 观察婴儿见到父母、祖父母等主要照护者时的反应,记录情绪表现与强度。

② 观察婴儿再见到离开一周左右熟悉人的反应,如是否微笑或亲近。

③ 藏匿物品并引导婴儿寻找,观察其寻找过程和结果,判断其是否记住物品藏匿地点。

④ 在游戏或日常中,观察婴儿是否模仿成人行为,如吃饭、穿衣、拍手、跳舞等,记录其模仿内容、准确性和频率。

(四) 10~12 个月婴儿记忆发展的观察与评价

10~12 个月婴儿能够记住一些物品存放的位置,能够在一定程度上识别和再认时间间隔较短的事物(见表 4-2-20)。

表 4-2-20　10~12 个月婴儿记忆发展观察评价要点

观察内容	观察评价要点
记忆	○ 能够识别并记住日常用品存放的位置 ○ 能够找到藏在自己身边的东西 ○ 能够指出照护者的脸部五官 ○ 能够表现出丰富的表情模仿行为

观察与评价时,可以参照以下做法:

① 询问婴儿日常物品存放的位置,观察其是否指出。

② 将物品藏在婴儿身边某处,观察其是否发现并取出,记录其寻找过程、时间和结果。

③ 展示照护者照片,询问婴儿脸部五官,观察其是否指出。

④ 做出各种表情,观察婴儿是否模仿,记录其模仿表现以及频率。

(五) 13~18 个月幼儿记忆发展的观察与评价

13~18 个月幼儿的记忆能力逐渐增强,开始能够记住一些简单的事物,出现延迟模仿现象(见表 4-2-21)。

表 4-2-21　13~18 个月幼儿记忆发展观察评价要点

观察内容	观察评价要点
记忆	○ 能够记住自己用的物品 ○ 能够从照片中识别并指出家庭成员 ○ 能够模仿之前在其他场合观察到的他人的行为

观察与评价时,可以参照以下做法:

① 展示包含幼儿用品的若干物品,引导幼儿找出自己的用品,观察其是否准确指出。

② 展示包含家庭成员和陌生人的照片,询问家庭成员位置(如"爸爸在哪里?"),观察幼儿是否指出,记录其识别速度和准确性。

③ 展示特定行为,几天后观察幼儿是否主动或在提示下模仿,记录其模仿准确性。

(六) 19~24 个月幼儿记忆发展的观察与评价

19~24 个月幼儿回忆能力增强,形象记忆进一步发展,与情绪有关的记忆更牢固(表 4-2-22)。

表 4-2-22　19~24 个月幼儿记忆发展观察评价要点

观察内容	观察评价要点
记忆	○ 能够模仿成人声音 ○ 能够回忆起几天前发生的事件或经历

续表

观察内容	观察评价要点
	○ 能够用简单的言语或手势来复述简短的故事或歌曲 ○ 容易记住那些使自己愉快、悲伤的事物 ○ 对曾经带来快乐或悲伤体验的事物有特定的反应

观察与评价时，可以参照以下做法：

① 发出声音或语音，观察幼儿是否模仿，记录其模仿的准确性和频率。

② 在幼儿经历特殊事件（如去公园玩、参加家庭聚会）后几天内提问或展示相关照片、物品，观察其是否回忆并用言语或动作表达。

③ 讲述简短故事或哼唱儿歌，观察幼儿是否用言语或手势复述，记录其表达的准确性和完整性。

④ 经历愉快或悲伤事件（如收到礼物、摔倒）后，观察幼儿后续一段时间对相关事件是否有特定反应，如开心、害怕，判断其是否记住相关事件。

（七）25～30 个月幼儿记忆发展的观察与评价

25～30 个月幼儿记忆的再认能力进一步发展，且随着言语的发展，能够回忆几天前感知的事物（见表 4 - 2 - 23）。

表 4 - 2 - 23　25～30 个月幼儿记忆发展观察评价要点

观察内容	观察评价要点
记忆	○ 能够记住并执行成人给出的简单指令 ○ 能够记住简单的儿歌 ○ 当照护者离开几个月后再回来时，能够再认

观察与评价时，可以参照以下做法：

① 发出简单指令（如"请拿球过来"），观察幼儿是否记住并执行，记录其执行的准确性和速度。

② 学习儿歌几天后，观察幼儿是否跟唱或回忆起歌词和旋律，记录其记忆的准确性和持久性。

③ 在照护者离开几个月后再次见面时，观察幼儿是否通过熟悉的动作、物品或称呼迅速认出照护者，记录其反应（如微笑、亲近或回避）。

（八）31～36 个月幼儿记忆发展的观察与评价

31～36 个月幼儿开始表现出较强的有意记忆能力，能记住更多的事物和细节，记忆的时间也明显延长（见表 4 - 2 - 24）。

表 4 - 2 - 24　31～36 个月幼儿记忆发展观察评价要点

观察内容	观察评价要点
记忆	○ 能够认出 1 个月前见过的人 ○ 能够认出几天前看过的图片 ○ 能够简单哼唱几天前教过的歌曲

观察与评价时，可以参照以下做法：

① 安排 1 个月前幼儿曾见过的人与其互动，观察其是否认出对方，如微笑、亲近或躲避等。

② 展示几天前幼儿看过并向其介绍过的图片，观察幼儿是否通过言语或指认表现出对图片内容的熟悉。

③ 几天前教过幼儿的歌曲，观察其是否跟唱或自发地哼唱起歌词和旋律，记录其哼唱的准确性和完整性。

四、婴幼儿思维发展观察与评价

（一）0～3个月婴儿思维发展的观察与评价

0～3个月婴儿的思维进程主要处于前思维阶段，这一时期的他们还没有获得真正意义上的思维，但已能通过不断地尝试，初步感知到简单动作与结果间存在的关联，见表4-2-25。

表4-2-25 0～3个月婴儿思维发展观察评价要点

观察内容	观察评价要点
思维	○ 能够建立简单的动作与结果之间的联系

观察与评价时，可以参照以下做法：

在床上挂玩具，观察婴儿是否通过伸动、蹬腿、扭动身体等来让玩具晃动或发出声响，如婴儿蹬腿响铃。

（二）4～6个月婴儿思维发展的观察与评价

4～6个月婴儿建立了感知层面上对事物的区分，通过吮吸、抓握认识事物（见表4-2-26）。

表4-2-26 4～6个月婴儿思维发展观察评价要点

观察内容	观察评价要点
思维	○ 能够通过吮吸、抓握来认识各种材料 ○ 能够被临时出现的事物吸引 ○ 能够区别不同性别的脸

观察与评价时，可以参照以下做法：

① 提供不同材质（如布料、塑料、纸张等）的物品，观察婴儿是否通过吮吸、抓握等动作探索材料，记录其偏好和探索持续时间。

② 在婴幼儿玩耍时，观察其是否被临时出现的事物吸引而忘记最开始的行为目的。

③ 展示不同性别人脸的图片，观察婴幼儿的注视情况或其他反应，判断其是否区分。

（三）7～9个月婴儿思维发展的观察与评价

7～9个月婴儿尚未形成物体恒存性概念，常犯AB错误（见表4-2-27）。

表4-2-27 7～9个月婴儿思维发展观察评价要点

观察内容	观察评价要点
思维	○ 将物体的位置固定化，认为它们不会移动，犯AB错误 ○ 一旦物体被遮挡就不再注视

视频

8个月宝宝思维：尚未形成物体恒存性

观察与评价时，可以参照以下做法：

① 引导婴儿在A处找到某物后，在其注视下将物品移到B处，观察其是否坚持在A处寻找。

② 用布遮挡住婴儿面前放置的玩具，观察婴儿的注视行为是否停止或视线转移。

拓展阅读

（四）10～12个月婴儿思维发展的观察与评价

10～12个月婴儿开始形成物体恒存性概念，有了简单的问题解决行为，出现有目的利用工具行为和尝试错误行为（见表4-2-28）。

观察与评价婴幼儿物体恒存性概念

表 4-2-28　10～12 个月婴儿思维发展观察评价要点

观察内容	观察评价要点
思维	○ 当物品从视线中消失,能够寻找 ○ 喜欢反复抛掷物品至地面,并观察其落地位置 ○ 能够把容器里的东西晃动出来 ○ 能够利用绳子作为工具,通过拉动操作使隐藏在手帕下的玩具显露出来 ○ 能够区别镜子里的其他婴幼儿和自己

观察与评价时,可以参照以下做法:

① 在婴儿注视下将玩具遮挡,观察其是否持续注视或伸手拨开遮挡物。

② 提供安全轻便的物品(如软球、玩具块),让婴儿在床上或安全区域抛掷,观察其是否反复进行并注视落地位置。

③ 出示装有轻质物品(如豆子、小球)的透明容器,观察其是否通过摇晃等方式晃出物品。

④ 将玩具用半透明手帕遮盖并系上绳子,观察婴儿是否尝试拉动绳子露出玩具,记录其使用工具的过程和结果,判断婴儿初步的工具使用能力。

⑤ 带婴儿面对镜子,让另一婴儿进入镜像,观察其是否通过指向或表情区分自己和他人,记录其反应和识别方式。

(五) 13～18 个月幼儿思维发展的观察与评价

13～18 个月幼儿解决问题的策略仍较简单,出现简单概括行为和最初的想象(见表 4-2-29)。

表 4-2-29　13～18 个月幼儿思维发展观察评价要点

观察内容	观察评价要点
思维	○ 开始对数字感兴趣 ○ 能够出现假装喂食的动作 ○ 能够叠高 2—4 块积木 ○ 能够探究因果关系,如敲打桌面引发声响 ○ 能够指认 4 种动物的图片

观察与评价时,可以参照以下做法:

① 提供带有数字的玩具、卡片或书籍,观察幼儿是否主动触摸、注视或尝试说出数字,记录其对数字的关注程度和反应。

② 提供玩具餐具和食物,观察幼儿是否模仿喂食动作(如用勺子"喂"娃娃),记录其动作协调性和角色扮演意识。

③ 提供大小和形状不同的积木,让幼儿尝试叠高,观察其是否成功叠放 2 至 4 块积木,记录其叠高层数和稳定性。

④ 在桌面放置可敲击的物品(如小鼓、木棒),观察幼儿是否主动敲打并探索声音来源,记录其探索行为。

⑤ 展示包含多种动物的图片册,逐一询问其名称或特征,观察幼儿是否准确指认,记录其识别速度和准确性。

(六) 19～24 个月幼儿思维发展的观察与评价

19～24 个月幼儿思维逐渐摆脱对感知和外在行为的依赖,开始凭借事物的表象来解决问题(见表 4-2-30)。

表4-2-30 19～24个月幼儿思维发展观察评价要点

观察内容	观察评价要点
思维	○ 能够构建出包含5～7块积木的塔形结构 ○ 了解简单的位置关系,如上下 ○ 认识生活中常见的物体 ○ 认识3种以上的颜色 ○ 能够将圆形、三角形、正方形积木放到对应的积木盒内 ○ 能够区分物体的大小

观察与评价时,可以参照以下做法:

① 提供大小和形状不同的积木,让幼儿尝试搭建塔形,观察其是否成功堆叠5至7块积木,记录其搭建的层数、稳定性及动作技巧。

② 通过询问,如"玩具在桌子上面还是下面?"或"桌子上面是什么?"观察幼儿是否正确指出或回答,判断其对位置概念的理解能力。

③ 展示常见物体(如日常用品、食物、动物)的图片,询问幼儿名称或用途,观察其是否正确识别并表达。

④ 逐一出示不同颜色的卡片,询问幼儿卡片的颜色,观察记录其识别的准确性和速度。

⑤ 逐一出示不同形状的积木,引导幼儿将不同形状的积木放入带有相应标志的积木盒中,观察记录其识别的准确性和速度。

⑥ 提供不同大小的同类物品,观察幼儿是否能通过指认、选择或言语表达区分物体大小,记录其反应准确性。

(七) 25～30个月幼儿思维发展的观察与评价

25～30个月幼儿开始出现假装行为,能利用事物的感知特征进行初步分类(见表4-2-31)。

表4-2-31 25～30个月幼儿思维发展观察评价要点

观察内容	观察评价要点
思维	○ 能够和其他小朋友玩装扮游戏 ○ 能够将8～10块积木堆叠成塔状结构 ○ 能够在成人的帮助下将常见两类物品进行分类 ○ 能够完成简单的平面拼图游戏

观察与评价时,可以参照以下做法:

① 提供装扮道具(如帽子、围巾、玩具餐具等),观察幼儿是否与其他小朋友互动并参与角色扮演,记录其游戏中的假装行为。

② 提供积木,让幼儿尝试堆叠,观察其是否成功堆叠8～10块积木的塔形结构,记录塔的高度、稳定性及幼儿的操作技巧。

③ 提供两类不同的物品,观察幼儿在成人的指导下是否将物品按照特定属性(如颜色、形状)进行分类,记录分类的准确性。

④ 提供简单的平面拼图,观察幼儿是否能正确拼接图块,记录完成时间和拼接准确性。

(八) 31～36个月幼儿思维发展的观察与评价

31～36个月幼儿思维对动作的依赖减少,更多依赖具体事物的表象以及它们之间的联系进行思考,分类和概括能力有所提高(见表4-2-32)。

表4-2-32　31~36个月幼儿思维发展观察评价要点

观察内容	观察评价要点
思维	○ 对周围环境充满好奇,喜欢探索和询问关于各种事物的问题 ○ 能够辨识并区分三角形、圆形、正方形等基本几何图形 ○ 能够将食物、衣物及生活用具分类 ○ 知道1—5的实际意义 ○ 喜欢数数游戏

观察与评价时,可以参照以下做法:

① 观察幼儿是否主动触碰、观察新物品,或通过手势、简单言语提出问题,记录其探索行为的频率和主动性。

② 提供不同形状(如三角形、圆形、正方形)的卡片或积木,引导幼儿指认或匹配,观察其是否正确区分,记录识别速度和准确性。

③ 提供食物、衣物、生活用具的图片或实物,让幼儿尝试分类,观察其是否能按类别整理物品,记录分类的过程和准确性。

④ 通过展示数量为1~5的物品(如苹果、积木),询问幼儿数量,并观察其是否能正确指出或表示,记录其对数量的理解能力。

⑤ 提供不同物品,引导幼儿点数物品数量,观察记录其数数情况和持续时间,判断其兴趣程度。

•案例4-2-1•

玲玲的感官世界

观察目标:观察评价婴儿感知觉发展

观察对象:玲玲,女,9个月

观察场景:托育机构

观察时间:2021年7月15日

观察方法:行为检核法

观察记录:见表4-2-33

表4-2-33　玲玲感知觉发展记录表

观　察　内　容		是	否
视觉	能够持续注视玩具上精致的装饰图案,表现出对细节的关注		√
	即使母亲站在3米之外,也能迅速捕捉到母亲的身影	√	
	好奇地探索着盒子内部,试图发现其中的秘密	√	
听觉	能够灵活地用眼睛追踪发出声响的物体	√	
触觉	喜欢触摸各种物体的表面,感受不同材质带来的触感体验	√	
	在被拥抱和轻柔抚触时,会表现出明显的愉悦与满足	√	
嗅觉味觉	对于香甜的固体食物,会用力品尝	√	
	对酸味的食物持拒绝态度,但偏爱并乐于嗅闻某种特定的芬芳气息	√	

分析评价:

玲玲能够灵活地用眼睛追踪发出声响的物体,这显示了她的视觉与听觉之间的良好协调能力,以及视觉追踪能力的增强。在被拥抱和轻柔抚触时,她会流露出明显的愉悦与满足,说明她能够感受到并享受亲密的身体接触,这对于她的情感发展也是有益的。从行为检核的情况来看,玲玲在 9 个月大时,能够通过视觉、触觉、味觉和嗅觉等多种感官来探索和认知周围环境,同时也对这些感官体验表现出了积极的反应和偏好。这是婴幼儿感知觉发展过程中的重要里程碑,为她未来的认知和情感发展奠定了坚实的基础。

引导支持:

1. 视觉发展策略:经常改变环境中的布置或玩具的位置,为玲玲提供新的视觉刺激,鼓励她探索和观察;使用色彩鲜艳、会移动的玩具或物品,引导玲玲用眼睛追踪,增强她的视觉追踪能力。

2. 触觉发展策略:为玲玲提供各种材质(如布料、塑料、木头等)的玩具,让其触摸并感受不同材质的触感体验;经常拥抱、亲吻和轻柔抚触玲玲,增强其触觉敏感性和情感连接。

3. 听觉发展策略:播放不同类型的音乐,或制造各种声音(如摇铃、拍手等),引导玲玲追踪声音的来源;多与玲玲交谈,使用丰富的言语描述周围的事物,促进她的言语感知和理解能力发展。

4. 味觉和嗅觉发展策略:为玲玲提供不同口味和质地的食物,让她品尝并探索各种味道;提供安全的、具有不同气味的物品(如花草、水果等),让玲玲嗅闻并识别不同的气息。

·案例 4-2-2·

佳佳的注意力发展

观察目标:观察评价幼儿注意力发展

观察对象:佳佳,女,2 岁

观察场景:托育机构

观察时间:2022 年 6 月 3 日,9:00—10:00

观察方法:连续记录法

观察记录:

佳佳进入托育机构后,她的视线首先被教室角落的一个玩具熊吸引。她走向玩具熊,用手触摸它的绒毛。随后,她拿起旁边的一个小铃铛,轻轻摇晃,铃声响起,她的注意力随之转移到小铃铛上。这一过程在玩具熊与小铃铛之间交替进行,大约持续了五分钟。之后,佳佳离开玩具区,走向图书角,从书架上挑选了一本图画书进行翻阅。她浏览了两页内容后,将书放回原处,前往积木区,观察其他小朋友的积木搭建活动。在积木区,佳佳开始尝试堆积木。她拿起积木块,试图将其堆叠起来,积木经常倒塌。在经历了几次失败后,她开始四处张望,偶尔用手指向其他小朋友的积木作品。接着,老师让她过来玩手指游戏,佳佳站在一旁静静地观看。当老师唱到"小手拍拍"这一环节时,佳佳跟着老师的节奏一起做动作,持续了大约五分钟。进入故事时间,佳佳坐在小椅子上,准备听老师讲述的故事。故事开始时,她眼睛紧紧盯着老师。随着故事的深入和时间的推移,她开始用手触摸自己的衣服或扯扯袜子,直到老师讲完故事。

分析评价:

佳佳在今天的活动中表现出了 2 岁婴幼儿注意力发展的典型特征,注意力容易分散,对新鲜事物充满好奇,但持续集中的时间较短。在玩具区和图书角,佳佳的注意力在多个物品之间快速转换,显示出她对周围环境的广泛探索和兴趣。在积木区,虽然佳佳尝试堆积木,但缺乏耐心和技巧,导致注意力分散。在手指游戏和故事时间,佳佳在有趣的互动和情节中能够短暂地集中注意力,但随着时间的推移,她的兴趣逐渐减弱。

引导支持:

1. 提供适量的刺激材料:为佳佳提供不同类型的玩具,如触觉玩具(如毛绒玩具)、听觉玩具(如小铃铛)和操作性玩具(如积木),以满足她探索不同感官体验的需求。一次性提供的材料不宜多且要定期更换,保持环境的新鲜感,以持续吸引佳佳的注意力。

2. 创造互动与参与的机会:在佳佳玩玩具时,老师或家长可以适时参与,通过提问或示范来引导她更深入地探索玩具的功能和用途,促进注意时间延长。

3. 适应注意力持续时间:根据佳佳的注意力持续时间,将活动分成多个小段,每个小段结束后给予短暂的休息或转换活动,以保持她的兴趣和参与度。

4. 培养自我调节能力:在佳佳注意力开始分散时,通过温柔的话语或引导性的活动,帮助她逐渐将注意力转移到新的任务上。教授佳佳自我调节技巧,如深呼吸、数数等,帮助她在需要时自我调节情绪和注意力。

5. 故事讲述与想象力激发:选择富有想象力和情节起伏的故事,以吸引佳佳的注意力。在讲故事时,通过提问、角色扮演等方式增强互动性,激发佳佳的想象力和参与度。

任务思考

💬 学习评价

表 4-2-34 学习评价表

项目	内 容	水平				
		优秀	良好	中等	合格	较差
学习态度	按时参与课程学习,如期完成学习任务	5	4	3	2	1
知识领悟	掌握婴幼儿认知发展的观察要点	5	4	3	2	1
实践应用	选择适宜的方法对婴幼儿认知发展进行观察记录、分析评价与引导支持	5	4	3	2	1
价值认同	增强观察意识,形成观察习惯,树立正视婴幼儿认知发展个体差异的积极态度	5	4	3	2	1
沟通交流	参与小组讨论,倾听他人观点,清晰表达自己见解	5	4	3	2	1
合作探究	共同探讨、合理分工,合作完成小组任务	5	4	3	2	1
信息素养	检索相关资料,自主阅读学习	5	4	3	2	1
自我评价						

⏱ 学习思考

1. 在评价婴幼儿的认知发展时,可以采用哪些具体的方法?

2. 婴幼儿的思维发展与其感知觉、注意力和记忆发展之间有何关系? 如何通过观察来评价这些关系?

任务三　观察与评价婴幼儿言语发展

案例导入

小文的言语萌芽与成长

小文(1岁3个月,女)开始模仿家人的简单指令,如"拿鞋子""给妈妈"。每当她说出这些词汇,家人都会给予积极的回应和鼓励。不久后,小文不仅能够说出更多的词汇,还能用简单句表达自己的需求。

请思考:小文言语发展具有什么特点? 小文家人是如何促进小文言语的发展?

0~1岁婴儿尚处于言语萌芽期,言语知觉表现为对声音的初步感知分化,言语发音以简单音节探索为主,言语交际则依赖非言语方式(如眼神、动作)与他人互动。因此,此阶段言语发展的观察与评价从言语知觉、言语发音与言语交际三方面进行阐述。1~3岁逐步建立语音语义关联,开始使用词语、短句主动表达需求,并尝试通过言语符号与他人进行双向沟通。因此,1~3岁幼儿言语发展的观察与评价则转向言语理解、言语表达与言语交际三方面进行阐述。

拓展阅读

婴幼儿言语发展的
一般规律

一、婴幼儿言语理解发展观察与评价

(一) 0~3个月婴儿言语知觉发展的观察与评价

0~3个月婴儿的言语知觉发展主要表现为对声音的敏感性和对人声的偏好(见表4-3-1)。

表4-3-1　0~3个月婴儿言语知觉发展观察评价要点

观察内容	观察评价要点
言语知觉	○ 当有声音出现时,能够有所反应 ○ 当人声和其他声音一起出现时,更关注人声 ○ 特别喜欢听主要照护者的声音,听到主要照护者的声音能够安静下来 ○ 能够寻找声源 ○ 听到突然的巨大声音会出现惊吓反应

观察与评价时,可以参照以下做法:

① 发出不同类型的声音,观察婴儿是否通过转头、眼神或身体动作作出反应。

② 同时播放人声和其他声音(如动物声),观察婴儿是否更关注人声(如吮吸速度变化)。

③ 在婴幼儿哭闹时,播放主要照护者的声音,观察其是否逐渐安静,记录其情绪变化过程。

④ 在视线之外发出声音(如拍手),观察婴儿是否转头或用眼神寻找声源,记录其定位声源的准确性和速度。

⑤ 制造突然的较大声响,观察婴儿是否表现出惊吓反应(如皱眉、哭闹、缩身)。

(二) 4~6个月婴儿言语知觉发展的观察与评价

4~6个月婴儿言语知觉发展主要表现为对语气、语调、音调的辨识和对熟悉声音的偏好(见表4-3-2)。

表 4-3-2　4～6个月婴儿言语知觉发展观察评价要点

观察内容	观察评价要点
言语知觉	○ 当成人以愉悦的语调与之交谈时，能够微笑回应 ○ 当成人以生气的语调与之交谈时，能够做出伤心的表情 ○ 能够根据声音寻找说话者 ○ 偏好主要照护者的声音

观察与评价时，可以参照以下做法：

① 用高兴的语调与婴儿交谈，观察其是否微笑回应。

② 用生气的语调与婴儿交流，观察其是否表现出皱眉、低头或不安等反应。

③ 不同的照护者分别发出说话声，观察婴儿是否转头或用眼神寻找相应的说话者，判断其对不同说话者音色的识别。

④ 同时播放主要照护者和其他人的声音，观察婴儿是否更倾向于关注照护者的声音（如眼神追随、安静下来），判断其对熟悉的人声音的偏好。

（三）7～9个月婴儿言语知觉发展的观察与评价

7～9个月婴儿言语知觉发展表现为对简单指令的理解和回应上（见表 4-3-3）。

表 4-3-3　7～9个月婴儿言语知觉发展观察评价要点

观察内容	观察评价要点
言语知觉	○ 能够根据成人的指示，将目光转向所指的物体 ○ 当被问"××在哪里？"时，能够将目光转向询问者或用手指向该物体

观察与评价时，可以参照以下做法：

① 在婴儿面前摆放几个其常见的玩具，用言语指示其位置（如"看，球在这里"），观察婴幼儿是否能将目光转向所指物体。

② 提问"××在哪里？"时，观察婴儿是否能通过看向或指向来回应问题，记录其反应速度和准确性。

（四）10～12个月婴儿言语知觉发展的观察与评价

10～12个月婴儿言语知觉能力进一步发展，开始理解成人的话语，能够将语音与物体建立联系（见表 4-3-4）。

表 4-3-4　10～12个月婴儿言语知觉发展观察评价要点

观察内容	观察评价要点
言语知觉	○ 能够根据语音判断并指向对应物体 ○ 在成人的鼓励下，能够不断地重复某一动作

观察与评价时，可以参照以下做法：

① 在婴儿面前摆放常见物品（如球、杯子）并逐一说出名称，观察婴儿是否准确看向或指向对应物体，记录其反应速度和准确性。

② 做出简单动作（如拍手、跺脚）并引导婴幼儿模仿，观察婴儿是否重复该动作，记录其模仿次数和准确性。

（五）13～18个月幼儿言语理解发展的观察与评价

13～18个月幼儿言语理解能力显著提升，表现为词汇模仿、指令简单执行和身体部位认知等方面（见表 4-3-5）。

表4-3-5　13~18个月幼儿言语理解发展观察评价要点

观察内容	观察评价要点
言语理解	○ 能够模仿成人发出的简短词汇或短语 ○ 能够听懂5~10个常用物品的名称 ○ 能够理解简单的语句,并在提示下完成相应的动作 ○ 能够听懂并指出自己身体的各部分 ○ 喜欢翻阅并能够用手指点书中的相关图片

观察与评价时,可以参照以下做法:

① 发出一些简短词汇或短语(如"谢谢""苹果""再见"等),观察幼儿是否模仿,记录模仿准确性和频率。

② 说出常用物品的名称(如"杯子""球"等),观察幼儿是否指向相应的物品。

③ 发出简单指令(如"把杯子给妈妈"),观察幼儿是否理解并执行。

④ 询问身体的某些部位(如"鼻子在哪里""小手在哪里"等),观察幼儿是否正确指出自己身体的相应部位。

⑤ 提供简单图画书,观察幼儿是否愿意翻阅,翻阅过程中是否用手指点书中的相关图片。

(六) 19~24个月幼儿言语理解发展的观察与评价

19~24个月幼儿言语理解发展表现为能够执行复杂一点的指令,理解的名词、动词和形容词越来越丰富(见表4-3-6)。

表4-3-6　19~24个月幼儿言语理解发展观察评价要点

观察内容	观察评价要点
言语理解	○ 能够执行有两个动作要求的指令 ○ 能够理解一些基础形容词及日常生活中的常见动词 ○ 能够理解并准确回答关于物品位置或物品属性的问题 ○ 能够理解1~2个表示方位空间的名词

观察与评价时,可以参照以下做法:

① 发出包含两个动作的指令(如"把球拿过来放桌上"),观察幼儿是否理解和执行,记录其动作完成情况。

② 使用基础形容词(如"大的""红的")和常见动词(如"吃""玩"),观察幼儿是否通过动作或言语回应,判断其对相关词汇的理解情况。

③ 提出物品位置或属性的问题(如"球在哪里?""这是什么颜色?"),观察幼儿是否指出或回答,判断其理解情况。

④ 使用方位词(如"上面""下面")询问物品位置,观察幼儿是否通过动作或言语回应,判断其对方位词的理解情况。

(七) 25~30个月幼儿言语理解发展的观察与评价

25~30个月幼儿言语理解能力持续深化,喜欢提问(见表4-3-7)。

表4-3-7　25~30个月幼儿言语理解发展观察评价要点

观察内容	观察评价要点
言语理解	○ 能够经常提出"为什么"等探索性问题 ○ 当自己说的话未被成人理解时,表现出受挫的情绪 ○ 喜欢反复听同一个故事

观察与评价时,可以参照以下做法:

① 在日常,观察幼儿提出问题的类型,记录其是否经常使用"为什么"等探索性问题。

② 故意误解幼儿的表达,观察其是否表现出受挫的情绪(如皱眉、摇头),记录其反应强度和时间。

③ 重复讲述同一个故事,观察幼儿是否表现出持续的兴趣,判断其对故事的偏好。

(八) 31～36个月幼儿言语理解发展的观察与评价

31～36个月幼儿能够理解并回答成人提出的各种问题,理解的动词、形容词、代词、介词和时间词语也越来越丰富(见表4-3-8)。

表4-3-8 31～36个月幼儿言语理解发展观察评价要点

观察内容	观察评价要点
言语理解	○ 能够理解并回应关于身份、内容、地点及所属关系的询问 ○ 能够理解并应用简单的方位介词 ○ 能够理解如"马上""等一等"这类表示时间的词语

观察与评价时,可以参照以下做法:

① 向幼儿提出关于身份、内容、地点及所属关系的问题(如"你是谁?""这是什么?""妈妈在哪里?""这是谁的玩具?"),观察记录其回答情况,判断其是否理解。

② 通过实物或图片展示不同物品的位置关系,并提出问题(如"球在哪里""桌子上面有什么?"),引导婴幼儿回答,观察其是否能正确理解并应用方位介词。

③ 使用时间词语(如"马上放下""等下过来"),观察幼儿是否做出相应反应,判断其对时间词语的理解。

二、婴幼儿言语表达发展观察与评价

(一) 0～3个月婴儿言语发音发展的观察与评价

0～3个月婴儿开始无意识地发出简单音节,通过哭声、咕哝声和微笑等非言语方式表达或回应(见表4-3-9)。

表4-3-9 0～3个月婴儿言语发音发展观察评价要点

观察内容	观察评价要点
言语发音	○ 当心情愉悦时,能够发出自言自语的嗯嗯声 ○ 在与成人游戏中,能够根据成人的行为发出应答性的声音 ○ 能够发出类似元音的声音,如 o/a 等 ○ 在哭泣时,能够发出如 ei/ou/ma 等声音

观察与评价时,可以参照以下做法:

① 在婴儿心情愉快时,观察记录其是否发出咿咿呀呀的声音。

② 互动游戏时,观察婴儿是否回应成人的行为,记录其回应的声音或动作。

③ 在日常观察婴儿发出的声音,记录其是否能发出类似 o/a 等元音。

④ 在哭泣时,观察婴儿发出的声音,记录其是否包含 ei/ou/ma 等音节。

(二) 4～6个月婴儿言语发音发展的观察与评价

4～6个月婴儿言语发音能力开始逐步显现,能发出连续音节(见表4-3-10)。

表 4-3-10　4~6 个月婴儿言语发音发展观察评价要点

观察内容	观察评价要点
言语发音	○ 能够发出连续的辅音音节,如"baba""bubu"等 ○ 哭泣时,能够发出类似于"mun-mun"的音节 ○ 能够模仿成人发出的简单音节

视频

4 个月宝宝言语:
"伊呀"

观察与评价时,可以参照以下做法:

① 互动时,观察婴儿是否连续发出辅音音节,记录其发音清晰度和尝试次数。

② 哭泣时,观察婴儿是否发出包含类似"mun-mun"的音节,记录发音强度和持续时间。

③ 重复发出简单的音节(如爸爸、妈妈),观察婴儿是否尝试模仿,记录其模仿准确性和积极性。

(三) 7~9 个月婴儿言语发音发展的观察与评价

7~9 个月婴儿能够重复发出一些音节,进入了说话的萌芽期,懂得简单的成人言语(见表 4-3-11)。

表 4-3-11　7~9 个月婴儿言语发音发展观察评价要点

观察内容	观察评价要点
言语发音	○ 能够发出重复的音节,例如"mama"和"baba" ○ 能够有声调变化 ○ 能够发出辅音,如 x/j/q ○ 能够模仿他人发出的声音

观察与评价时,可以参照以下做法:

① 互动时,观察婴儿是否自发或模仿发出重复音节,记录其发音的内容和清晰度。

② 对话时,观察婴儿是否自然地表现出声音声调的起伏。

③ 发声时,观察婴儿是否发出辅音,记录其尝试次数和发音的准确性。

④ 发出简单音节,观察婴儿是否模仿,记录其模仿的及时性和准确性。

(四) 10~12 个月婴儿言语发音发展的观察与评价

10~12 个月婴儿言语发音进入一个复杂阶段,近似词的发音增多,开始说出有意义的单词(见表 4-3-12)。

表 4-3-12　10~12 个月婴儿言语发音发展观察评价要点

观察内容	观察评价要点
言语发音	○ 能够模仿一些非言语的声响,比如咳嗽的声音 ○ 能够模仿成人发出的特定音节 ○ 高兴时能够发出"啊""哦"的声音伴随手舞足蹈

观察与评价时,可以参照以下做法:

① 发出非言语声响(如咳嗽),观察婴儿是否尝试模仿,记录其模仿的准确性和反应速度。

② 发出特定音节(如"qi""xi"),观察婴儿是否模仿,记录其模仿的准确性和次数。

③ 在婴儿高兴时,观察其是否能发出"啊""哦"等声音并伴随手舞足蹈的动作。

(五) 13~18 个月幼儿言语表达发展的观察与评价

13~18 个月幼儿言语表达发展表现为词汇量增长、命名能力和发音复杂度提升等特征(见表 4-3-13)。

表4-3-13 13～18个月幼儿言语表达发展观察评价要点

观察内容	观察评价要点
言语表达	○ 能够说出8～20个单词 ○ 能够对所看到的物体进行命名,命名伴随词义泛化现象 ○ 能够发出包含复杂声调形式的几个音节

观察与评价时,可以参照以下做法:

① 交流时,观察记录幼儿说出的单词及数量,判断其词汇的丰富性和准确性。

② 引导幼儿说出看到的物体的名称,观察其是否能正确命名,并注意其是否有词义泛化的表现(如看到狗会说"汪汪",看到类似狗的毛绒玩具也会说"汪汪")。

③ 交流时,观察幼儿发出的音节是否包含复杂的声调形式(如"猫咪""水果"等),记录其发音的准确性和流畅性。

(六) 19～24个月幼儿言语表达发展的观察与评价

19～24个月幼儿言语表达能力提升,表现在词汇量快速增加,频繁使用双词句和开始使用人称代词等(见表4-3-14)。

表4-3-14 19～24个月幼儿言语表达发展观察评价要点

观察内容	观察评价要点
言语表达	○ 能够运用20～50个词汇进行日常交流 ○ 能够说出由两个单词组成的简单句子 ○ 当提及自己时,能够说出自己的名字 ○ 开始能够使用"你"和"我"等代词

观察与评价时,可以参照以下做法:

①在日常,观察记录幼儿的词汇使用情况,统计其常用词汇的种类和数量。

②在日常,观察幼儿说出包含两个单词语句(如"妈妈抱""我要吃")的情况,记录其语句结构和表达的清晰度。

③在日常,观察幼儿"你""我""他"等代词的使用情况,记录其使用的准确性和频率。

(七) 25～30个月幼儿言语表达发展的观察与评价

25～30个月幼儿言语表达发展表现在语句包含的词汇量增多,语音日趋成熟,言语模仿能力增强等方面(见表4-3-15)。

表4-3-15 25～30个月幼儿言语表达发展观察评价要点

观察内容	观察评价要点
言语表达	○ 能够使用三词句或四词句来与他人交谈 ○ 能够重复成人说出的由4～5个单词组成的句子 ○ 双词句现象明显 ○ 喜欢模仿成人的言语,包括语调、语速和用词 ○ 开始学习并能够使用否定句

观察与评价时,可以参照以下做法:

① 在日常交流中,观察幼儿是否使用3～4个单词的句子,记录其句子结构和表达的清晰度。

② 说出4～5个单词组成的简单句,观察幼儿是否重复,记录其模仿准确性和流畅性。

③ 在日常交流中,观察记录幼儿双词句(如"球球,给")的使用频率和情境。

④ 使用特定语调、语速或用词(如夸张的语气、重复的词汇),观察幼儿是否模仿。

⑤ 提出需要否定回答的问题,观察幼儿是否准确使用否定句(如"不是""不要")。

(八) 31～36 个月幼儿言语表达发展的观察与评价

31～36 个月幼儿能够运用更丰富的词汇和完整的句子进行言语表达,对数量词和代词的使用频繁(见表 4-3-16)。

视频

2 岁 9 个月宝宝
言语:讲述经历

表 4-3-16　31～36 个月幼儿言语表达发展观察评价要点

观察内容	观察评价要点
言语表达	○ 能够介绍自己的基本信息,包括姓名、年龄、性别及喜好 ○ 能够说出包含 5～6 个词汇的句子 ○ 能够描绘物体的形状、大小、颜色等特征 ○ 能够准确地说出一些数量词 ○ 能够较为熟练地运用"你""我""他"等人称代词

观察与评价时,可以参照以下做法:

① 询问幼儿基本信息(如"你是谁?""你喜欢什么?"),观察记录其回答和其他反应。

② 在日常,观察幼儿是否能说出结构完整、意义清晰的包含多个词汇的句子,记录句子包含的词汇数量以及语法的结构和准确性。

③ 询问不同物体(如苹果或积木)的形状、大小或颜色,观察幼儿是否准确描述,记录其观察细致程度和言语表达能力。

④ 在计数或分配物品时,观察幼儿是否能说出一些数量词(如"一个""两个"),记录用词的频率和准确性。

⑤ 在日常,观察婴幼儿是否使用人称代词(如"我要""你拿""他的"),记录其使用准确性和频率。

三、婴幼儿言语交际发展观察与评价

(一) 0～3 个月婴儿言语交际发展的观察与评价

0～3 个月婴儿以非言语的方式进行言语交际探索,表现出最初的交际倾向(见表 4-3-17)。

表 4-3-17　0～3 个月婴儿言语交际发展观察评价要点

观察内容	观察评价要点
言语交际	○ 能够对成人的逗弄报以微笑,或发出一些简单的音节来吸引成人的注意。

观察与评价时,可以参照以下做法:

在吃饱、换尿布后等需求满足时,用简单的逗弄动作(如摇铃、拍手)与幼儿互动,观察其是否微笑或发出简单音节回应。

(二) 4～6 个月婴儿言语交际发展的观察与评价

4～6 个月婴儿开始初步展现言语交际能力,理解简单的语词、手势或指令(见表 4-3-18)。

表 4-3-18　4～6 个月婴儿言语交际发展观察评价要点

观察内容	观察评价要点
言语交际	○ 在交流中,能够以形似一问一答的模式喁喁作答 ○ 能够根据成人的言语做出相应的动作反应 ○ 当听到自己的名字时,能够转头并集中注意力

观察与评价时,可以参照以下做法:

① 交流时故意停顿或留出空间,观察婴儿是否发出类似回应的声音(如"嗯""啊")。

② 发出简单指令(如"拍手""摇头"),观察婴儿是否理解并做出相应动作。

③ 呼唤婴儿名字,观察其是否转头并注视说话者,记录其反应准确性。

(三) 7~9个月婴儿言语交际发展的观察与评价

7~9个月婴儿言语交际倾向明显,开始出现较多非言语形式的交流方式(见表4-3-19)。

表4-3-19 7~9个月婴儿言语交际发展观察评价要点

观察内容	观察评价要点
言语交际	○ 出现小儿语,能够和同伴愉快交流 ○ 能够利用简单的重复音节并配合身体动作,向成人表示想要的东西 ○ 能够运用简单的手势或发出一些基础的音节,向他人打招呼或告别 ○ 能够用手指向环境中的物体

观察与评价时,可以参照以下做法:

① 互动时,观察婴儿是否用小儿语交流,记录交流的内容和流畅性。

② 想要某物时,观察婴儿是否通过简单音节(如"na")和手势(如伸手)表达需求。

③ 见面或分别时,观察婴儿是否用手势(如挥手)或重复音节(如"拜")表达问候或告别。

④ 询问婴儿环境中的物体(如"门在哪里"),观察其是否用手指指向。

(四) 10~12个月婴儿言语交际发展的观察与评价

10~12个月婴儿言语交际能力进一步发展,能借助非言语形式表达,理解成人简单的指令(见表4-3-20)。

表4-3-20 10~12个月婴儿言语发展观察评价要点

观察内容	观察评价要点
言语交际	○ 能够理解一些简单的指令 ○ 能够挥手向他人说再见 ○ 能够用摇头表达拒绝的意思

观察与评价时,可以参照以下做法:

① 给出简单的命令(如"把积木放手上")观察婴儿是否理解并执行,记录其反应速度和动作准确性。

② 在告别的情境中,观察婴儿是否用挥手等方式表示再见。

③ 观察婴儿不愿意接受某事物时,是否用摇头表示拒绝。

(五) 13~18个月幼儿言语交际发展的观察与评价

13~18个月幼儿言语交际主动性增强,开始更积极地自我表达(见表4-3-21)。

表4-3-21 13~18个月幼儿言语交际发展观察评价要点

观察内容	观察评价要点
言语交际	○ 能够主动向他人发出问候 ○ 当有需求时,能够运用简单词汇或短语表达自己的需求

观察与评价时,可以参照以下做法:

① 与他人接触时,观察幼儿是否主动发出问候(如"嗨")或做出友好动作(如挥手)。

② 当有需求时(如饥饿),观察幼儿是否用简单词汇或短语(如"饿了")表达需求。

（六）19～24 个月幼儿言语交际发展的观察与评价

19～24 个月幼儿的言语交际能力有了质的飞跃,对非言语形式的交际依赖减少(见表 4-3-22)。

表 4-3-22　19～24 个月幼儿言语交际发展观察评价要点

观察内容	观察评价要点
言语交际	○ 能够仅仅依赖言语来表达自己的需求和情感 ○ 能够进行简单的、双向的交际会话

观察与评价时,可以参照以下做法:

① 在幼儿表达需要或情感时,观察其是否仅仅使用口头言语而不依赖于表情、手势来表达,记录其表达内容和准确性。

② 发起简单问答或对话,观察幼儿是否积极回应并维持会话,记录其表达的流畅性和逻辑性。

（七）25～30 个月幼儿言语交际发展的观察与评价

25～30 个月幼儿言语交际更加熟练,交际用词的理解和使用更加准确(见表 4-3-23)。

表 4-3-23　25～30 个月婴幼儿言语交际发展观察评价要点

观察内容	观察评价要点
言语交际	○ 能够在需要时主动向成人发出请求

观察与评价时,可以参照以下做法:

需要帮助或有请求时,观察幼儿是否主动向成人表达,如"妈妈,我要喝水"等,记录其表达准确性和清晰度。

（八）31～36 个月幼儿言语交际发展的观察与评价

31～36 个月幼儿言语交际成熟,开始注重言语使用的规范性和表意的清晰性(见表 4-3-24)。

表 4-3-24　31～36 个月幼儿言语交际发展观察评价要点

观察内容	观察评价要点
言语交际	○ 能够在适当的场合使用礼貌用语 ○ 能够向成人清晰地提出自己的要求或需求

观察与评价时,可以参照以下做法:

① 在需要礼貌用语的情境下(如接受帮助、请求物品),观察幼儿是否主动使用"请""谢谢"等礼貌用语。

② 当有需求时(如口渴),观察幼儿是否通过清晰的言语表达需求(如"我要喝水"),记录其表达的逻辑性、清晰度和流畅性。

•案例 4-3-1•

爱说话的华华

观察目标:观察评价婴幼儿言语发展能力

观察对象:小华,男,1 岁 6 个月

观察场景:家庭客厅及户外活动区

观察时间:2022 年 7 月 10 日,12:30—13:00

观察方法：连续记录法

观察记录：

小华在客厅独自玩耍，看到地上的积木，指着积木说："积积，玩。"母亲拿出绘本开始讲故事，小华坐在旁边听。当母亲说到"小狗汪汪叫"时，小华模仿小狗的叫声"汪汪"。小华看到窗外飞过的小鸟，指着说："鸟鸟，飞。"母亲把他带到户外活动区，小华看到其他小朋友在玩球，他跑过去说："球球，给我。"但其他小朋友并没有理会他，继续玩着自己的球，小华站在一旁看着他们玩。母亲询问小华是否想喝水，小华点头并说："水水。"喝完水后，小华进入沙坑玩耍，他尝试用铲子挖沙，并自言自语地说："沙沙，挖挖。"玩了一会儿沙后，小华和母亲回到客厅。小华看到电视上的动物节目，指着屏幕上的大象说："大大，鼻子长。"母亲与小华进行简单的对话，询问他大象在吃什么。小华回答："草草，水水。"而后，他对母亲说："抱抱，睡觉。"小华在母亲的怀抱中逐渐入睡。

分析评价：

小华已经能够识别并命名多种常见物品，如积木、小鸟、球、水等，显示出其词汇量不断增加。他能够使用简单的词汇来表达自己的需求和观察到的事物，这是言语发展的基础。小华开始尝试使用简单句子来表达自己的意思，如"球球，给我"和"抱抱，睡觉"。虽然句子结构相对简单，但已经能够传达出完整的意思，显示出他正在向更复杂的言语结构过渡。在母亲讲故事时，小华能够模仿小狗的叫声，这表明他不仅理解了故事内容，还具备了一定的模仿能力。这种模仿能力对于言语学习至关重要，有助于他掌握新的语音和语调。小华在沙坑中玩耍时，能够结合动作进行描述，如"沙沙，挖挖"。这表明他已经开始尝试用言语来描述自己的行为和所见事物，这是言语发展中的一个重要里程碑。

引导支持：

1. 持续言语刺激：为小华提供丰富的言语环境，多进行面对面的交流，使用多样化的词汇和句子结构来刺激小华的言语发展。

2. 鼓励发音练习：针对小华在发音上的个别不足，可以通过儿歌、童谣等方式引导他进行发音练习，提高发音的准确性和清晰度。

3. 增强言语理解能力：通过故事讲述、日常对话等方式增强小华的言语理解能力，引导他理解更复杂的句子结构和逻辑关系。

4. 培养表达习惯：鼓励小华多表达自己的想法和需求，即使他的表达不够清晰或完整，也要给予积极的回应和鼓励，以培养他良好的表达习惯。

• 案例 4-3-2 •

小惠的言语能力

观察目标：观察评价婴幼儿言语发展

观察对象：小惠，女，1岁4个月

观察场景：托育机构

观察时间：2022年4月1日至2022年4月15日

观察方法：行为检核法

观察记录：见表4-3-25

表4-3-25　小惠言语发展观察记录

观察项目	观察评价要点	是	否
言语理解	○ 能够按照要求指出生活中熟悉的人和物品	√	
	○ 能够听懂一些比较熟悉的句子	√	
	○ 能够理解简短的语句	√	
言语表达	○ 喜欢重复别人说过的话		√
	○ 能够用省略音、替代音、重叠音表达自己的需求	√	
	○ 能够摇头表示不同意和拒绝	√	
	○ 经常挂在嘴边的单词有8个左右		√
言语交际	○ 喜欢模仿发音,模仿常见动物的叫声		√
	○ 能够用伴随表情和字词、动作进行交流	√	
	○ 能够用一个单词表达多种意思,如说"抱"表示要成人抱	√	

分析评价:

小惠的言语发展状况处于该发展阶段的正常范围。她能够听懂一些比较熟悉的句子,能够理解简短的语句,已有一定的言语理解能力。她正在尝试使用不同的声音模式来表达自我,如使用省略音、替代音、重叠音表达自己的需求,这是婴幼儿言语发展的自然阶段。她会摇头表示不同意或拒绝,显示了非言语交际的能力,但在表达方面还存在一定的局限性,如词汇量有限等。她不喜欢重复别人说过的话,这可能与小惠的个性有关,不一定反映她言语发展的不足。

引导支持:

1. 鼓励日常交流。当小惠尝试表达时,无论表达是否清晰,都要给予积极的反馈和鼓励,增强她说话的自信心。提问并引导她回答,如"你今天想玩什么游戏?""你最喜欢哪种颜色?",以此激发她的表达欲望。

2. 模仿与角色扮演。利用小惠喜欢模仿的特点,通过模仿游戏或角色扮演游戏,让她在模拟的情境中练习言语表达和交际技巧。鼓励她模仿成人的言语模式和发音,逐渐纠正她的发音错误和语法问题。

3. 关注情绪与社交发展。关注言语发展的同时,也要关注小惠的情绪与社交。鼓励她与同龄人一起玩耍和学习,通过集体活动促进她的言语交流和社会交往能力。

任务思考

学习评价

表4-3-25　学习评价表

项目	内容	水平				
		优秀	良好	中等	合格	较差
学习态度	按时参与课程学习,如期完成学习任务	5	4	3	2	1
知识领悟	掌握婴幼儿言语发展的观察要点	5	4	3	2	1

续表

项目	内　　容	水平				
		优秀	良好	中等	合格	较差
实践应用	选择适宜的方法对婴幼儿言语发展进行观察记录,分析评价与引导支持	5	4	3	2	1
价值认同	增强观察意识,形成观察习惯,树立正视婴幼儿言语发展个体差异的积极态度	5	4	3	2	1
沟通交流	参与小组讨论,倾听他人观点,清晰表达自己的见解	5	4	3	2	1
合作探究	共同探讨、合理分工,合作完成小组任务	5	4	3	2	1
信息素养	检索相关资料,自主阅读学习	5	4	3	2	1
自我评价						

学习思考

1. 如何通过日常互动来评价婴幼儿的言语理解能力?

2. 在进行婴幼儿言语发展观察评价时,观察者应关注哪几个方面,并说明这些方面对于婴幼儿发展的重要性?

任务四　观察与评价婴幼儿情绪与社会性发展

案例导入

零食大作战

阳阳(男,2岁6个月)在和小伙伴一起玩耍时,看到小伙伴拿着他喜欢的玩具,立刻冲过去想抢夺,遭到拒绝后,开始踩脚、大哭大闹。阳阳的爸爸见状,先把阳阳抱到一旁,轻声安抚他的情绪,等他稍微平静一些后,爸爸温和地询问:"阳阳是不是很想玩那个玩具,所以着急啦?"阳阳边抽泣边点头。爸爸接着说:"你很想玩,这很正常,可是直接去抢是不对的。咱们可以问问小朋友愿不愿意分享,或者等会儿爸爸也给你买。"然后爸爸带着阳阳走到小伙伴面前,鼓励阳阳说:"我可以玩一会你的玩具吗。"小伙伴听到后,和阳阳分享了玩具,两人开心地一起玩了起来。

请思考:案例中的阳阳情绪与社会性发展有什么特点?爸爸是如何有效地引导支持阳阳的行为的?

婴幼儿时期是个体情绪与社会性发展的起始阶段。这一阶段中,婴幼儿开启从最初的自然人逐步向社会人转化的进程,需逐步发展情绪、社会行为、社会适应与自我意识。其中,情绪是个体对客观事物是否契合自身需要的态度体验,伴随表情、动作、语言等外在行为反应;社会行为是个体在人际交往中,对人、事、物呈现的一系列态度体验与外在行为反应;社会适应指个体顺应社会环境调整自身,以维系与社会环境的和谐关系;自我意识指个体对自我的看法和态度。本任务内容围绕情绪、社会行为、社会适应、自我意识这四个方面介绍婴幼儿情绪与社会性的发展。

一、婴幼儿情绪发展的观察与评价

（一）0~3个月婴儿情绪发展的观察与评价

0~3个月婴儿的情绪表达相对直接且原始,情绪变化较为频繁,易受环境影响(见表4-4-1)。

拓展阅读

婴幼儿情绪
发展的特点

表4-4-1 0~3个月婴儿情绪发展观察评价要点

观察内容	观察评价要点
情绪	○ 当尿布湿了会哭泣 ○ 饿的时候会哭泣 ○ 啼哭时听到照护者的安慰能够缓解或停止 ○ 喂奶时听到照护者的声音,能够停止吸吮或改变吸吮速度 ○ 洗澡时能够保持安静或愉悦,甚至能够用手和腿拨水或踢水玩耍 ○ 成人逗玩时能够舞动手脚 ○ 成人向其说话或唱歌时,能够注视成人并表现出愉悦的神态 ○ 当成人对其笑时,能够用微笑回报 ○ 当与成人的脸距离在20—25厘米处时,能够看着成人的脸并对视 ○ 独处的时候,能够四处打量周围的世界

观察与评价时,可以参照以下做法:

① 在尿布湿了后,观察婴儿是否不适和哭泣,记录其情绪反应和强度。

② 饥饿时,观察婴儿是否通过哭泣表达需求,记录其情绪反应和强度。

③ 哭闹时照护者轻柔安慰,观察婴儿是否逐渐停止哭泣,记录其情绪变化过程。

④ 喂奶时,照护者轻声说话,观察婴儿是否停止吸吮或改变吸吮速度。

⑤ 洗澡时,观察婴儿行为表现和情绪状态,记录其是否安静或愉悦、是否用手和腿拨水或踢水玩耍。

⑥ 在成人逗玩时,观察婴儿是否舞动手脚,记录其情绪反应强度和时间。

⑦ 在成人说话或唱歌时,观察婴儿眼神和表情,记录其是否注视成人并表现出愉悦的神态。

⑧ 成人对婴儿笑时,观察婴儿是否微笑回应,记录其表情变化。

⑨ 与婴儿互动时保持20~25厘米的距离,观察其是否注视成人的脸并进行对视。

⑩ 在婴儿独处时,观察其是否能主动四处张望,记录其探索行为频率和持续时间。

（二）4~6个月婴儿情绪发展的观察与评价

4~6个月婴儿情绪逐渐分化,表现出更多的情绪状态(见表4-4-2)。

表4-4-2 4~6个月婴儿情绪发展观察评价要点

观察内容	观察评价要点
情绪	○ 当被照护者怀抱着哼唱歌曲时,能够安静地趴在怀中或随着音乐手舞足蹈 ○ 当照护者用玩具一起游戏时,能够自然发出声音或者表现出高兴的样子 ○ 当专注玩玩具时,玩具突然被收走会伤心哭泣 ○ 当身边没有熟悉的照护者时,陌生人靠近会表现出紧张并哭起来 ○ 当被带到陌生的新环境时,能够好奇地张望周围的新鲜事物 ○ 当被挠痒时,能够大声地笑 ○ 见到熟悉的人能够微笑 ○ 当同时呈现哭和笑的图片时,注视笑脸的时间更长 ○ 当照护者拥抱或抚慰时,能够立即止住因愤怒、饥饿等引起的哭声

观察与评价时,可以参照以下做法:

① 在照护者怀抱着婴儿并哼唱柔和歌曲时,观察其是否安静趴着或随着音乐舞动手脚。

② 使用玩具与婴儿互动时,观察其是否自然发出声音或表现出高兴的神情。

③ 专注玩耍时,突然收走婴儿玩具,观察其是否伤心或哭泣,记录其情绪反应强度和时间。

④ 没有熟悉照护者时,安排陌生成人靠近,观察婴儿是否紧张或哭泣,记录其情绪反应强度和时间。

⑤ 带婴儿进入陌生环境,观察其是否好奇地张望周围,记录其探索行为频率和时间。

⑥ 在婴儿身上(如手掌、脚心)轻柔挠痒,观察其是否大声笑出声,记录情绪反应强度和时间。

⑦ 看到熟悉的人时,观察婴儿是否主动微笑,记录其表情变化和反应强度。

⑧ 同时展示哭和笑的图片,观察婴儿注视时间,判断其对笑脸的关注时间是否更长。

⑨ 在婴儿因愤怒、饥饿等原因哭泣时,由照护者拥抱或抚慰,观察其是否停止哭泣,记录其情绪变化的速度和程度。

(三) 7～9个月婴儿情绪发展的观察与评价

7～9个月婴儿能够更准确地识别和表达自己的情绪,对陌生人和新环境的反应也更为多样化(见表4-4-3)。

表4-4-3　7～9个月婴儿情绪发展观察评价要点

观察内容	观察评价要点
情绪	○ 在照护者在场的情况下,能够愉快地与其他成人互动 ○ 当很高兴地玩玩具时,被突然打断会显得烦躁,甚至会哭闹起来 ○ 被带到陌生的公共场所(如广场或超市等)时会粘着照护者 ○ 照护者在场的情况下,被陌生人抱起时会表现出害羞的表情 ○ 当看到照护者拥抱别的婴幼儿时,会哭泣并表达伤心、生气的情绪 ○ 当完成爬行或挥手动作后,受到成人肯定时会重复该动作 ○ 在成人鼓励下,能够大胆伸手去拿陌生玩具 ○ 当无聊时,能够主动玩玩具来自娱自乐 ○ 在陌生人面前,会捂住自己的脸来掩饰害羞 ○ 当看到害怕的东西时,会紧闭双眼

观察与评价时,可以参照以下做法:

① 在照护者在场时,安排一位陌生成人与婴儿互动,观察其是否能愉快地回应,记录其互动积极性和表情变化。

② 在婴儿专注玩玩具时突然打断,观察其是否烦躁或哭闹,记录其情绪反应强度和时间。

③ 带婴儿前往陌生公共场所,观察其是否紧抓照护者衣物或依偎着照护者。

④ 照护者在场时,让陌生人轻轻抱起婴儿,观察记录其是否害羞(如低头、躲闪)。

⑤ 照护者拥抱其他婴儿时,观察婴儿是否伤心或生气,记录其反应强度和时间。

⑥ 婴儿完成爬行或挥手动作后,给予口头表扬(如"真棒!")或鼓掌,观察其是否重复相应动作。

⑦ 将新玩具放在婴儿视线内但有一定距离的地方,鼓励其伸手拿取,观察婴儿是否尝试,记录其探索意愿和动作表现。

⑧ 在婴儿无聊或等待时,提供几种不同类型的玩具,观察其是否主动拿起玩具玩耍,记录其自娱自乐的表现和时间。

⑨ 安排陌生人靠近婴儿并微笑互动,观察记录其是否表现出掩饰害羞的动作,如用手或衣物遮挡脸部。

⑩ 展示可能引发恐惧的物品或情境(如玩偶突然发出声音),观察记录婴儿的恐惧反应和持续时间。

（四）10～12个月婴儿情绪发展的观察与评价

10～12个月婴儿情绪的社会化表现明显,对他人情绪的理解能力提高,也有简单的调节情绪方法(见表4-4-4)。

表4-4-4　10～12个月婴儿情绪发展观察评价要点

观察内容	观察评价要点
情绪	○ 当看到照护者时,能够主动伸出双臂拥抱 ○ 当渴望得到某物却遭拒绝时,会表现出不满或发脾气 ○ 当被带到陌生环境面对陌生人时,会紧张不安 ○ 当独处时,能够自我寻找乐趣 ○ 当完成某项任务(如自主进食或行走)受到表扬时,会表现出喜悦情绪 ○ 当无聊时,能够运用各种方法吸引成人的注意力 ○ 当感到紧张时,会用吸吮手指的方式缓解 ○ 当感到害怕时,会选择逃避,如转头不看或尝试远离

观察与评价时,可以参照以下做法:

① 照护者出现时,观察婴儿是否主动伸出双臂表示想被拥抱,记录其动作和表情变化。

② 渴望得到某物时被明确拒绝,观察婴儿是否表示不满或发脾气,记录其情绪反应强度和时间。

③ 安排婴儿到陌生环境接触陌生人,观察其是否紧张不安,记录其情绪反应强度和时间。

④ 婴儿独处时,观察其是否通过玩玩具、看图片等方式自我寻找乐趣,记录其自娱自乐的方式和时间。

⑤ 完成某项任务(如自行进食或行走)后给予表扬,观察婴儿是否喜悦(如微笑、欢呼),记录其反应强度和时间。

⑥ 在婴儿无聊时,观察其是否通过发出声音、挥手、制造响声等方式吸引成人注意。

⑦ 在婴儿感到紧张(如陌生环境、分离焦虑)时,观察其是否通过吸吮手指缓解紧张,记录其行为频率和时间。

⑧ 在婴儿感到害怕(如听到大声音)时,观察其是否选择逃避(如转头、躲藏),记录其反应方式和强度。

（五）13～18个月幼儿情绪发展的观察与评价

13～18个月幼儿在社交互动中表现出多样化的情绪反应(见表4-4-5)。

表4-4-5　13～18个月幼儿情绪发展观察评价要点

观察内容	观察评价要点
情绪	○ 当有陌生的来访者时,能够主动打招呼或者向客人微笑示意 ○ 当陌生人向其打招呼时,能够以招手或微笑回应 ○ 当照护者离开时,会表现出哭闹等强烈情绪 ○ 当与照护者重逢时,会表现出高兴、停止哭闹的情绪 ○ 当看到其他幼儿难过、哭泣时,也会跟着难过、哭泣 ○ 当不愿意做某事时,能够摆手、摇头或者用言语表达自己的不满情绪 ○ 拒绝成人喂食,愿意尝试自己用手或者用勺子吃饭 ○ 当面对自己害怕的物品或动物时,表现出逃跑、躲避的行为

观察与评价时,可以参照以下做法:

① 有陌生来访者时,观察幼儿是否主动打招呼或微笑示意,记录其动作和表情变化。

② 在陌生人向其打招呼时,观察幼儿是否招手或微笑回应,记录其回应的及时性和方式。

③ 照护者离开时,观察幼儿是否表现出哭闹等强烈情绪,记录其情绪反应强度和时间。

④ 照护者归来时,观察幼儿是否高兴并停止哭闹,记录其情绪变化情况和动作反应。

⑤ 看到其他幼儿难过或哭泣时,观察幼儿是否有类似的情绪反应,记录其情绪共鸣程度。

⑥ 不愿意做某事时,观察幼儿是否表达不满,记录其表达方式。

⑦ 进餐时,观察幼儿是否拒绝喂食并尝试自己吃饭,记录其自主进食的意愿、方式和能力。

⑧ 面对害怕的事物时,观察幼儿是否表现出逃跑或躲避的行为,记录其反应方式。

(六) 19～24 个月幼儿情绪发展的观察与评价

19～24 个月幼儿能识别更多情绪表情,对情绪的理解和应对能力在逐步增强(见表 4-4-6)。

表 4-4-6　19～24 个月幼儿情绪发展观察评价要点

观察内容	观察评价要点
情绪	○ 能够正确指出吃惊的表情 ○ 能够正确指出啼哭的表情 ○ 能够正确指出生气的表情 ○ 能够正确指出微笑的表情 ○ 当成人用夸张的表情表达滑稽时,能够开怀大笑 ○ 当周围的成人开心地笑时,能够跟着开心大笑 ○ 当照护者归来时,能够主动迎接 ○ 当与照护者玩躲猫猫的游戏时,在看到照护者的时候会开心大笑 ○ 当悲伤时,能够到照护者身边寻求安慰 ○ 当有同伴伤心哭泣时,能够通过言语或动作来安慰同伴

观察与评价时,可以参照以下做法:

① 展示不同表情的图片(如吃惊、啼哭、生气、微笑),观察幼儿是否准确识别并指出这些表情,记录其反应速度和准确性。

② 成人用夸张的表情表达滑稽时,观察幼儿是否开怀大笑,判断其愉悦程度。

③ 成人开心地笑时,观察幼儿是否能跟着大笑,判断其愉悦程度。

④ 照护者归来时,观察幼儿是否主动迎接,记录其情感反应。

⑤ 玩躲猫猫游戏时,观察幼儿看到照护者时是否开心大笑,记录其笑声的频率和愉悦程度。

⑥ 面临悲伤情境时,观察幼儿是否寻求照护者的安慰,记录其寻求安慰的行为和频率。

⑦ 同伴伤心哭泣时,观察幼儿是否安慰同伴,记录其安慰行为的频率和方式。

(七) 25～30 个月幼儿情绪发展的观察与评价

25～30 个月幼儿开始表现出更加细腻的情绪理解与表达能力(见表 4-4-7)。

表 4-4-7　25～30 个月幼儿情绪发展观察评价要点

观察内容	观察评价要点
情绪	○ 能够正确说出照片中的各种情绪,如吃惊、哭泣、生气和微笑等 ○ 当哭闹或者伤心时,能够用言语表达自己的情绪,如"我不开心"等 ○ 当成功完成某项任务时,能够表现出特别兴奋的表情 ○ 能够关注照护者的伤心情绪 ○ 能够坚持照护者不容许他做的事情 ○ 当发脾气不被照护者理会时,能够自己转移注意

观察与评价时,可以参照以下做法:

① 展示各种情绪的图片,询问幼儿图片表示的情绪状态,记录其回答的准确性。

② 哭闹或伤心时,观察幼儿是否用言语表达自己情绪,记录其言语表达的准确性。

③ 成功完成某项任务时,观察幼儿是否表现出兴奋的表情,记录其情绪反应强度和时间。

④ 照护者表现出伤心情绪时，观察幼儿是否关注并表现出安慰，记录其反应方式。

⑤ 面对照护者不容许做的事情时，观察幼儿是否坚持，记录其坚持行为方式和时间。

⑥ 发脾气不被理会时，观察幼儿是否自己转移注意力，记录其情绪调节方式。

（八）31～36 个月幼儿情绪发展的观察与评价

31～36 个月幼儿学会了更多自我安抚和情绪调节的策略，情绪表达也更为恰当（见表 4 - 4 - 8）。

表 4 - 4 - 8　31～36 个月幼儿情绪发展观察评价要点

观察内容	观察评价要点
情绪	○ 能够正确表达自己在生气 ○ 能够较快与新朋友一起玩 ○ 当被成人夸奖时，会表现愉悦的情绪 ○ 当被成人批评时，会表现难过的情绪 ○ 当照护者拥抱或者夸奖别的幼儿时，会表现生气的情绪 ○ 当照护者将喜欢吃的食物给其他幼儿时，会表现生气的情绪 ○ 当哭闹时，能够被其他事物转移注意力 ○ 当生气时，能够尝试转移注意力 ○ 能够将愤怒情绪发泄在物品上

观察与评价时，可以参照以下做法：

① 在幼儿生气时，观察其是否正确表达生气情绪，记录其表达方式和准确性。

② 与新朋友接触时，观察幼儿是否较快融入并一起玩耍，记录其情绪反应情况。

③ 被成人夸奖时，观察幼儿是否愉悦，记录其反应强度和时间。

④ 被成人批评时，观察幼儿是否难过，记录其反应强度和时间。

⑤ 照护者拥抱或夸奖其他幼儿时，观察幼儿是否生气，记录其反应强度和时间。

⑥ 照护者将喜欢吃的食物给其他幼儿时，观察幼儿是否生气，记录其反应强度和时间。

⑦ 幼儿哭闹时引入其他事物（如玩具、音乐），观察其是否转移注意力，记录其注意力转移的速度和效果。

⑧ 幼儿生气时，观察其是否尝试转移注意力，记录其情绪调节方式和效果。

⑨ 幼儿愤怒时，观察其是否将愤怒情绪发泄在物品上（如扔玩具、捶打物品），记录其情绪发泄的方式和时间。

二、婴幼儿社会行为发展观察与评价

（一）0～3 个月婴儿社会行为发展的观察与评价

0～3 个月婴儿社会行为以情绪性沟通为主，尚无特定依恋对象，社会反应泛化（见表 4 - 4 - 9）。

表 4 - 4 - 9　0～3 个月婴儿社会行为发展观察评价要点

观察内容	观察评价要点
社会行为	○ 当看到人的面部表情时活动减少 ○ 当他人对其微笑时，能够微笑回应 ○ 当哭闹时，听到照护者的呼唤声能够安静下来 ○ 当被逗引时，能够表现出明显的情绪反应 ○ 哭的时间逐渐减少，哭声开始分化

观察与评价时，可以参照以下做法：

① 展示不同的面部表情，观察婴儿活动是否减少，记录活动变化。

拓展阅读

婴幼儿情绪观察
与评价的关键要素

拓展阅读

婴幼儿社会性
发展的一般规律

② 成人对婴儿微笑,观察其是否能回应微笑,记录其对不同成人的反应情况。

③ 在婴儿哭闹时,照护者用温柔的声音呼唤其名字或做出安抚,观察其是否逐渐安静,记录其情绪变化和反应时间。

④ 使用玩具、声音或表情等方式逗引婴儿,观察其是否出现明显的兴趣或情绪反应(如张嘴、微笑),记录其反应和强度。

⑤ 观察记录婴儿每日的哭闹时间和频率,判断其哭声是否逐渐减少,是否出现不同类型的哭声(如饥饿、疼痛、疲惫的哭声),分析其情绪表达的分化情况。

(二) 4~6个月婴儿社会行为发展的观察与评价

4~6个月婴儿对照护者有明显的亲近需求,开始有同伴意识(见表4-4-10)。

表4-4-10　4~6个月婴儿社会行为发展观察评价要点

观察内容	观察评价要点
社会行为	○ 当周围有婴儿的声音时,能够转头寻找声音来源 ○ 当看到照护者时,能够伸出两手期望抱抱 ○ 当看到照护者生气或愤怒时,会感到不安而哭泣

观察与评价时,可以参照以下做法:

① 周围播放其他婴儿的声音,观察其是否转头寻找声源,记录其反应速度和准确性。

② 让照护者靠近,观察婴儿是否主动伸出双手表示想被抱起,记录其动作和表情变化。

③ 照护者做出生气或愤怒表情,观察婴儿是否不安或哭泣,记录其情绪反应强度和时间。

(三) 7~9个月婴儿社会行为发展的观察与评价

7~9个月婴儿开始喜欢社会交往,对熟悉的人交往更积极,开始主动与同伴表示友好(见表4-4-11)。

视频

9个月宝宝社会行为:理解成人表情

表4-4-11　7~9个月婴儿社会行为发展观察评价要点

观察内容	观察评价要点
社会行为	○ 能够理解成人面部表情,受到责骂或不高兴时会哭泣 ○ 能够挥手表示再见、招手表示欢迎 ○ 能够注视、伸手去接触另一个婴幼儿 ○ 喜欢交际类的游戏,会笑得非常激动 ○ 对熟悉且喜爱自己的成人会主动要求拥抱

观察与评价时,可以参照以下做法:

① 做出不同的面部表情(如微笑、生气),观察婴幼儿是否能通过表情理解情绪,并在面对责备或严肃表情时是否表现出不安或哭泣。

② 做出挥手再见、招手欢迎等社交动作,观察婴幼儿是否模仿或自发地做出这些动作。

③ 安排婴幼儿与同龄人互动,观察其是否主动注视或伸手去接触对方。

④ 进行简单的交际类游戏(如躲猫猫、拍手歌等),观察婴幼儿是否表现出兴奋和愉悦。

⑤ 在婴幼儿与熟悉且喜爱的成人见面时,观察其是否主动伸出双臂或靠近对方要求拥抱,记录其交往主动性和情感表达。

(四) 10~12个月婴儿社会行为发展的观察与评价

10~12个月婴儿亲子依恋明显,喜欢与成人互动并模仿成人行为;能够执行简单指令,表现出简单礼仪(见表4-4-12)。

表4-4-12　10~12个月婴儿社会行为发展观察评价要点

观察内容	观察评价要点
社会行为	○ 能够经常模仿成人的言行举止 ○ 能够服从简单的指令 ○ 成人帮助其做什么事情时能够配合 ○ 受到表扬后，能够重复之前被认可的行为 ○ 哭闹时容易被照护者安抚 ○ 知道照护者要离开会有情绪反应 ○ 与同伴一起玩玩具时，有对物品的共同注意

观察与评价时，可以参照以下做法：

① 在日常，观察婴儿是否有模仿成人的言行，记录其模仿的行为、频次和准确性。

② 发出简单的指令（如"请拿这个"），观察婴儿是否理解并做出相应的反应。

③ 帮助婴儿完成某项任务（如穿衣、洗漱）时，观察其是否配合（如伸出手、张开嘴），记录其配合程度和主动性。

④ 完成某个行为后给予婴儿明确的表扬（如鼓掌），观察婴儿是否再次尝试该行为，记录其重复行为的频率和积极性。

⑤ 哭闹时由照护者使用轻柔的语调、拥抱或拍背等方式安抚，观察婴儿是否逐渐安静，记录其安抚所需时间和反应。

⑥ 照护者准备离开时，观察婴儿是否不安（如哭泣、抓住照护者衣服），记录其情绪反应的强度和持续时间。

⑦ 与同伴互动时，观察婴儿是否与同伴同时关注同一玩具，记录其共同注意的时间和互动情况。

（五）13~18个月幼儿社会行为发展的观察与评价

13~18个月幼儿开始以物为中心的同伴交往，冲突行为也逐渐增多；依恋行为依然明显（见表4-4-13）。

表4-4-13　13~18个月幼儿社会行为发展观察评价要点

观察内容	观察评价要点
社会行为	○ 能够在提醒下使用"谢谢"等礼貌用语 ○ 与同伴一起玩时，经常为了争夺玩具发生冲突 ○ 能够理解并遵守成人提出的简单的规范要求 ○ 知道照护者要离开会哭并寻找照护者

观察与评价时，可以参照以下做法：

① 分发玩具后轻声提醒幼儿说"谢谢"，观察其是否模仿说出或表现出感谢意图。

② 与同伴玩时，观察幼儿是否因争夺玩具而发生冲突，记录冲突的频率和解决方式。

③ 提出简单的规范要求（如"把玩具放回原处"），观察幼儿是否理解并遵守。

④ 照护者准备离开时，观察幼儿是否哭泣或寻找，记录其情绪反应强度和时间。

（六）19~24个月幼儿社会行为发展的观察与评价

19~24个月幼儿表现出一些亲社会行为，社会交往技能进一步发展（见表4-4-14）。

表 4-4-14　19～24 个月幼儿社会行为发展观察评价要点

观察内容	观察评价要点
社会行为	○ 与人交往时,较少表现出不友好或敌意 ○ 能够模仿照护者的行为 ○ 能够帮忙做简单的事 ○ 较听从照护者的指示,能够为了让照护者高兴而听话

观察与评价时,可以参照以下做法:

① 与同伴或成人互动时,观察幼儿的友好行为,记录其友好行为的频率和表现形式

② 展示简单的行为(如搭积木、画画),观察幼儿是否模仿,记录其模仿的情况。

③ 给予简单的帮助任务(如递东西、整理玩具),观察幼儿是否愿意并能够完成任务,记录其参与度和完成情况。

④ 发出简单指令或要求(如"把书放回书架"),观察幼儿是否听从并执行,判断其行为意愿和原因。

(七) 25～30 个月幼儿社会行为发展的观察与评价

25～30 个月幼儿开始表现出更加成熟和复杂的社交技能,社会行为更明显(见表 4-4-14)。

表 4-4-15　25～30 个月幼儿社会行为发展观察评价要点

观察内容	观察评价要点
社会行为	○ 能够主动表达自己的需要,说出自己想要的东西 ○ 在同伴交往中,表现出一定的合作行为,如将物品递给同伴等 ○ 能够主动发起同伴交往 ○ 能够主动帮助同伴

观察与评价时,可以参照以下做法:

① 需要某物时,观察幼儿是否用言语表达需求,记录其表达的准确性和主动性。

② 与同伴互动时,观察幼儿是否主动分享或帮助同伴,记录合作行为的频率和表现形式。

③ 在日常,观察幼儿是否主动接近同伴并开始互动,记录其发起交往的频率和方式。

④ 同伴需要帮助时,观察幼儿是否主动帮助,记录帮助的方式和频率。

(八) 31～36 个月幼儿社会行为发展的观察与评价

31～36 个月幼儿能够更自如地参与社交活动,与同龄伙伴形成稳定的玩伴关系(见表 4-4-16)。

表 4-4-16　31～36 个月幼儿社会行为发展观察评价要点

观察内容	观察评价要点
社会行为	○ 游戏时能够理解简单的游戏规则 ○ 乐于和其他幼儿一起游戏,并能够不打扰其他幼儿 ○ 知道排队并耐心等待 ○ 开始学习和同伴分享玩具 ○ 能够遵从简单的行为规则并养成习惯

观察与评价时,可以参照以下做法:

① 讲解简单规则(如轮流玩、按顺序进行),观察幼儿是否理解和遵守,记录其规则的理解程度和执行情况。

② 游戏中,观察幼儿是否积极参与并能尊重他人游戏,记录其互动频率和表现。

③ 在需要排队的情境下(如等待滑梯),观察幼儿是否排队并耐心等待,记录其行为表现。

④ 鼓励幼儿与同伴分享玩具,观察其是否愿意分享,记录其分享行为表现和频率。

⑤ 在日常,观察幼儿是否遵守简单的行为规则(如饭前洗手),判断其是否形成习惯。

三、婴幼儿社会适应发展观察与评价

(一) 0~3个月婴儿社会适应发展的观察与评价

0~3个月婴儿社会适应行为是以生理需求满足为基础,对他人没有区分(见表4-4-17)。

表4-4-17　0~3个月婴儿社会适应发展观察评价要点

观察内容	观察评价要点
社会适应	○ 看到主要照护者,能够面露微笑 ○ 能够微笑迎人,看见人能够手舞足蹈表示欢乐 ○ 被抱成习惯的喂奶姿势,能够主动寻找乳头 ○ 当成人对其讲话或拥抱时,能够表现出安静和舒适的状态 ○ 当成人对其哼出愉快的节拍、轻轻摇晃时,能够感到愉悦和放松

观察与评价时,可以参照以下做法:

① 主要照护者出现时,观察婴儿是否能面露微笑,记录其表情变化和反应速度。

② 看到人时,观察婴儿是否通过微笑、挥手或蹬腿等方式表达欢乐,记录其情绪反应和强度,判断对熟悉的人和陌生的人反应是否相同。

③ 将婴儿抱成习惯的哺喂姿势,观察其是否主动寻找乳头,记录其行为反应。

④ 与婴儿讲话或拥抱时,观察其是否身体放松、微笑或安静。

⑤ 哼出愉快的节拍或轻轻摇晃婴儿,观察婴儿反应,判断其是否愉悦和放松。

(二) 4~6个月婴儿社会适应发展的观察与评价

4~6个月婴儿生活适应能力开始显现,形成对主要照护者的依恋(见表4-4-18)。

表4-4-18　4~6个月婴儿社会适应发展观察评价要点

观察内容	观察评价要点
社会适应	○ 用奶瓶喂奶时,能够主动抓住奶瓶 ○ 在陌生的环境里会表现出不安 ○ 见到陌生人会躲避 ○ 能够分辨出主要照护者和其他照护者,更喜欢与主要照护者在一起

观察与评价时,可以参照以下做法:

① 用奶瓶喂奶时,观察婴儿是否主动伸手并抓住奶瓶。记录其抓握稳定性及是否需要辅助。

② 带婴儿进入一个陌生的环境(如新的公园、商场),观察其是否表现出不安(如哭泣、紧抓照护者),记录其情绪反应强度和时间。

③ 引入陌生成人(如朋友、亲戚),观察婴儿是否通过躲避、转身或哭泣来表达不安,记录其反应。

④ 主要照护者和其他照护者同时在场时,观察婴儿是否更倾向于靠近主要照护者,记录其对不同照护者的反应和偏好。

(三) 7~9个月婴儿社会适应发展的观察与评价

7~9个月婴儿对陌生人焦虑明显,生活适应能力进一步发展(见表4-4-19)。

表4-4-19 7~9个月婴儿社会适应发展观察评价要点

观察内容	观察评价要点
社会适应	○ 面对陌生人表现出情绪不稳定 ○ 能够在成人的帮助下扶着水杯喝水

观察与评价时,可以参照以下做法:

① 引入陌生成人,观察婴儿是否不安、哭闹或躲避,记录其情绪反应的强度和时间。

② 引导用手扶住水杯并喝水,观察婴儿是否配合并饮水,记录其动作协调性和自主性。

(四) 10~12个月婴儿社会适应发展的观察与评价

10~12个月婴儿明显区分陌生与熟悉的人或环境(见表4-4-20)。

表4-4-20 10~12个月婴儿社会适应发展观察评价要点

观察内容	观察评价要点
社会适应	○ 当面对陌生人时,会表现出焦虑或害怕的情绪 ○ 当面对陌生环境时,能够借由熟悉物品或人缓解不安

观察与评价时,可以参照以下做法:

① 面对陌生人时,观察婴儿对陌生人的反应,记录其是否焦虑、哭泣或退缩。

② 面对陌生环境时,观察有无熟悉物品或人对婴儿的安抚作用。

(五) 13~18个月幼儿社会适应发展的观察与评价

13~18个月幼儿更加依赖熟悉的物品,生活适应能力持续发展(见表4-4-21)。

表4-4-21 13~18个月幼儿社会适应发展观察评价要点

观察内容	观察评价要点
社会适应	○ 能够依赖某些物品进行自我安慰 ○ 看见陌生人会表现出好奇又紧张的情绪 ○ 能够用吸管杯喝水

观察与评价时,可以参照以下做法:

① 提供熟悉的安抚物品(如安抚奶嘴、毛毯),观察幼儿是否在不安时主动使用这些物品,记录其自我安慰的行为表现和对熟悉物品的依赖情况。

② 引入陌生人,观察幼儿是否表现出好奇、紧张等复杂情绪,记录情绪变化反应。

③ 提供吸管杯供幼儿喝水,观察其能否成功,记录适应过程。

(六) 19~24个月幼儿社会适应发展的观察与评价

19~24个月幼儿逐步适应陌生环境,有一定生活自理能力(见表4-4-22)。

表4-4-22 19~24个月幼儿社会适应发展观察评价要点

观察内容	观察评价要点
社会适应	○ 能够融入陌生环境 ○ 能够独立完成一些基本的自理任务

观察与评价时,可以参照以下做法:

① 进入一个陌生的环境(如新的游乐场、朋友家),观察幼儿是否逐渐适应并参与活动,记录其适应时间和行为表现。

② 在日常，观察幼儿是否独立完成一些简单的自理任务（如脱衣服、脱鞋），记录其动作流畅性和完成情况。

（七）25～30 个月幼儿社会适应发展的观察与评价

25～30 个月幼儿自理能力提升，环境适应力增强（见表 4-4-23）。

表 4-4-23　25～30 个月幼儿社会适应发展观察评价要点

观察内容	观察评价要点
社会适应	○ 能够自己穿衣服、穿鞋袜 ○ 能够很快适应新环境，不再怕生

观察与评价时，可以参照以下做法：

① 在穿衣服或鞋袜时，观察幼儿是否尝试自己完成，记录其动作准确性和自主性。

② 进入新的环境（如托育园），观察幼儿适应速度和行为变化，判断其是否较快适应新环境和陌生人。

（八）31～36 个月幼儿社会适应发展的观察与评价

31～36 个月幼儿生活能力增强，对陌生人主动且友好（见表 4-4-24）。

表 4-4-24　31～36 个月幼儿社会适应发展观察评价要点

观察内容	观察评价要点
社会适应	○ 能够完成基本的生活自理行为 ○ 能够帮助家人做一些简单的家务 ○ 能够主动和陌生人打招呼

观察与评价时，可以参照以下做法：

① 在日常中，观察幼儿完成生活自理行为的情况（如自己穿衣、收拾玩具），记录其自主性和完成情况。

② 安排简单家务（如扫地、擦桌子），观察幼儿是否愿意并能完成任务，记录其参与度和完成情况。

③ 遇到陌生人时，鼓励幼儿主动打招呼（如"你好""再见"），观察其是否愿意。

四、婴幼儿自我意识发展观察与评价

（一）0～3 个月婴儿自我意识发展的观察与评价

0～3 个月的婴儿自我意识尚未显现。他们专注于基本生理需求的满足，如饥饿、睡眠和舒适感。此时，他们的感官系统虽在发展，但无法区分自己与外界，主要通过本能反应与主要照护者互动，初步建立与世界的联系。

（二）4～6 个月婴儿自我意识发展的观察与评价

4～6 个月婴儿核心自我开始萌芽，对自我控制感增强，能意识到自我的存在（见表 4-4-25）。

表 4-4-25　4～6 个月婴儿自我意识发展观察评价要点

观察内容	观察评价要点
自我意识	○ 喜欢自己发出的声音，经常呢喃 ○ 不断重复动作 ○ 能够对着镜子中的影像微笑，伸手拍拍镜子 ○ 当在视线范围内被呼唤名字时，能够寻找声音的来源

观察与评价时,可以参照以下做法:

① 观察婴儿是否经常呢喃自语,判断其对发声的兴趣。

② 观察婴儿是否不断重复某一动作(如拍拨浪鼓),判断其对身体的控制感。

③ 放置一面镜子,观察婴儿是否对着镜子里的影像微笑,并伸手拍打镜子。

④ 呼唤婴儿名字,观察其是否转头或用眼睛寻找声音来源,记录其反应速度和准确性。

(三) 7~9 个月婴儿自我意识发展的观察与评价

7~9 个月婴儿独立性增强,自我控制开始发展(见表 4 - 4 - 26)。

表 4 - 4 - 26　7~9 个月婴儿自我意识发展观察评价要点

观察内容	观察评价要点
自我意识	○ 当自己的玩具被拿走时,能够表现出反抗的情绪 ○ 能够自己做一些简单的事情 ○ 当成人禁止其做某件事时,能够立刻停下

观察与评价时,可以参照以下做法:

① 拿走婴儿玩具,观察其是否反抗(如哭泣、伸手要回),记录其情绪反应强度和时间。

② 在日常,观察婴儿是否自主做一些简单的事情(如主动抓握东西,自己脱鞋、帽等),判断其自主性。

③ 明确说"不可以"或"停下",观察婴儿是否立刻停止,记录其反应速度和执行情况。

(四) 10~12 个月婴儿自我意识发展的观察与评价

10~12 个月婴儿自我意愿逐渐加强,开始表现出自我认识(见表 4 - 4 - 27)。

表 4 - 4 - 27　10~12 个月婴儿自我意识发展观察评价要点

观察内容	观察评价要点
自我意识	○ 当正在进行的活动被突然禁止或打断时,能够表现出强烈的不满或抗议 ○ 喜欢照镜子、对着镜子做动作

观察与评价时,可以参照以下做法:

① 进行某项活动时,突然打断(如关掉玩具音乐、拿走正在玩耍的物品),观察婴儿是否不满或抗议(如哭闹、尖叫),记录其情绪反应强度和时间。

② 在日常,观察婴儿照镜子时的表现,判断其喜欢程度。

(五) 13~18 个月幼儿自我意识发展的观察与评价

13~18 个月幼儿开始表现出独立的意愿,进入客体自我意识的发展阶段,对物品所有权的意识萌芽(见表 4 - 4 - 28)。

表 4 - 4 - 28　13~18 个月幼儿自我意识发展观察评价要点

观察内容	观察评价要点
自我意识	○ 能够在镜子中识别出自己的形象,并尝试称呼自己的名字 ○ 准确指出自己的身体部位,如鼻子、眼睛等 ○ 不愿把东西给别人,只知道是"我的"

观察与评价时,可以参照以下做法:

① 放置一面镜子,观察幼儿是否识别镜子里的自己并尝试说出自己的名字。

② 询问幼儿身体部位的名称(如"鼻子在哪里?"),观察其是否准确指出,记录其反应速度和准

确性。

③ 尝试拿走幼儿的玩具,观察其是否不愿给别人,表现出占有欲(如"我的")。

(六) 19~24个月幼儿自我意识发展的观察与评价

19~24个月幼儿的客体自我意识日趋成熟(见表4-4-29)。

表4-4-29　19~24个月幼儿自我意识发展观察评价要点

观察内容	观察评价要点
自我意识	○ 当别人提到自己的名字时,能够意识到是在谈论自己 ○ 能够从一堆照片中辨认出自己的照片

观察与评价时,可以参照以下做法:

① 在与他人交谈时提到幼儿的名字,观察其是否意识到是在谈论自己(如转头、回应),记录其反应及时性和准确性。

② 展示包含幼儿的多张照片,观察其是否准确辨认自己照片,记录其识别速度和准确性。

(七) 25~30个月幼儿自我意识发展的观察与评价

25~30个月幼儿自我控制力提升,物权意识增强(见表4-4-30)。

表4-4-30　25~30个月幼儿自我意识发展观察评价要点

观察内容	观察评价要点
自我意识	○ 能够遵从一定的规则,有一定的自我控制 ○ 能够从一堆照片中挑出自己的照片 ○ 能清楚分辨物品的所有权

观察与评价时,可以参照以下做法:

① 设置简单规则(如"等一等""不能摸"),观察幼儿是否遵守,判断其是否有自我控制能力。

② 展示包含幼儿的多张照片,观察其是否准确挑出自己照片,记录其识别准确性和速度。

③ 提供一些物品请幼儿分辨它们的归属,观察其是否正确分辨,记录分辨速度和准确性。

(八) 31~36个月幼儿自我意识发展的观察与评价

31~36个月幼儿表现出一定的自我评价,性别意识增强(见表4-4-31)。

表4-4-31　31~36个月幼儿自我意识发展观察评价要点

观察内容	观察评价要点
自我意识	○ 开始能够正确地表达失望的情绪,有一定的自我控制能力 ○ 能够区分自己和他人的性别 ○ 能够给出自己正面的评价

观察与评价时,可以参照以下做法:

① 在幼儿未能如愿时(如未得到想要的玩具),观察其是否通过言语或表情表达失望,并尝试控制情绪,记录其情绪表达和控制能力。

② 在日常,询问幼儿自己和他人的性别(如"你是男孩还是女孩?""哥哥是男孩还是女孩?"),观察其是否正确回答,记录其性别认知的准确性和表达能力。

③ 提问类似"谁最厉害?"的问题,观察幼儿是否会说"我"或"我最厉害"等,记录其自我评价情况。

·案例 4-4-1·

小浩的情绪日志

观察目标：观察评价婴幼儿情绪发展能力

观察对象：小浩，男，2 岁 7 个月

观察场景：托育机构游戏区及户外活动区

观察时间：2022 年 10 月 15 日

观察方法：连续记录法

观察记录：

　　小浩在游戏区独自玩积木，积木塔突然倒塌，他愣了一下，然后眉头微皱，但很快又笑了起来，自言自语地说："再来一次！"他尝试多次未能成功拼搭，嘟起小嘴。老师鼓励他并示范了一次，小浩看到后再次尝试并成功完成，他拍手大笑。小浩看到户外其他小朋友在玩荡秋千，老师把他带到户外，但轮不到他玩，他拉着老师的手说："我也要玩。"老师安抚他并让他等待机会。当轮到他时，他面带笑容地跑上秋千。玩了一会儿，小浩又回到活动室，发现最喜欢的球不见了，他开始四处寻找。老师帮忙一起找，最终在桌子底下找到了球。小浩接过球，松了一口气，脸上露出微笑。小浩在活动室玩球，不小心将球砸到了墙上，发出很大的声响。他先是吓了一跳，但很快意识到是自己造成的，于是看向老师，轻声说："对不起。"老师微笑着说没关系并招呼他过来一起看绘本。小浩和老师一起阅读绘本，当看到绘本中的悲伤场景时，他的表情变得严肃，甚至眼眶微红。老师解释并安慰他，他逐渐恢复了平静。

分析评价：

　　小浩能够清晰地表达自己的情绪状态，如快乐、沮丧、焦急、满足和歉意等。他能够识别并理解自己和他人的情绪，对挫折和失败有一定的承受能力，并能通过自我安慰或寻求帮助来调节情绪。在情绪调节方面，小浩表现出了良好的适应性和灵活性，能够在不同情境下调整自己的情绪反应。此外，小浩还表现出了一定的同理心，能够感受到故事中的情绪并作出相应的反应。

引导支持：

　　1. 情绪认知教育。照护者可以通过日常生活中的情境，引导小浩认识和理解更多的情绪词汇，帮助他丰富情绪表达的词汇量。

　　2. 情绪调节策略。教授小浩一些简单的情绪调节策略，如深呼吸、数数、转移注意力等，帮助他在面对负面情绪时能够自我调节。

　　3. 同理心培养。通过故事讲述、角色扮演等方式，增强小浩的同理心，让他学会关心和理解他人的情绪。

　　4. 积极反馈。对于小浩在情绪表达、理解和调节方面的积极表现，照护者应给予及时的肯定和表扬，以增强他的自信心和积极性。

·案例 4-4-2·

一起玩

观察目标：观察评价婴幼儿同伴互动能力

观察对象：小雨，女，2 岁 8 个月

观察场景：托育机构户外活动区

观察时间：2021 年 5 月 15 日,14:45—15:30

观察方法：事件取样法

观察记录：见表 4 - 4 - 32

表 4 - 4 - 32　小雨同伴互动行为观察记录表

互动对象	年龄	性别	互动时间(秒)	互动情境	互动起因	互动过程	互动影响
小明	3 岁	男	15	户外活动区,玩具车旁	小雨想玩小明的车	小雨:"我可以玩你的车吗?"	小明点头同意,小雨开心接过车
小红	2 岁 6 个月	女	20	草地上,手拿零食	小雨有额外的饼干	小雨:"你吃饼干吗?"并将饼干递给小红	小红接过饼干,两人边吃边笑
小亮	3 岁 2 个月	男	30	滑梯旁,准备滑滑梯	小亮示范如何正确滑滑梯	小雨模仿小亮的动作,安全滑下	小雨成功滑下,露出得意表情
小花	2 岁 10 个月	女	25	哭泣的小花,摔倒在地	小花不慎摔倒哭泣	小雨上前:"别哭啦,我扶你起来。"	小花停止哭泣,被小雨扶起
小刚	3 岁 4 个月	男	35	沙水区,玩沙子	小雨想一起玩沙子	小雨:"我们一起玩沙子吧!"并招手	小刚加入,两人一起堆沙堡

分析评价:

从观察记录中可以看出,小雨在同伴互动方面表现出了较强的社交能力和适应性。小雨能够主动询问小明是否可以玩他的车,并分享自己的饼干给小红,这表明小雨具有初步的物品所有权意识和分享意识,能够尊重他人的物品,同时也愿意与他人分享自己的资源。小雨能够模仿小亮正确滑滑梯的动作,并成功滑下,这显示了小雨的观察力和学习能力,她能够通过观察他人的行为来学习新的技能或方法。当小花摔倒哭泣时,小雨能够主动上前安慰并扶起她,这表明小雨具有同理心和关心他人的能力,能够在他人遇到困难或不适时给予帮助和安慰。小雨能够邀请小刚一起玩沙子,并成功吸引他加入,这显示了小雨的社交主动性和合作意愿,她能够主动寻求与他人的合作,共同完成任务或活动。

引导支持:

1. 鼓励主动交流:日常生活中,照护者可以多与小雨进行对话,鼓励她主动表达自己的想法和需求。同时,可以引导小雨学会倾听他人的意见和感受,培养她的沟通技巧和同理心。

2. 提供互动机会:为小雨创造更多与同伴互动的机会,如参与小组游戏、共同完成手工作品等。这有助于提升小雨的社会交往和社会适应能力。

3. 培养分享意识:通过故事讲述、角色扮演等方式,向小雨传达分享的重要性和意义。同时,可以在家庭或托育机构中设置分享时刻,鼓励小雨与他人分享自己的玩具、食物等。

4. 引导观察学习:鼓励小雨多观察周围的人和事,特别是同伴的行为和表现。照护者可以引导小雨思考和学习他人的优点和长处,促进自我发展。

任务思考

💬 学习评价

表 4-4-33　学习评价表

项目	内　　容	水平				
		优秀	良好	中等	合格	较差
学习态度	按时参与课程学习,如期完成学习任务	5	4	3	2	1
知识领悟	掌握婴幼儿情绪与社会性发展的观察要点	5	4	3	2	1
实践应用	选择适宜的方法对婴幼儿情绪与社会性发展进行观察记录、分析评价与引导支持	5	4	3	2	1
价值认同	增强观察意识,形成观察习惯,树立正视婴幼儿情绪与社会性发展个体差异的积极态度	5	4	3	2	1
沟通交流	参与小组讨论,倾听他人观点,清晰表达自己见解	5	4	3	2	1
合作探究	共同探讨、合理分工,合作完成小组任务	5	4	3	2	1
信息素养	检索相关资料,自主阅读学习	5	4	3	2	1
自我评价						

💡 学习思考

1. 婴幼儿的情绪与社会性发展是否存在文化差异? 在进行观察与评价时如何考虑这些差异?
2. 谈一谈哪些因素可能会影响婴幼儿的情绪与社会性发展? 具体如何影响?

🍼 育儿 宝典

如何有效地观察评价婴幼儿的发展?

有效地观察评价婴幼儿发展需掌握科学方法,从多维度捕捉成长信号。

1. 日常活动细致观察

在婴幼儿进食、睡眠等日常活动中观察。例如,留意婴幼儿抓握的能力,4 个月左右能否抓握,6 个月左右能否灵活换手,判断其精细动作发展;观察婴幼儿翻身、独坐、爬行等大动作,对应月龄评价运动能力。

2. 互动交流中捕捉信号

与婴幼儿对话、做游戏时,应关注其言语回应和表情反应。例如,0～1 岁婴儿咿呀学语、模仿发音,1 岁后开始说简单词汇,照护者可通过互动了解言语发展进程。同时,观察婴幼儿对不同表情、语气的反应,判断其情感认知发展。

3. 定期观察记录与对比

准备专用记录本或使用育儿记录软件,定期观察记录婴幼儿的成长过程和行为变化等。将记录与婴幼儿发展里程碑对照,如果发现明显滞后,及时咨询专业人士。此外,定期与其他了解婴幼儿的群体分享记录内容,通过多人视角补充观察细节,避免主观判断偏差。

4. 创设丰富观察情境

为婴幼儿创设多元化的探索环境,提供多样的玩具、绘本等材料,观察婴幼儿在不同情境下的探索行为,了解其认知、探索和解决问题的能力。同时,每次观察评价后,及时调整环境设置,增加挑战性活动,持续激发婴幼儿的发展潜能。

实训实践

实训实践一:婴幼儿精细动作发展的观察与评价

内容:请利用在托育机构见实习的机会,以某一位婴幼儿为观察对象,选用适宜的观察方法进行婴幼儿精细动作观察评价。

要求:① 根据婴幼儿的年龄段回顾婴幼儿精细动作观察评价要点。

② 观察婴幼儿行为,撰写婴幼儿精细动作的观察记录。

③ 对照观察评价要点,分析评价婴幼儿精细动作发展情况。

④ 结合分析评价结果,提出科学合理的引导支持策略。

<table>
<tr><td colspan="2" align="center">_____婴幼儿_____情况观察记录表</td></tr>
<tr><td>观察目的:</td><td></td></tr>
<tr><td>观察对象:</td><td></td></tr>
<tr><td>观察方法:</td><td></td></tr>
<tr><td>观察时间:</td><td></td></tr>
<tr><td>观察环境:</td><td></td></tr>
<tr><td>观察记录:</td><td></td></tr>
<tr><td>分析评价:</td><td></td></tr>
<tr><td>引导支持:</td><td></td></tr>
</table>

实训实践二:婴幼儿认知发展的观察与评价

内容:根据观察记录,进行婴幼儿认知发展分析评价并提出引导支持策略。

要求:根据观察记录资料,进行质性处理;基于质性处理结果,进一步进行婴幼儿认知发展分析评价;根据分析评价结果,提出科学合理的引导支持策略。

小宝的认知发展

观察目的:了解婴幼儿认知发展水平

观察对象:小宝,女,2岁5个月

观察场景:家中客厅

观察时间:2024年9月15日

观察方法:连续记录法

观察记录:

今晚,我特意准备了一本色彩鲜艳的图册,打算在睡觉前教小宝认识一些基本的颜色和形状。小宝坐在沙发上,手里拿着一辆玩具小汽车,眼睛不时地望向图册。当图册翻到"颜色认知"这一页时,我指着红色的苹果问小宝:"小宝,这是什么颜色呀?"小宝低头沉思了一会儿,然后抬头回答:"红色!"我笑着给予她肯定和鼓励。接着,我们又一起认识了黄色、蓝色等其他颜色。在认识形状的部分,我展示了圆形、正方形、三角形等图形,并引导小宝用手指去触摸和感受。小宝特别关注圆形,她模仿着我在图册上画了一个又一个的圆形。客厅的天猫精灵突然播放一首欢快的儿歌,小宝立刻放下手中的玩具,手舞足蹈地跟着音乐节奏摇摆起来。歌曲结束后,小宝重新回到了图册旁,她自发地翻到了之前学习颜色的页面,开始用手指指着不同颜色的图案,自言自语地说出它们的名字,虽然有的会混淆,但大部分都能准确识别。随后,我利用图册中的故事场景,进一步引导小宝识别更复杂的图形组合和颜色搭配,比如指出小鸟身上的黄色羽毛和蓝色的天空。小宝虽然还不能完全理解故事的情节,但她在看到画面中鲜艳的颜色和生动的形象不时发出"哇""看"等惊叹词。

分析评价:

引导支持:

实训实践三:婴幼儿情绪与社会性发展的观察与评价

内容:根据观察记录,进行婴幼儿情绪与社会性发展分析评价并提出引导支持策略。

要求:根据观察记录资料,进行质性处理;基于质性处理结果,进一步进行婴幼儿情绪与社会性发展分析评价;根据分析评价结果,提出科学合理的引导支持策略。

探索与边界：社交互动中的触碰行为①

观察目标：观察了解芊芊社交互动中的触碰行为

观察对象：芊芊，女，3 岁 1 个月

观察场景：托育机构活动室

观察时间：2024 年 11 月 15 日，9:00—11:30

观察方法：事件取样法

观察记录：见表 4-4-34

表 4-4-34　芊芊触碰行为观察记录表

序号	发生时间	触碰对象	行 为 表 现
1	9:05	可心	晨间环节，小朋友们坐成一排与教师进行早谈。芊芊转过身子，将双手环住可心的脖子，不停左右晃动。可心皱着眉头，将芊芊的小手掰开，把自己的小椅子往右边挪动了一个位置的距离，坐到远离芊芊的位置。芊芊静静地看着可心
2	9:17	尧尧	盥洗环节，芊芊的右手抓着尧尧的手臂不放。尧尧生气地冲芊芊喊叫，芊芊仍旧抓着他的手臂不放，直到老师过来，跟她说放下，她才放开
3	9:48	可心	集中活动期间，芊芊突然举起双手，捏可心的小脸蛋。可心露出难过的表情，叫老师的名字
4	10:07	澄澄 包包	小朋友们下楼准备进行户外游戏，芊芊先下了楼梯，坐在椅子上。她伸出右手小食指，摸了摸包包的耳垂，包包扭过头去。随后，芊芊两只手并用，抓住包包的手掌。包包缩着身子躲避、挣脱她的触碰。芊芊收回小手，转到另外一边，摸了摸旁边澄澄的脸，澄澄看着其他小朋友下楼没有理会。这时，老师开始讲解户外游戏的规则，芊芊结束了触碰行为
5	10:26	柠柠	户外游戏后，小朋友们坐在长凳上饮水休息。芊芊坐在柠柠旁边，她用手摸了摸柠柠的发饰，柠柠生气看着她，嘴里发出"哎"的制止声，用手推开她的手臂。芊芊仍旧出手，柠柠制止多次

分析评价：

引导支持：

① 本案例由福建省泉州幼儿师范学校附属幼儿园刘冰冰老师提供。

赛证链接

在线练习

赛证 链接

1. 通过观察婴幼儿对陌生人的反应,可以评价其哪一方面的能力?(   )(单选题)

A. 认知能力   B. 情绪管理能力

C. 社会适应能力   D. 动作协调能力

2. 下列哪项可以用于评价婴幼儿认知发展水平?(   )(单选题)

A. 身高体重测量   B. 皮亚杰的认知发展阶段理论

C. 睡眠习惯观察   D. 饮食习惯评价

3. 观察婴幼儿情绪发展,当看到其能表达"我生气了"时,说明其(   )(单选题)

A. 言语表达能力发展良好   B. 情绪识别和表达能力提升

C. 逻辑思维能力发展   D. 社会性发展成熟

4. 观察婴幼儿精细动作发展,发现其能一页一页翻书,这表明(   )(单选题)

A. 手眼协调能力较好   B. 手腕灵活性提高

C. 手指分化能力发展   D. 以上都是

5. 观察婴幼儿自我意识发展,若出现以下哪种表现,说明其自我意识开始萌芽?(   )(单选题)

A. 喜欢模仿成人的动作   B. 对自己的照片表现出兴趣

C. 不愿意与他人分享玩具   D. 以上都是

6. 在观察婴幼儿认知发展时,观察者应主要关注婴幼儿是否准确复述成人讲述的故事内容。(   )(判断题)

7. 通过观察婴幼儿是否正确指认颜色、形状等基本概念,可以有效评价其认知能力的发展水平。(   )(判断题)

8. 婴幼儿动作发展的观察应侧重于其大动作的协调性,精细动作的发展相对不那么重要。(   )(判断题)

9. 婴幼儿在面对挫折时是否自我调节情绪,是评价其情绪调节能力发展的重要指标。(   )(判断题)

10. 婴幼儿认知、言语、动作、情绪与社会性各方面的发展是孤立的,观察与评价时可以分别进行,无需考虑它们之间的相互影响。(   )(判断题)

11. 简述通过搭叠积木观察婴幼儿思维发展水平的要点及评价方法。(简答题)

12. 请说明通过哪些日常活动可以有效观察婴幼儿大动作发展中的跳跃能力。(简答题)

项目五 活动中的婴幼儿行为观察与评价

项目导读

婴幼儿处于人类最稚嫩的阶段,沟通交流能力有限,照护者要通过对婴幼儿行为进行有效的观察、科学的解读、适宜的支持,以促进婴幼儿全面健康发展。本项目围绕婴幼儿一日生活中的关键情境——生活、游戏、交往,展开深度解析。从进餐、如厕、睡眠等基础生活行为的观察要点,到游戏活动中认知发展的线索捕捉,再到交往互动中社会性的评估,系统构建0~3岁婴幼儿行为观察的图谱。

通过学习本项目,学习者将深入理解如何透过行为表象洞察发展需求,培养观察敏感度,让每一次互动都成为支持婴幼儿成长的契机。通过理论与实践的双向渗透,建立起"看见儿童、读懂儿童、支持儿童"的专业自信,为婴幼儿创设适宜的发展环境。

学习目标

1. 了解婴幼儿日常生活行为、游戏行为和交往行为观察的要点。

2. 能够对婴幼儿日常生活行为、游戏行为和交往行为进行观察记录,并尝试结合所学对婴幼儿行为进行分析评价和提出相应的引导支持策略。

3. 具备在活动中观察婴幼儿行为的基本素养,有分析评价婴幼儿行为的意识,用发展的眼光看待婴幼儿。

知识导图

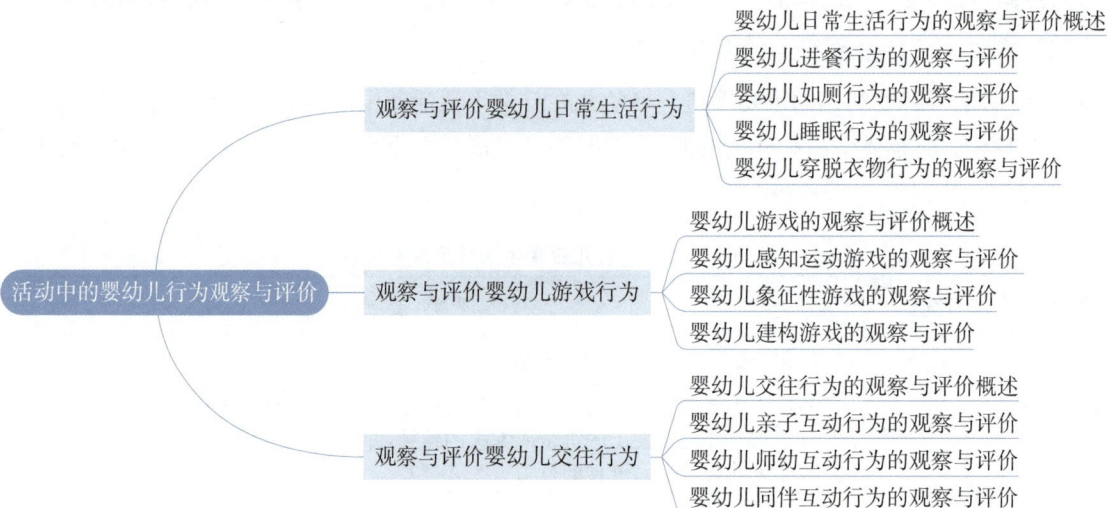

任务一　观察与评价婴幼儿日常生活行为

案例导入

朵朵的鞋子大作战

　　每天午睡后起床,朵朵(女,3 岁)总会在穿鞋时发脾气。明明可以独立穿好拖鞋,但她总是将鞋子踢到角落,光着脚在教室里跑来跑去。老师发现,朵朵尤其抗拒带魔术贴的运动鞋。当老师蹲下轻声问其原因时,朵朵突然哭起来:"这个带子咬我的手指头!"原来她曾被魔术贴划伤过指尖。老师调整策略,先示范如何用拇指按住魔术贴边缘,再握着朵朵的小手一起操作。成功穿好后,朵朵举着鞋子欢呼:"我自己打败小怪兽啦!"

　　请思考:婴幼儿日常生活行为观察包括哪些内容? 请分析评价朵朵的行为,并对其行为提出相应的引导支持策略。

一、婴幼儿日常生活行为的观察与评价概述

　　0~3 岁是婴幼儿人生中最为稚嫩的阶段。日常生活的照料是照护者的重要职责,而细致的观察则是引导婴幼儿发展的关键前提。《托育机构保育指导大纲(试行)》指出:保育工作应当根据婴幼儿身心发展特点和规律,制订科学的保育方案,合理安排婴幼儿饮食、饮水、如厕、盥洗、睡眠、游戏等一日生活和活动,支持婴幼儿主动探索、操作体验、互动交流和表达表现,丰富婴幼儿的直接经验。

(一) 婴幼儿日常生活行为观察的价值

1. 了解婴幼儿行为

　　观察婴幼儿日常生活行为的核心目的在于揭示其内在意识,进而推测其思想、个性等。观察者需在生活情境中收集客观、具体的婴幼儿行为信息,以推测行为的意义和需求。

2. 支持婴幼儿发展

　　婴幼儿的发展是循序渐进的,包括生理和心理、内在与外在多方面。虽然身高、体重等生理变化显而易见,但认知、情绪情感、个性与社会性等方面的发展却难以精确衡量。《托育机构保育指导大纲(试行)》强调:观察婴幼儿的沟通方式和情绪表达特点,正确判断其需求并给予及时、恰当的回应。

(二) 婴幼儿日常生活行为的观察要点

　　日常活动是了解婴幼儿的重要渠道。婴幼儿在日常生活活动中的行为不仅反映了他们的学习与成长,还影响其适应集体生活和社会的能力,对其终身发展具有重要意义。婴幼儿日常生活行为的观察要点见表 5-1-1。

表 5-1-1　婴幼儿日常生活行为观察要点

项目	月份	观 察 要 点
营养与喂养	0~6 个月	有无按需喂养,有无过度喂养或造成饥饿
	7~12 个月	① 每次引入新食物要密切观察婴儿是否有皮疹、呕吐、腹泻等不良反应 ② 注意观察婴儿所发出的饥饿或饱腹的信号,并及时、恰当回应,不强迫喂食 ③ 观察婴儿尝试自己进食的行为

续表

项目	月份	观　察　要　点
	13～24个月	① 鼓励和协助幼儿自己进食,关注幼儿以言语、肢体动作等发出进食需求,顺应喂养 ② 观察幼儿使用水杯喝水的习惯,不提供含糖饮料
	25～36个月	① 引导幼儿认识和喜爱食物,观察并培养幼儿专注进食习惯、选择多种食物的能力 ② 观察并鼓励幼儿参与协助分餐、摆放餐具等活动
睡眠	0～6个月	① 观察婴儿睡眠时间、时长和睡眠模式 ② 观察婴儿睡眠环境是否安静、温湿度适宜 ③ 观察婴儿睡觉过程中是否安稳 ④ 观察婴儿是否自主入睡
	7～12个月	① 识别婴儿困倦的信号,通过常规睡前活动,培养婴儿独自入睡 ② 观察婴儿是否仰卧位或侧卧位姿势入睡,脸和头是否被遮盖 ③ 注意观察婴儿睡眠状态,减少抱睡、摇睡等安抚行为
	13～24个月	① 固定幼儿睡眠和唤醒时间,观察其是否建立规律的睡眠模式 ② 观察并培养幼儿独自入睡的习惯
	25～36个月	① 规律作息,每日有充足的午睡时间 ② 观察并引导幼儿自主做好睡眠准备,养成良好的睡眠习惯
生活与卫生习惯	0～6个月	① 婴儿纸尿裤是否及时更换,大便后是否及时清洗 ② 观察婴儿是否定时大小便
	7～12个月	识别及回应婴儿哭闹、四肢活动等表达的需求
	13～24个月	① 鼓励幼儿及时表达大小便需求,观察其是否形成一定的排便规律,逐渐学会自己坐便盆 ② 观察并协助和引导幼儿自己洗手、穿脱衣服等 ③ 观察并引导和帮助幼儿学会咳嗽和打喷嚏的方法
	25～36个月	① 观察幼儿是否主动如厕 ② 引导幼儿餐后漱口,使用肥皂或洗手液正确洗手,认识自己的毛巾并擦手 ③ 观察并鼓励幼儿自己穿脱衣服

（三）婴幼儿日常生活行为的分析评价

由于婴幼儿的言语能力尚未发育完善,无法通过言语直接表达需求,更多依赖情绪变化来传递感受。在观察记录和分析评价婴幼儿日常生活行为时,可从以下两方面进行思考。

1. 婴幼儿的需要是否得到满足

（1）生理需求。

婴幼儿生理需求分为内在需求（进食、睡眠）与外部需求（衣物舒适度、尿布状态、声光刺激）。因言语能力受限,照护者须通过啼哭等情绪信号判断需求。若排除饥饿、排泄因素仍持续哭闹,需检查身体及环境状况。此外,婴幼儿的精神状态是重要观察指标。面色红润、眼神灵动、活动自如为健康表现;出现面色苍白、哭声微弱、精神萎靡、拒食、异常烦躁或嗜睡等状况,应立即联系保健医生,必要时送医。

（2）心理需求。

婴幼儿心理需求涵盖归属感、情感认同、同伴互动及亲子依恋等要素,构成其社会性发展的基石。以归属感为例,新生儿通过与主要照护者建立依恋关系确立存在认知,该过程常通过非生理需求行为显现。如婴儿通过哭声寻求互动反馈,获得及时回应后恢复平静,此过程实为其对归属感的渴望。当照护者与婴幼儿建立了亲密关系后,若照护者对其他婴幼儿表现出关注或夸奖,婴幼儿可能会表现出生气或反常行为,如尿裤子、哭闹、打或咬其他小朋友等。这些行为背后,可能隐藏着对关注的需求以及对归属感的敏感反应。

• 案例 5-1-1 •

咪咪脱穿裤子①

观察目的：婴幼儿脱衣情况观察

观察对象：咪咪,女,2 岁 4 个月

观察时间：2017 年 3 月 13 日

观察场景：托班盥洗室

观察方法：轶事记录法

观察记录：

在老师的指导下,托一班的小朋友们都来到了盥洗室上厕所。丽丽很快脱掉了裤子开始小便。咪咪不说话,在旁边站着,用手拨拉着裤子。老师看见了,走过去,让咪咪脱掉裤子小便,咪咪无辜地看着老师,一点一点往下搂。直到老师走过去,协助她脱掉了裤子,咪咪顿时变得开心起来,小便完,咪咪还是用同样的方式等待老师帮助她穿裤子。

分析评价：

1. 托班婴幼儿脱衣不到位。婴幼儿衣物整理不到位,主要由于托班婴幼儿手部力量不足,协调性差,脱衣物对他们来说有一定的难度。

2. 托班婴幼儿自理能力差。在上述案例中,咪咪等待老师的协助,反映其自理能力较差。这很有可能是由于成人的过度包办而导致。

引导支持：

1. 分步骤教学法,建立独立意识。将脱/穿裤子的动作拆解为可操作的步骤(如双手抓裤腰→缓慢下蹲→逐层下拉),通过儿歌或拟声词辅助记忆。采用"半协助"过渡模式。初期由老师完成 80% 动作,留最后一步让咪咪体验成功,然后逐渐调整为仅辅助复杂环节(如解开装饰性纽扣),最终过渡到在言语提示下独立操作。

2. 嵌入式手部功能训练。洗手时练习五指张开按压洗手液,餐前进行用勺子舀豆子游戏。创设专项活动区,每日进行 10 分钟个性化训练。

3. 渐进式责任转移机制。先让咪咪帮助娃娃穿脱衣物,建立角色自信;再与能力稍强同伴结对,开展互助活动。

4. 环境适应性调整。改造物理环境,如在盥洗室墙面设置等身高穿衣流程图、配备松紧带改良裤。调整心理环境,每完成一次独立如厕给予一定精神奖励。

2. 环境是否适合婴幼儿

(1) 物质环境。物质环境包括光线、声音、色彩、温度和空间等,这些因素均会影响婴幼儿的日常生活行为。例如,色彩鲜艳的饭菜能刺激其食欲,适宜的温度和光线则有助于加快其入睡速度。

(2) 心理环境。安全、温馨的心理环境,对婴幼儿的日常生活行为影响很大。对于婴幼儿,尤其是新入托的幼儿来说,进餐、如厕、穿脱衣服等简单事务是他们迈向独立的重要标志,但这些过程充满挑战,婴幼儿无法独自完成。因此,照护者需给予充分的鼓励与支持,助力他们在成长道路上稳步前行。

(3) 活动安排。照护者对活动的安排,提供的材料是否得当(如食物过咸或过淡、桌椅高度不适合

-----

① 引自:韩映虹,婴幼儿行为观察与分析[M],上海科技教育出版社出版,2022 年,第 128—129 页,内容有所调整。

等),时间安排是否合理(如饭前批评婴幼儿或睡前剧烈活动等),是否顺应婴幼儿发展程度等因素均影响着婴幼儿的日常生活行为。

(四)婴幼儿日常生活行为的引导支持

1.关注日常生活行为的个体差异性

婴幼儿发展存在差异,日常生活中需关注个体差异,采用个性化生活教育方法,加强对特殊婴幼儿的关注。针对有特殊病情的婴幼儿,照护者要建立详细档案,记录症状和注意事项,与家长合作制定并调整活动方案,在活动中严格执行禁止事项,提供专门条件,关注心理健康,同时兼顾集体需求,避免教育不公平。

2.注重日常生活活动的整合性

日常生活行为指导应注重教育的综合性,整合各类活动内容,注重有机联系,相互渗透,寓教育于生活。一是注重生活经验的整合。例如,进餐活动中,既培养婴幼儿自理能力,又包含卫生常识、规则意识、情绪管理和安全意识等,照护者要依据其表现融合经验,提升适应能力。二是注重活动方式的整合。托育课程由生活、游戏、集中教学等构成,照护者应抓住日常契机拓展教育内容。例如,在体育活动中,通过环境暗示渗透自我保护经验,同时引导学习穿脱衣物,提升自理能力。三是注重教育资源的整合。照护者应整合托育园、家庭、社区的丰富教育资源,使其积极影响婴幼儿成长。要发挥同伴和自身榜样作用,以身作则,强化婴幼儿积极行为。同时邀请家庭、社区参与托育教育,如请医生讲解卫生常识、消防员指导演习等,丰富教育内容。

3.重视日常生活活动的体验性

生活是一种实践和体验,照护者应重视生活活动的体验性,引导婴幼儿参与生活活动,学会自己动手,如削黄瓜皮、自主进食等。同时,关注婴幼儿的情感体验,通过积极的情感体验,促进其自理能力和良好习惯的养成。

4.保持托育机构与家庭的积极合作

家庭是婴幼儿生活的主要场所,良好的家庭生活习惯对其成长至关重要。照护者应与家长保持积极合作,确保家庭和托育园的教育一致性。通过家长委员会、家园宣传栏、亲子活动等方式,加强家园互动,帮助家长掌握科学的生活教育方法。同时,尊重家庭差异,借鉴家庭教育经验,推广家托共育的成功案例,促进家庭间的交流。

二、婴幼儿进餐行为的观察与评价

(一)婴幼儿进餐行为的观察要点

1.0～6个月婴儿的进餐活动

0～6个月婴儿推荐纯母乳喂养,按需哺乳。若因客观原因需混合喂养或人工喂养,观察侧重点有所不同。

(1)纯母乳喂养的观察要点。观察婴儿的含接姿势和乳母的哺乳姿势,可以参考表5-1-2。

表5-1-2　纯母乳喂养观察记录表

项目	观察要点	记录
含接姿势	上唇上面露出的乳晕比下唇下面露出得多	是/否
	嘴张得很大,乳头和大部分乳晕都在口中	是/否
	嘴唇凸起向外翻,舌头呈勺状	是/否
	下巴贴着乳房,能听到吞咽声	是/否

项 目	观 察 要 点	记 录
哺乳姿势	头和身体呈一条直线	
	头部和颈部有支撑	
	身体贴近母亲	
	贴近乳房,鼻尖对着乳头,即胸贴胸、腹贴腹、下巴对乳房	
	母亲的手呈"C"形托起乳房	

（2）混合喂养和人工喂养的观察要点。人工喂养应注意观察以下要点（表5-1-3）。

表5-1-3　人工喂养观察记录表

观 察 要 点	记 录
奶瓶和奶嘴是否已提前进行清洗和消毒	是/否
是否使用清洁饮用水调制婴儿配方奶粉	是/否
是否严格按照奶粉冲调说明当中水与奶粉的比例、冲调方法进行操作	是/否
奶的温度是否适宜	是/否
奶瓶是否垂直于婴儿的嘴	是/否
喂奶结束时,奶瓶中是否有剩余奶量	是/否
喂奶时长	多少
与上次喂奶的间隔时间	多少
如需挤母乳,标明挤奶间隔	多少
母乳乳汁保持时间及温度等其他方面的信息	……

视频

7个月宝宝
进餐行为:
吃米饼

2. 6～12个月婴儿的进餐活动

6～12个月婴儿仅靠母乳或母乳代用品已无法满足其成长需求。因此,在继续母乳喂养的基础上,应逐步合理地添加辅食。同时,随着婴儿身体运动能力的发展,可开始培养其自我服务技能,例如允许婴儿自己扶奶瓶;在确保安全的前提下,让其把玩餐具等。此外,还需注重培养婴儿良好的饮食习惯和进食行为。观察者可参考表5-1-4进行观察。

表5-1-4　6～12个月婴儿进餐活动观察记录表

项目	观 察 要 点	记 录
食物	喂奶量	多少
	辅食种类	谷类/蔬菜/水果/动物性食物
	辅食添加频次	次数
	辅食形式	液体食物/半固体食物/固体食物
进食反应	是否有过敏症状	是/否
	是否出现呕吐、腹泻等消化不良反应	是/否
	喜好程度	喜欢/一般/拒绝
进食行为	是否尝试自己用手握或抓食物吃	是/否
	是否在固定时间、位置、使用相同餐具进餐	是/否

续表

项目	观察要点	记录
	是否存在偏食、挑食的现象	是/否
卫生	辅食是否单独制作	是/否
	炊具、餐具是否进行清洗消毒	是/否

3. 1~3岁幼儿的进餐活动

在1~3岁幼儿的膳食安排上,应保证乳类食物的量,选择营养丰富和易消化的食物,逐渐帮助婴幼儿过渡到多样食物。可以从以下八个方面进行观察(表5-1-5)。

表5-1-5 1~3岁幼儿进餐观察要点①

项 目	观 察 要 点
进食环境	① 在哪里进食(餐厅、活动室、走廊或其他地点) ② 谁负责供应食物(照护者或其他工作人员) ③ 是否能自行决定所要选取的食物 ④ 环境是否安静、轻松、嘈杂、忙乱 ⑤ 食物份量是否充足,是否能根据需要多取食一点
对进食环境的反应	① 对食物接受/期盼/挑剔/抗拒 ② 进食时严肃/很轻松 ③ 走向餐桌时害怕/热切/积极/胆怯
食量	① 非常少 ② 比较多 ③ 两份 ④ 很多肉 ⑤ 不吃蔬菜 ⑥ 总是吃不够 ⑦ 和他人相比较多
进餐的态度	① 如何使用餐具 ② 是否会使用筷子 ③ 是否用手抓东西吃 ④ 是否边吃边玩 ⑤ 是否扔食物 ⑥ 是否把食物留在口中 ⑦ 进食时是否很有条理 ⑧ 是否将食物弄得一塌糊涂 ⑨ 是否担心吃不够,是否藏匿食物(如把肉圆放在衣服口袋里) ⑩ 在餐桌上是否安逸、躁动、紧张,能够或无法待到结束
进餐时社交情况	① 是否社交,频率高低 ② 与谁交谈 ③ 除了与人交谈外,还会用什么方法与同伴接触 ④ 社交是否比进食更有趣 ⑤ 是否能兼顾社交与进食 ⑥ 是否只和照护者、特殊的朋友社交,或不和任何人说话
对食物的兴趣	① 是否特别喜欢或不喜欢什么食物 ② 对食物有何评论 ③ 进食的速度如何(快或慢)

---

① 引自:施燕,韩春红,学前婴幼儿行为观察[M],华东师范大学出版社出版,2019年,第148—150,内容有所调整。

项　目	观　察　要　点
进餐的过程	① 整个过程的程序如何 ② 做了或说了什么 ③ 成人做了或说了什么
进餐后的行为	① 如何离开座位：热切地说话；撇着嘴；不声不响；流着泪；轻松推回椅子；敲着桌子 ② 随后做了什么：绕着桌子跑；站着说话；站着等候照护者；拿书或玩具；上厕所；帮忙整理餐桌；查看碗中是否还有食物

（二）婴幼儿进餐行为的分析评价

婴幼儿的进餐行为与照护者的养育方式密切相关。观察者可从照护者的喂养观念、饮食行为发展知识以及喂养行为方式等方面进行分析评价。①

1. 照护者的喂养观念

照护者的喂养观念可分为积极引导型、控制型和溺爱放任型三类。其中，积极引导型最为合理。此类照护者在尊重婴幼儿想法的基础上，通过正面鼓励促进自主进食，同时设定必要规则，做到严慈相济。相比之下，控制型照护者往往忽视宽松、自主的进餐氛围，易给婴幼儿造成压力，导致其对进餐失去兴趣。而溺爱放任型照护者过度宠爱，缺乏引导，常使婴幼儿养成不专心进食、挑食、偏食、依赖喂饭等不良习惯。

2. 婴幼儿饮食行为发展知识

（1）生理学知识。婴幼儿的消化能力较弱，需养成安静专注、细嚼慢咽、定时定量的饮食习惯，避免过饱过杂，减少油炸和油腻食物的摄入。部分照护者不了解婴幼儿饮食行为发展的"关键期"，例如"推舌反射"的消失是添加泥糊状或固体辅食的信号，因此未能及时培养婴幼儿良好的进餐行为。此外，一些照护者忽视婴幼儿的饥饱信号，盲目照搬书本或奶粉说明书，甚至出现"强迫定量喂养"现象，易导致婴幼儿产生厌食或拒绝进食等问题。

（2）心理学知识。婴幼儿好奇心强，常将餐具和辅食当作玩具进行探索。若照护者刻意阻止，反而会强化这种行为，使其不专心进餐。随着月龄增长，婴幼儿自主意识增强，会表现出独立进食的欲望，如抢勺子、抓饭菜等。此时，照护者应提供合适餐具，引导婴幼儿提升进食技能，而非一味喂饭，以免养成依赖习惯。此外，婴幼儿模仿性强，照护者的饮食行为会直接影响其饮食习惯。若照护者在进餐时使用电子产品或表现出不良进食习惯（如挑食、狼吞虎咽），婴幼儿也会模仿。同时，婴幼儿以无意注意为主，进餐时的干扰（如看电视、听故事、玩玩具）会降低食欲，影响进食。

3. 照护者的喂养行为方式

（1）食物制作的科学性。一是膳食是否平衡。部分照护者忽视荤素搭配，只准备婴幼儿爱吃的饭菜，加重偏食现象。二是食物性状是否合理。若长期提供细碎食物，不随年龄调整为手指食物或固体食物，婴幼儿可能养成长时间含食不下咽、进食缓慢等不良习惯。

（2）喂养环境的合理性。一是是否定点进餐。从添加辅食起，就应让婴幼儿坐在固定餐椅上进食。部分照护者未为婴幼儿提供固定座位，容易导致婴幼儿边吃边玩，注意力分散。二是是否与他人同桌进餐。婴幼儿在与家庭成员或同伴围坐时，可学习正确进食习惯，同时促进社会性发展。

（3）喂养氛围的融洽性。一是是否打扰或批评婴幼儿进餐行为。此类行为会抑制婴幼儿消化腺分泌，导致消化不良，甚至引发厌食情绪。二是是否树立榜样。照护者应以身作则，养成良好的饮食习惯，避免不良行为对婴幼儿产生负面影响。

（4）忽略饮食行为技能训练。部分照护者担心婴幼儿弄脏或浪费，不让他们使用餐具，或误以为

---

① 乌焕焕，康松玲.0～3岁婴幼儿饮食习惯问题分析与培养建议[J].早期教育（教科研版），2018，（03）：35—38.

婴幼儿会自然学会进食技能而忽略饮食行为训练,导致婴幼儿入园后自主进食能力差。实际上,满足婴幼儿自我进食欲望是培养独立进食行为的重要步骤,也是发展自信心和责任感的基础。

（5）拒食时的应对方式。部分婴幼儿拒绝新食物时,照护者常放弃喂食。事实上,若给予婴幼儿若干次无压力的尝试机会,多数会从拒绝到接受新食物。婴幼儿的"恐新症"需多次呈现食物来克服,而偏食、挑食习惯常与照护者的喂养方式有关。

（三）婴幼儿进餐行为的引导支持

1. 树立科学的喂养观念

科学合理的喂养观念应以积极引导为主,关注婴幼儿饮食行为发展,协助自主进食,及时纠正不良习惯。不恰当的喂养观念（如强制型或放任型）对食物摄入量的负面影响可能超过食物质量本身。

2. 遵循合理的喂养原则

① 规律性原则。一是定时吃饭。1岁内从按需喂哺逐渐过渡到每2～4小时喂一次;1岁左右每天喂养4次,添加辅食;12～18个月逐渐过渡到一日三餐;1.5～3岁每天3次正餐,两次点心,两餐间隔不少于3.5小时。二是定位吃饭。从添加辅食起,让婴幼儿坐在固定餐椅上进食。定量吃饭:保证婴幼儿吃好正餐,避免过多零食,确保营养均衡。

② 均衡性原则。饮食多样:每日餐饮中包含蔬菜、谷物、肉类、蛋类、水果等,避免挑食、偏食。限制零食:零食应在两餐之间给予,避免影响正餐食欲。养成喝水习惯:以白开水为主,避免饮料,帮助婴幼儿养成良好饮水习惯。

③ 自主性原则。随着婴幼儿自主意识增强,可提供"手指食物",像土豆条、香蕉块,锻炼其精细动作与手眼协调能力;同时引导使用餐具,1岁左右练习拿双耳杯,1.5岁左右练习用勺子,2岁左右在成人协助下独立进食,3岁左右学习使用筷子。

④ 快乐性原则。通过变化食物花样、颜色、形状或更换餐具,保持婴幼儿对进餐的新鲜感和兴趣。

⑤ 礼仪性原则。引导婴幼儿学习用餐礼仪,培养礼貌言行举止。

⑥ 榜样性原则。照护者应以身作则,为婴幼儿树立良好饮食习惯的榜样。

⑦ 发展性原则。结合婴幼儿已有经验,开展食育活动,提升其认知水平,促进身心健康发展。

•案例 5-1-2•

三个班级进餐情况①

观察目的:婴幼儿的进餐情况观察

观察对象:托班幼儿,2岁4个月至2岁9个月

观察场景:活动室

观察时间:2016年9月

观察方法:等级评定法

观察记录:

在正式观察记录之前,观察者对三个班的幼儿进行了家庭喂养方式的访谈调查（表5-1-6）,调查结果如下:

托一班:6名幼儿独立进餐,4名幼儿为照护者喂养。

托二班:5名幼儿独立进餐,5名幼儿为照护者喂养。

---

① 引自:韩映虹.婴幼儿行为观察与分析[M],上海科技教育出版社出版,2022年,第122—124页,内容有所调整。

托三班:9名幼儿全部为照护者喂养。

表5-1-6 托班幼儿进餐情况检查记录表

班级	餐次	分配量			幼儿食量			照护者反映			剩余情况		
		多	适中	少	好	一般	不好	好	一般	不好	已回收	未回收	无
托一	早餐		√			√		√					√
	中餐		√		√			√				1	
	晚餐		√			√		√					√
托二	早餐		√			√			√				√
	中餐	√			√				√			2	
	晚餐		√		√				√			3	
托三	早餐	√							√			3	
	中餐		√							√		5	
	晚餐	√			√					√		4	

经过一周的观察,发现托一班照护者反映较好,饭菜分配量及幼儿食量适中,饭菜仅有一次剩余;托三班照护者反映较差、饭菜分配量多、幼儿食量少,饭菜剩余情况多。

分析评价:

1. 照护者喂养方式影响婴幼儿进餐行为。经过调查,托三班幼儿全部都是被照护者喂养,而托一班照护者则要求幼儿独立进餐。不少照护者在对子女的教育中重智力开发,轻行为习惯的培养,绝大多数幼儿在家中的进餐都是由照护者来喂的。除此之外,还有部分幼儿在家中养成了许多不良的进餐习惯,如:进餐时思想分散,注意力不集中;常常将饭菜含在嘴中不咽下去,咀嚼吞咽慢,有时还故意将饭菜呕吐在碗内;边吃饭边玩等。有的幼儿虽然能独立进餐,但习惯不好,满桌满地都是饭粒、菜羹,在进餐速度上也存在很大差别,挑食现象也较普遍。

2. 晚餐用餐情况明显好于午餐用餐情况。由于上午在托育园吃点心,距离午餐时间比较短,所以在吃午饭的时候浪费现象严重。

引导支持:

1. 及时调查、了解幼儿的偏食情况,分析幼儿偏食习惯形成的原因。

2. 因人而异,实施不同的教育方法:

(1) 榜样示范法。根据幼儿"喜模仿""爱表扬"的特点,可利用集体氛围,为其树立榜样。

(2) "打预防针"法。有些幼儿对某种食物会高兴时多吃,不高兴时少吃。针对这类幼儿,可在饭前做一些愉快安静的游戏,通过游戏让他们知道今天吃的是一种营养特别丰富的食物,多吃会长高、变聪明。当幼儿的情绪被调动起来,相互比着吃,往往会吃得很香。

(3) 逐渐加量法。针对从小就不吃某种食物的幼儿,可以采用"逐渐加量"的方法,每次尝试增加一点点。

(4) 物质鼓励法。对偏食、剩饭的幼儿,哪怕是一点点进步,都应给予鼓励,如小红花、小贴画等,调动幼儿积极性,促使其改正偏食和剩饭的不良习惯。

三、婴幼儿如厕行为的观察与评价

（一）婴幼儿如厕行为的观察要点

0～12个月的婴儿尚不具备独立如厕能力，照护者需重点观察其肢体动作和情绪状态，识别并回应婴儿通过哭闹或四肢活动表达的需求。当婴儿出现大小便征兆时，应及时更换尿布、清洗臀部，保持其身体干爽清洁。同时，注意观察婴儿腹股沟或其他褶皱处的皮肤状态，清洁后可涂抹润肤露或润肤油，避免皮肤损伤。

12个月后，照护者应鼓励幼儿及时表达大小便需求，并协助其洗手。此外，需关注幼儿的排便情况，包括大小便的次数、量、颜色等，这些指标可反映其健康状况。同时，了解幼儿如厕能力的发展过程（如表5-1-7），做好观察记录并采取相应措施。

表5-1-7　幼儿如厕的发展过程

年龄	观察要点
1岁半左右	有了分辨干湿的能力，并且在之后几个月的发展中，能在想要上厕所之前感受到便意
1岁半～2岁	能够控制排尿，但是时间较短，只能控制5秒左右
2岁～2岁半	2岁时，控制排尿的时间稍微延长，甚至可以成功地尿在该尿的地方；对排便的控制也日趋成熟，会有个别先学会控制排便；2岁半时，可以自己上厕所，自己解开裤子，在此过程中不会犯太大的错误
2岁半以后	可以短暂地控制排尿和排便
3岁半以后	开始尝试自己擦屁股，但是仍需要长时间的练习

（二）婴幼儿如厕行为的分析评价

不满1岁的婴儿进食后，身体会自然产生排便和排尿的需求，这是一种神经反射活动。随着他们成长，这种反射逐渐减弱。到1岁半左右，幼儿开始通过意识主动控制排便和排尿。2至3岁幼儿的肠道和膀胱控制能力才完全发展。在此期间，幼儿的如厕活动较为依赖成人。因此，照护者需分析幼儿的大小便情况，以便采取相应措施。[①]

1. 从婴幼儿发育方面分析

婴幼儿的如厕能力与发育有关。美国儿科学会建议，如厕训练可在18个月后开始，但个体差异较大，没有统一的训练开始和结束年龄。总体而言，婴幼儿理解如厕并成功完成训练的时间存在个体差异。

2. 从婴幼儿性别方面分析

婴幼儿的如厕能力也存在性别差异。女孩在表达如厕需求、开始训练的时间以及膀胱和肠道控制方面均早于男孩。男孩的排尿训练应先从坐着排尿开始，否则他们可能不愿再坐着排便。

（三）婴幼儿如厕行为的引导支持

1. 尊重婴幼儿个体差异

如厕训练应在婴幼儿生理成熟和心理准备充分后开始，先训练控制大便，再训练控制排尿。忽视婴幼儿的生长发育情况，可能导致焦虑、大小便失禁、拒绝或退缩等行为。如厕训练中，若婴幼儿不服从或出现倒退行为，父母应避免批评或惩罚。

2. 熟悉婴幼儿的如厕规律，提供积极情感支持

如厕训练是循序渐进的过程，照护者需保持耐心，避免因婴幼儿不配合而进行负面评价。注意观

---

① 许琼华,杨小利.婴幼儿生活照护[M].北京:中国人民大学出版社.2023:82.

察婴幼儿如厕前的动作表现,及时引导。成功如厕后,应给予赞扬和鼓励。

3. 培养婴幼儿良好的如厕习惯

照护者应帮助婴幼儿养成规律如厕的习惯,如饭后提醒排便,睡前和起床后提醒排尿。每次排便时间以5分钟左右为宜,避免过长。避免在排便时吃东西或玩耍。此外,教育婴幼儿及时如厕,学习便后整理和自我清洁。

4. 注意如厕环境卫生

保持如厕环境的清洁是舒适如厕的前提。照护者每日需做好盥洗室、厕所和便器的清洁和消毒工作。

·案例 5-1-3·

总是跑着上厕所

观察目的:婴幼儿如厕行为观察

观察对象:婴幼儿12名,2岁8个月—3岁2个月

观察场景:活动室

观察时间:2024年4月15日

观察方法:行为检核法

观察记录:

由于幼儿在吃点心前总是用跑的方式去上厕所,所以照护者决定利用观察表(见表5-1-8)的方式,对幼儿如厕行为进行检核观察,从而探讨幼儿用跑的方式如厕的原因。

表 5-1-8　婴幼儿如厕行为观察记录表

序号	跑的次数	原因				如何处理					反应		
		比赛	跟着跑	习惯行为	抢先回活动室	劝解	制止	请他最后走	请同伴等他	成人带他	立刻改过	依然故我	变本加厉
1	1				1	1					1		
2	1		1			1					1		
3	2	1	1					1		1			1
4	1		1					1				1	
5	1		1				1				1		
6	1		1				1				1		
7	1		1				1				1		
8	1			1							1		
9	1		1					1				1	
10	1		1				1				1		
11	2		1		1		1	1	1				1
12	1		1									1	
合计	14	1	10	1	2	7	4	1	1	1	7	3	2

注:当婴幼儿发生以上行为后,在表格中写"1"。

分析评价：

1. 婴幼儿如厕行为缺乏规则意识。2.5 岁至 3 岁幼儿没有形成比较强烈的规则意识，容易受到同伴的影响。此外，很多婴幼儿为了抢先回到活动室拿到喜欢吃的点心也会采用跑的方式上厕所。从观察结果来看，由于受到同伴影响而去如厕的婴幼儿有 10 人次。

2. 采取劝解引导的方式纠正婴幼儿行为。用言语进行引导，能使婴幼儿更容易接受。从观察结果来看，经过照护者的劝解引导，回到座位有 7 人次。

引导支持：

1. 建立如厕的相关规则，如建立"走路如厕"的规则，向幼儿解释跑步如厕的影响。

2. 训练如厕的年龄适当。一般情况下，婴幼儿在 2～3 岁左右可以进行如厕训练，但由于每个婴幼儿的情况不同，并不是所有婴幼儿在这个阶段都能准备好接受如厕训练，可以等他们准备好了再进行。

3. 积极强化如厕训练。婴幼儿 3 岁以后，成人需采取办法帮他们接受如厕训练，并给予不断的鼓励。

4. 耐心对待如厕训练。训练婴幼儿如厕时一定要有耐心，不要太过着急。

四、婴幼儿睡眠行为的观察与评价

（一）婴幼儿睡眠行为的观察要点

睡眠环节是照护者照料的重要内容，有助于婴幼儿养成生活常规，保障一日活动的顺利开展。婴幼儿睡眠行为的观察要点包括入睡情况、婴幼儿的反应、是否需要特别照护、睡眠中的表现、睡眠状态、对群体的反应以及午睡结束时的状态（表 5-1-9）。

表 5-1-9 婴幼儿睡眠行为观察要点

项目	观察要点
如何入睡	（1）自动睡下或者遵守要求 （2）照护者是否认定婴幼儿已疲倦 （3）午睡是否紧接在午餐后 （4）是否了解自己被期许有什么表现
反应为何	（1）接受：无所谓/高兴 （2）抵制：闲荡/说话/不回应/经常要求上厕所/经常要求喝水/ （3）抗拒：哭泣/绕着屋子跑/跑到屋外
是否需要特别照应	拍抚/靠近坐/带到其他房间
休息时是否有紧张迹象	（1）肢体的紧张：活动量大/躁动 （2）抚慰性的动作：吸吮手指/拉耳朵 （3）寄托于其他对象：娃娃/动物/手帕/毯子/枕头/尿布/其他 （4）经常找借口离开小床
肢体上显现出的需要休息的表现	（1）是否有疲倦的迹象：打哈欠/眼睛发红/心情不愉快/经常跌倒 （2）是否睡觉：时长/睡眠是否安稳 （3）是否需要把玩物件：书/娃娃 （4）如果不睡，是否看起来放松

续表

项目	观 察 要 点
休息时,对群体的反应如何	(1) 躁动与不安:喊叫/大声唱歌/乱跑/在小床下跑/吵别人 (2) 是否有任何交际活动:跟隔邻交谈/打讯号 (3) 是否察知其他婴幼儿的需求:轻声低语/悄声走路
午睡如何结束	(1) 如何醒来:笑着/说着/哭泣着/疲累地/清醒地 (2) 醒来时做什么:安静地躺着/叫人/冲向浴室/开始玩

(二) 婴幼儿睡眠行为的分析评价

婴幼儿良好的睡眠有利于身体发育,增强机体免疫力,恢复体力。保障良好的睡眠是照护者重要的工作。照护者应从睡眠环境、睡前行为、睡眠习惯及身体状况方面去分析评价婴幼儿睡眠行为(表5-1-10)。[①]

表5-1-10 婴幼儿睡眠行为的分析评价要点

项目	分析评价要点
睡前环境	(1) 尿布湿了,有没有及时更换 (2) 卧具是否合适或卧室环境是否适宜。如室内空气污浊,室温过高或过低,过于干燥,灯光过强,噪声过大等
睡前行为	(1) 睡前玩的时间是否过长,过度疲劳,过度兴奋,或受到惊吓,心情恐惧,情绪焦虑等,导致精神难以较抑制 (2) 饮食是否得当。饭吃得过多,吃的食物不易消化,或者吃得过少等
睡眠习惯	(1) 睡眠姿势。睡姿不舒服或胸口受压,会导致呼吸不畅 (2) 能否及时入睡。若不能及时入睡,会导致起床困难 (3) 日常生活发生变化。如由于出门、移住新屋、换新照护者等导致睡眠不好
身体状况	婴幼儿患病。如绕虫病、蛔虫病及体温升高,鼻子不通气等各种疾病

(三) 婴幼儿睡眠行为的引导支持

拓展阅读

婴幼儿睡眠行为
指导策略

良好睡眠习惯的培养离不开照护者的耐心呵护。照护者可以根据观察情况对婴幼儿睡眠开展有针对性的引导支持(表5-1-11)。

表5-1-11 婴幼儿睡眠行为的引导支持要点

项目	引导支持要点
睡前环境	(1) 睡前将婴幼儿的脸、脚和臀部洗净,清洁口腔,排一次尿,并更换好纸尿裤。 (2) 保持室内空气新鲜。应经常开门、开窗通风 (3) 室温以20℃~23℃为宜,过冷或过热都会影响睡眠 (4) 卧室环境要安静。室内灯光最好暗一些。窗帘颜色不宜过深。减少噪声 (5) 为婴幼儿选择一个适宜的床。床的软硬度适中,最好是木板床,以保证婴幼儿脊柱的正常发育 (6) 被褥要干净、舒适,与季节相衬。冬季要有保暖设施,夏季须备防蚊用具。换上宽松的、柔软的睡衣
睡前行为	睡前不做剧烈运动,避免引起婴幼儿过度兴奋
睡眠习惯	(1) 以舒适睡眠姿势为宜。不影响呼吸的情况下,不随意干扰婴幼儿睡眠 (2) 固定入睡时间,保证睡眠质量
身体状况	婴幼儿患病应及时关注养护和治疗,保障睡眠状态

---

① 人力资源和社会保障部,中国就业培训技术指导中心.育婴师[M].北京:海洋出版社,2014:67.

• 案例 5-1-4 •

难入睡的小朋友①

观察目的：婴幼儿的午睡情况观察

观察对象：洁洁,女,2 岁 6 个月;坤坤,男,2 岁 8 个月

观察场景：寝室

观察时间：2020 年 4 月 8 日

观察方法：事件取样法

观察记录：

洁洁是一个乖巧听话的小朋友,各方面能力都不错,就是每次午睡时非常难入睡。有时,老师陪在她旁边摸摸她的头,拍拍她的身体,看着她闭上眼睛一动不动,以为睡着了,结果老师一走开,她马上又睁开眼睛。洁洁的身体不好,她妈妈也总是为她的午睡烦恼。洁洁的午睡记录情况如表 5-1-12。

表 5-1-12 洁洁的午睡记录

午睡情况	周一	周二	周三	周四	周五	入睡率
	没睡	没睡	没睡	没睡	没睡	
午睡行为	开始玩辫子,提醒后躺着不动	躺着不动。老师靠近,闭眼	老师陪伴,身体不动,当中小便 1 次	前 90 分钟闭眼,身体不动,后 30 分钟玩被角	躺着不动,老师靠近,闭眼	0%

坤坤也是一位中午不睡觉的小朋友。每次躺下不到 10 分钟,他就开始叫:"老师,我要解小便。"老师说:"睡觉前每个小朋友都小便过了,怎么你又要去?""老师,我憋不住了!"于是,老师就让他去了。不到 20 分钟,他又说:"老师,我要小便。"这一回,老师没让他去,他整个中午都没有睡着。坤坤的午睡记录情况如表 5-1-13。

表 5-1-13 坤坤的午睡记录

午睡情况	周一	周二	周三	周四	周五	入睡率
	没睡	入睡	没睡	没睡	没睡	
午睡行为	前 30 分不动,后面不停地动,小便 1 次,喊要小便 3 次	不断提醒后入睡,小便 1 次	躺着玩手指,老师靠近,闭眼	躺着玩手指,老师靠近,闭眼	躺着玩手指,老师靠近,闭眼	20%

分析评价：

1. 幼儿不愿意睡觉的表现方式各不相同,主要有以下三种表现。

(1) 安静型。自己玩或躺着不影响别人。

(2) 吵闹型。自己一个人玩,发出声响影响别人。

(3) 寻求关注型。不断制造声音,吸引照护者的注意。

2. 作息时间不规律是影响幼儿睡眠状态的原因之一。有的婴幼儿因为不规律的作息时间而

---

① 引自:韩映虹.婴幼儿行为观察与分析[M].上海科技教育出版社出版,2022 年,第 129—131 页,内容有所调整。

影响到午睡质量。经与家长沟通发现,由于坤坤在托育机构没有睡着,回家后晚上便早早睡觉,有时家中有事又会很晚睡觉,因此形成不良循环。

3. 有的幼儿比较敏感,成人或周围事物的变动或发出声响也会影响午睡。洁洁是比较敏感的孩子,老师一说话或一走动,她就会睁开眼睛。

引导支持:

1. 做好幼儿午睡前的准备工作。
2. 创设良好的午睡环境。
3. 考虑幼儿睡眠需要的个体差异,弹性化安排午睡时间。
4. 针对不同的难入睡原因,采取不同的指导方法。
5. 家园密切配合,培养幼儿良好的午睡习惯。

五、婴幼儿穿脱衣物行为观察与评价

(一) 婴幼儿穿脱衣物行为的观察要点

视频

2岁9个月宝宝
穿脱衣物行为:
自主穿裤子

婴幼儿在不同的发展阶段,其穿脱衣物行为的观察要点不同:

1岁以下:婴儿主要通过观察照护者的动作来学习穿衣行为,尚未具备自主穿脱衣物的能力,但对衣物和身体接触开始产生感知。

1~2岁:幼儿开始尝试主动脱去简单的衣物,如帽子、袜子等,并模仿成人的穿衣动作,但尚不能独立完成。此阶段的穿脱行为更多是探索和模仿。

2~3岁:幼儿表现出更强的独立性,能够尝试自己穿鞋子、袜子,并学习解纽扣等稍复杂的动作。手部精细动作和手眼协调能力逐步发展,但仍需成人适当协助。

3~4岁:幼儿已能较独立地完成穿衣动作,如使用拉链、系皮带、扣纽扣等,手眼协调能力进一步提升,能适应更复杂的衣物结构。

(二) 婴幼儿穿脱衣物行为的分析评价

动作发展:婴幼儿穿脱衣物的能力随年龄增长逐步提升。例如,1岁左右的婴幼儿可配合穿衣,1.5岁左右的幼儿能脱下裤子,2岁左右的幼儿能脱下无鞋带的鞋子,3岁左右的幼儿能扣纽扣,4岁左右的幼儿可在帮助下穿脱衣物。

性别差异:女孩通常在穿衣方面表现出更高的耐心和细致,因此可能更熟练地穿脱衣物。

个体差异:每个婴幼儿的发展速度不同,身体协调性较好的婴幼儿可能更早掌握穿脱衣物技能。教育者需根据个体差异采取个性化教学方法。

照护者支持:照护者的鼓励和正确指导对婴幼儿穿脱衣物能力的提升至关重要。经常得到支持的婴幼儿,其自理能力更强。

(三) 婴幼儿穿脱衣物行为的引导支持

穿脱衣物能力的提升有助于婴幼儿增强自主性和自信心。照护者可提供练习机会,设置专门训练环节,让婴幼儿有足够时间练习。同时,将穿衣过程分步骤教学,逐步教授,帮助婴幼儿理解和掌握。在婴幼儿尝试时,即使做得不好也应给予积极反馈和鼓励。此外,可通过游戏、儿歌、比赛等方式将穿脱衣物变成有趣活动,保持婴幼儿兴趣和动力。

•案例 5-1-5•

庆庆学穿衣

观察目的：幼儿穿衣情况观察

观察对象：庆庆，男，2 岁 5 个月

观察时间：2024 年 9 月 18 日，19:00

观察场景：家中卧室

观察方法：轶事记录法

观察记录：

庆庆洗完澡后，妈妈准备给宝宝穿睡衣。庆庆坚持要自己穿，妈妈便在一旁观察。庆庆拿起睡衣，试图将头套进领口，但尝试了几次都没有成功。庆庆开始变得沮丧，并哭闹起来。妈妈安慰庆庆："没关系，庆庆已经很棒了，妈妈帮你一起穿吧。"庆庆在妈妈的帮助下，穿好了睡衣，情绪也逐渐平静下来。

分析评价：

1. 发展水平：2 岁 5 个月的庆庆已经具备了一定的穿衣意愿和能力，能够尝试自己穿睡衣，这表明庆庆的自理能力正在发展。然而，由于手部精细动作和空间认知能力尚未完全成熟，庆庆在将头套进领口这一步骤上遇到了困难，导致情绪波动。

2. 情绪管理：庆庆在遇到困难时表现出沮丧和哭闹，这是庆庆情绪发展的正常表现。庆庆尚未完全掌握应对挫折的方法，需要成人的引导和支持来学习情绪管理。

3. 亲子互动：妈妈在庆庆遇到困难时，及时给予安慰和帮助，并鼓励庆庆，这种积极的亲子互动有助于庆庆建立安全感和自信心，同时也为庆庆提供了学习如何解决问题的示范。

引导支持：

1. 分解步骤。照护者可以将穿睡衣的过程分解成更简单的步骤，例如先教庆庆如何抓住睡衣的领口，再将头慢慢套进去。可以使用言语提示和动作示范，帮助庆庆理解和掌握每个步骤。

2. 提供辅助。在庆庆尝试自己穿睡衣时，可以提供一些辅助，例如帮助庆庆撑开领口，或者轻轻引导庆庆的头穿过领口。随着庆庆能力的提高，逐渐减少辅助，让庆庆独立完成。

3. 鼓励尝试。即使庆庆没有成功，也要鼓励庆庆的尝试和努力。可以使用积极的语言，例如"庆庆真棒，已经学会抓住领口了！""再试一次，妈妈相信你可以做到！"增强庆庆的自信心。

4. 情绪引导。当庆庆遇到困难并出现情绪波动时，家长需要保持冷静，并帮助庆庆识别和表达情绪。可以使用简单的语言，例如："没关系，妈妈小时候也遇到过这种情况，我们一起想办法解决吧。"帮助庆庆学会管理情绪。

5. 创造轻松氛围。将穿睡衣的过程变成一种游戏，例如和庆庆比赛谁穿得快，或者给庆庆唱穿衣歌等，让庆庆在轻松愉快的氛围中学习穿衣。

任务思考

💬学习评价

表 5-1-14　学习评价表

项目	内　　容	水平				
		优秀	良好	中等	合格	较差
学习态度	按时参与课程学习,如期完成学习任务	5	4	3	2	1
知识领悟	了解婴幼儿日常生活行为观察的要点	5	4	3	2	1
实践应用	能够对婴幼儿日常生活行为进行观察记录,并尝试结合所学对婴幼儿日常生活行为进行分析评价和提出相应的引导支持策略	5	4	3	2	1
价值认同	具备在日常生活活动中观察婴幼儿行为的基本素养,有分析评价婴幼儿日常生活行为的意识,用发展的眼光看待婴幼儿	5	4	3	2	1
沟通交流	参与小组讨论,倾听他人观点,清晰表达自己见解	5	4	3	2	1
合作探究	共同探讨、合理分工,合作完成小组任务	5	4	3	2	1
信息素养	检索相关资料,自主阅读学习	5	4	3	2	1
自我评价						

☞学习思考

1. 请阐述婴幼儿日常生活行为发展里程碑表现。

2. 如何将观察到的婴幼儿日常生活行为评价结果应用于婴幼儿的保教实践中?

任务二　观察与评价婴幼儿游戏行为

案例导入

探索声音的苗苗

苗苗(1.5 岁,女)对家里各种能发出声音的物品特别着迷。妈妈刚把一个空的金属饼干盒放在地板上,苗苗立刻被吸引过去。她先是小心翼翼地用指尖敲了敲盒盖,听到"哒哒"声后,眼睛亮了起来。接着,她尝试用整个手掌拍打盒盖,发出更大的"砰砰"声,她开心地咯咯笑起来。然后,苗苗把盒子翻过来,发现拍打底部声音不同,又尝试了拍打侧面。她拿起一个小塑料球,试着扔进盒子里,听到"咚"的一声后,兴奋地拍手。她反复把球扔进去、捡出来、再扔进去,每次都专注地听不同的落点声音(有时是"咚",有时是"啪")。她还尝试把积木、小勺子,甚至自己的小袜子扔进去,比较它们发出的声音,并模仿这些声音("咚""啪")。当妈妈也拿起一个玩具轻轻敲盒子边缘发出节奏时,苗苗会停下来认真听,然后尝试模仿妈妈的节奏敲打,两人进行着简单的"声音对话"。

请思考:苗苗为什么喜欢反复把不同的物品扔进饼干盒,并比较它们发出的声音? 这反映了该年龄段婴幼儿在游戏中的哪些特点?

一、婴幼儿游戏行为的观察与评价概述

游戏是婴幼儿喜爱的活动,其形式与内容极为丰富。按照不同维度,游戏有很多类型,例如,从婴幼儿认知发展的维度,可以将游戏分为感知运动游戏、象征性游戏、建构游戏和规则游戏等。

(一)婴幼儿游戏行为观察的价值

喜欢游戏是婴幼儿的天性,游戏是婴幼儿最喜欢的活动,婴幼儿大部分时间都是在游戏,所以婴幼儿游戏行为的观察有非常重要而不可替代的价值。

1. 有助于了解婴幼儿发展水平

0~3 岁是婴幼儿非常活跃的一个时期,他们时刻都在活动,游戏是他们活动的重要形式。通过对婴幼儿游戏的观察,照护者可以了解其各方面能力的发展状况,对其感知觉、动作、认知、言语情绪与社会性发展等方面进行有效评估。

2. 有利于照护者开展适宜的游戏指导

婴幼儿发展水平存在个体差异,通过有意识的观察,照护者能够更直观地了解其发展水平,给予适宜的游戏指导和帮助,帮助婴幼儿建立自信,提升游戏水平,发展多种能力。同时,观察经验的累积能够增强照护者观察的敏感性,提升观察力,进而帮助照护者引导婴幼儿在游戏中实现深度学习,促进婴幼儿在游戏中的健康发展。

(二)婴幼儿游戏行为观察要点

在观察婴幼儿游戏行为时,要考虑游戏自身特点及其能够激发出婴幼儿发展的不同方面(表5-2-1)。

表 5-2-1　婴幼儿游戏行为的观察要点①

发展类型	年龄段	观 察 要 点
社会性	0~4 个月	是否喜欢与成人一起游戏
		是否与成人有视线交流和动作上的互动
	5~9 个月	是否主动发起游戏,喜欢成为主动的一方
		是否有模仿或追随成人的行为
	10 个月~2 岁	是否成为主导者,主动发起游戏
		是否掌握一些游戏的基本技能,如等待、轮流、共同参与、假装、重复等
		是否会自娱自乐,自己玩
		是否出现沟通言语与动作
	2~3 岁	是否喜欢和年龄相仿的同伴一起玩
		是否会主动选择喜欢的玩伴
		是否能够调整自己的行为以及适应他人
身体运动	0~7 个月	是否经常进行有规律的重复动作
		是否会进行一些大肌肉动作,比如踢脚,摇动身体
		是否会转动头部、视线追随喜欢的玩具或物体
		是否逐渐喜欢摆弄身边的物体,比如抓、扔、拍、敲
	8 个月~1.5 岁	是否逐渐喜欢追逐嬉戏

---

① 杨道才,刘妍慧.婴幼儿行为观察与指导[M].上海:复旦大学出版社.2023:115—116.

发展类型	年龄段	观 察 要 点
认知与想象力	1.5~3岁	两手同时摆弄的玩具或物体数量是否增加
		如何用手摆弄玩具,如是否逐渐可以手指握紧、抓提稍重的物品、捏拿较小的物体
		是否有目的地摆弄玩具或物品,比如抱着娃娃到想去的地方,模仿成人阅读或打扫,玩倒空、装满的游戏
	3~7个月	是否喜欢参与成人发起的游戏,比如成人和婴幼儿一起玩游戏时,介绍玩具或物品的名称、颜色、形状等,并且示范动作方式,婴幼儿给予微笑、模仿、视线停驻等回应
		是否能够意识到自己可以使玩具或物体移动,进而以拨弄为乐,比如知道自己手臂上举就可以使摇篮上方悬挂的铃铛发出声音而不时拨弄
		是否逐渐区分自己的身体和物体,比如不再执着于以摆弄自己的脚丫、啃手为乐,而开始以摆弄玩具为乐
	8~12个月	是否喜欢模仿成人游戏时的动作、使用的词语与语气,从开始"啊啊"到一个叠字或词
	1~2岁	是否开始玩并喜欢玩角色扮演的游戏,比如假装吃饭、喝水、洗脸等游戏
		是否对于玩具的摆放有自己的想法,比如把几块积木连在一起组成路
		是否能够把两个物体或玩具关联起来,比如茶壶需要茶壶盖,要把茶壶盖盖在茶壶上
	2~3岁	是否在游戏中露出思考的表情,试图通过游戏来理解和探索周围的世界
		是否尝试使用一种及以上的策略来玩游戏或解决游戏中遇到的问题
		是否会用玩具固有玩法之外的方法玩玩具或进行游戏

对婴幼儿游戏行为的观察可以是一次性的,更多的是需要系统性的动态观察。同时,观察需要有效记录才能为婴幼儿的发展提供恰当的"支架"。

(三)婴幼儿游戏行为的分析评价

从婴幼儿的角度分析其游戏行为,重点评价婴幼儿的游戏发展水平(表5-2-2)。

表5-2-2 婴幼儿游戏行为的分析评价要点[①]

项目	观 察 要 点
游戏主题	选择什么主题?对哪些主题较感兴趣?主题的来源如何?主题是如何发展的?主题之间如何交流?
游戏情节	有哪些游戏情节?游戏情节的具体内容是什么?喜欢哪些游戏情节和内容?这些游戏情节和内容反映婴幼儿怎样的生活经验积累?情节的发展是怎样的?
游戏空间	游戏场地是如何布置的?是否合理?场地之间是否有明显的通道?是否有利于主题之间的流动和交往?
游戏材料	选择使用什么类型的材料?对哪些材料感兴趣?是否会操作材料?是否能以物代物?
角色扮演	扮演哪些角色?主要喜欢什么角色?对角色的认知是怎样的?是否能表现角色的行为以及表现到什么程度?角色的交往是怎样的?
同伴互动	是否愿意与同伴互动?互动的人数和频次是怎样的?用何种形式和手段进行互动?是组内还是组外互动?互动的结果是怎样的?
解决问题	遇到什么问题?采用何种手段和方法解决?解决的结果是怎样的?

---

① 陈春梅.学前婴幼儿游戏[M].芜湖:安徽师范大学出版社,2018:73—74.

项目	观察要点
社会性发展	游戏处于什么样的社会性水平？是否遵守游戏规则？对待玩具、同伴的态度是怎样的？
创造性发展	创造性具体表现在哪里（主题、情节、内容、材料的使用、环境的创设、言语的表现等）？创造性的水平是怎样的？

（四）婴幼儿游戏行为的引导支持

1. 学会观察并深入了解婴幼儿游戏

学会观察是成人干预并有效指导婴幼儿游戏的前提。通过观察婴幼儿的游戏行为可以发现其游戏的动机、方式、兴趣并找到合适的干预时机，在尊重婴幼儿游戏自主性的前提下，为其发展提供适宜的环境和教育方式，促进游戏的有效发展。成人要以婴幼儿的想法和年龄特点为出发点，保持同理心进行观察，真正了解婴幼儿的游戏行为，并抓住游戏中的发展契机。

2. 选择适宜的指导方式和策略

成人在干预或指导婴幼儿游戏时，主要通过以下三种媒介。

（1）以自身为媒介干预婴幼儿游戏，具体形式包括：第一，平行游戏，即成人模仿婴幼儿游戏，传递对游戏的关注态度，增进婴幼儿兴趣，并提供可参考的范例或榜样，帮助其掌握游戏技能。第二，共同游戏，即成人直接参与游戏，成为其中的重要角色。第三，旁观者游戏，即成人站在游戏之外，以现实身份指导或干预婴幼儿的游戏。

（2）以材料为媒介，通过提供材料来支持游戏。提供材料时要注意：第一，具有探索性，即提供可以带来丰富触觉体验的材料或通过操作可以使物体发生改变的材料，如纸黏土、太空沙等。第二，具有生活性。婴幼儿的游戏多源于生活，照护者要注意挖掘生活用品的"游戏潜能"，为婴幼儿提供常见又富有创意的材料。

（3）以婴幼儿同伴为媒介。游戏是婴幼儿之间交流互动的良好机会，同伴间的交流更能反映其交往技巧与解决问题能力的发展状况，并增加游戏的时间和兴趣。因此，成人应注意游戏中同伴的参与，发挥同伴效应。

• 案例 5 - 2 - 1 •

各种不一样的水果①

观察目标：观察分析婴幼儿游戏行为

观察对象：托大班，小芃，女，2 岁 11 个月

观察场景：活动室

观察时间：2024 年 5 月 19 日

观察方法：轶事记录法

观察记录：

游戏时间，小芃从小厨房里端来了各式各样的"水果"，有奇异果、柠檬、西瓜等。她笑眯眯对老师说："吃吧！"老师微笑回复："哇，这么多水果，都是什么呢？"小芃边指着水果，边介绍："柠檬、西瓜……"说出了物品的名称。

老师接着说："要两颗黄色的水果吧！"小芃从一堆水果里，找出来两颗柠檬，拿在手里说："1、

---

① 本案例由福建省泉州幼儿师范学校附属幼儿园李秀娟老师提供。

2,吃吧!"老师假装吃了一口:"哎哟,好酸啊!"芄芄马上说:"水,喝水吧!"老师互动道:"那拿一颗大的,泡柠檬水吧! 好吗?"小芄看了看两颗柠檬,自言自语地说:"大、小。"教师立即口头奖励,并说:"对,这是柠檬哥哥,它长得比另外一颗大。"然后教师和小芄干杯,两个人一起享用下午茶。

老师发现近3周岁的小芄对数学的敏感性,于是边喝边启发她:"这里有好多水果,总共有1、2……"小芄加入了点数,她指着小杯子数道:"1、2、3、4、5。"不一会儿,收玩具的音乐响起了,她唱着:"玩具要回家,大家来帮忙……"并将拿出来的东西,一个一个轮流送回小厨房的篮子中。

分析评价:

1. 游戏时情绪愉悦,对身边亲近的人有安全感,愿意主动发起游戏,喜欢帮忙做事,在听到"收玩具"的信号时,有敏感性,会学着收拾玩具。

2. 愿意回答教师提出的简单问题,会说出常用物品的名称。较之开学初单字发音到能说出小短句表达自己的想法,有了很大的进步。

3. 认识常见的水果,能区分黄、绿等常见颜色,并能基于颜色做简单分类,如,将黄色柠檬从水果中挑出,知道1~5数字代表数量,还能区分外表相同但大小不同的物品(柠檬)。

引导支持:

1. 以顺应为原则,尊重小芄的活动选择。及时肯定小芄收玩具的行为,继续激发其自我服务意识。并且针对玩具一点点收的情况,通过"工作展示"的方式,引导她通过模仿,学习几个玩具一起收的新经验。

2. 在生活与游戏中引导小芄回应成人简单的指令,学习表达需求和感受,不断帮助她积累丰富的话语,并鼓励她表达。

3. 结合一日生活,引导她感知常见的水果、蔬菜,学习区分红、黄、蓝、绿基本颜色,进一步理解数字代表数量。如,利用餐前准备和进餐环节,帮助她认识不同的食物;家园联系,在超市购物活动中,引导她认识常见蔬菜和水果,学习购买5以内相应数量的物品;在游戏中,追随她对数的敏感性,给予适当支持。

二、婴幼儿感知运动游戏的观察与评价

感知运动游戏,也称练习性游戏,是婴幼儿游戏发展的最初阶段,包括身体运动游戏、精细动作游戏和感官游戏。这类游戏由简单重复动作组成,是婴幼儿为获得愉快体验单纯重复活动或对新动作进行练习的形式,如摇铃、扔东西、滚球等。

(一)婴幼儿感知运动游戏的观察要点

婴幼儿通过感知运动游戏不断理解周围世界,将已有经验融入新的情境中,这种来自亲身实践的学习是最好的学习。不同年龄段,婴幼儿感知运动游戏的观察要点不同(表5-2-3)。

视频

7个月宝宝感知运动游戏:敲打行为

视频

2岁4个月宝宝感知运动游戏:翻书

表5-2-3 婴幼儿感知运动游戏观察要点

月龄	内容	观察要点
0~3个月	身体动作游戏	俯卧时短暂抬头;四肢对称挥舞;扶坐时颈部有支撑力
	精细动作游戏	双手呈握拳状态;触碰手掌时有抓握反射;无意识地触碰悬挂玩具

续表

月龄	内容	观察要点
	感官游戏	对突发声音有惊跳反应;视线短暂追视黑白卡;触摸柔软布料时安静或皱眉
4～6个月	身体动作游戏	主动仰卧翻身至侧卧;在支撑独坐时直腰;扶站时尝试蹬腿
	精细动作游戏	双手持久抓握玩具;将物品放入口中探索;开始尝试手指张开、触碰物体
	感官游戏	转头寻找熟悉声音;注视彩色玩具时间延长;对不同质地奶嘴的吸吮反应存在差异
7～9个月	身体动作游戏	腹爬协调;独坐稳定并左右转身;扶物站立时单腿尝试抬起
	精细动作游戏	拇指与食指对捏小颗粒;玩具换手动作熟练;拍打、摇晃玩具有目的性
	感官游戏	听到名字能应答;对镜中的自己有反应;闻水果气味时表现出兴趣
10～12个月	身体动作游戏	手膝爬灵活;扶物行走;独站片刻稳定
	精细动作游戏	搭2～3块积木不倒塌;翻书页;用食指戳洞
	感官游戏	辨别常见物品声音;触摸水温(温或凉)时表情发生变化;对音乐节奏有肢体反应
13～18个月	身体动作游戏	独立行走平稳;蹲下捡物后站起协调;扶栏杆上下楼梯
	精细动作游戏	搭3～5块积木;蜡笔抓握(手掌式)涂鸦;开关瓶盖、插拔简单插件
	感官游戏	识别身体部位;区分酸甜苦咸;触摸光滑或粗糙物品的分类尝试
19～24个月	身体动作游戏	行走能避开障碍物;单脚短暂站立;跑跳动作连贯
	精细动作游戏	搭5～8块积木;用勺子进食;穿脱简单鞋袜;串大珠子
	感官游戏	按指令指认颜色;区分软硬物品;闻气味识别常见食物
25～30个月	身体动作游戏	单脚连续跳1～2次;双脚交替下楼梯;骑三轮车初步控制方向
	精细动作游戏	用剪刀剪短直线;捏橡皮泥(搓条);系大纽扣;模仿画竖线
	感官游戏	听故事时注意力持续3分钟以上;区分大小或长短;辨别混合气味
31～36个月	身体动作游戏	单脚跳2～3次;双脚交替上楼梯;攀爬低矮滑梯时动作协调
	精细动作游戏	用剪刀沿线剪;捏橡皮泥压饼或塑形;穿小孔珠子;画封闭圆圈
	感官游戏	识别常见物品气味;对冷热温度快速反应;区分声音远近

(二)婴幼儿感知运动游戏的分析评价

拓展阅读

认识婴幼儿的游戏图式

婴幼儿感知运动游戏的分析评价可以从动作表现、感官互动、材料互动、学习适应等方面入手(见表5-2-4)。

表5-2-4　婴幼儿感知运动游戏的分析评价要点

项目	分析评价要点
大动作表现	○ 动作协调性:观察抬头、翻身、坐、爬、站、走、跳等大动作的姿势协调性(如7—9个月腹爬时四肢配合度),反映肢体协调能力 ○ 发展匹配度:判断动作是否符合年龄发展程碑(如10～12个月独站),反映运动发育节奏 ○ 环境适应性:观察遇障碍物(如台阶、玩具)时的动作调整(如绕行、跨越),反映空间判断与应变能力
精细动作表现	○ 操作精准性:观察手部动作精确程度(如7～9个月时拇指和食指对捏),反映手指分化与控制能力 ○ 双手协作性:观察换手、串珠、按扣等双侧动作配合,反映双手协调能力 ○ 工具的运用:评价使用勺子、蜡笔、剪刀等工具的熟练程度,反映工具认知与动作技能

续表

项目	分析评价要点
感官互动	○ 多感官整合:观察视听追视(如追看玩具同时转头寻声)、触嗅联动(如摸布料同时闻气味),反映感觉统合能力 ○ 反应敏锐度:观察对声音、光影、质地的反应速度,反映感官神经发育水平 ○ 跨感官关联:观察能否将听觉信号与视觉物体匹配(如听指令指物),反映感知与认知的联结能力
材料互动	○ 探索性:观察尝试材料的类型(毛绒、塑料、木质)与玩法(抓、摇、敲、扔),反映感知探索欲望 ○ 理解性:观察是否依据材料的属性进行互动(滚球、捏橡皮泥),反映对物理特性的理解能力 ○ 创造性:观察能否赋予材料新玩法(如把积木当电话"打"),反映动作表征与创造性思维
学习适应	○ 问题解决力:观察遇动作障碍(够不到玩具、积木倒塌)时的调整策略(垫高、重建),反映问题解决能力 ○ 经验迁移性:观察能否将已会动作(如抓握)迁移到新情境(抓不同形状物品),反映学习迁移能力 ○ 主动探索欲:观察是否主动发起动作游戏(爬向玩具、摇晃铃铛),反映内在动机与好奇心

(三) 婴幼儿感知运动游戏的引导支持

1. 构建优质游戏环境

为婴幼儿打造适宜的感知运动游戏环境,既要在物质层面配备丰富多元的游戏素材,也要在心理层面构建平等、尊重且安全的氛围,让婴幼儿能够放心大胆、毫无顾虑地投身游戏之中。

2. 差异化游戏指导策略

身体运动游戏:着重于婴幼儿大肢体动作的锻炼。照护者应遵循循序渐进的原则,搭建安全可靠的游戏场景,给予适度的刺激,并耐心引导婴幼儿参与运动游戏,以此推动其大动作能力的发展。

精细动作游戏:聚焦于婴幼儿手部动作的训练。照护者需为婴幼儿营造自由安全的空间,并准备各类可供操作、探索的玩具。同时,每次提供的玩具数量应合理控制,避免过多造成干扰,建议将玩具分类摆放并做好标识,助力婴幼儿在游戏中实现感知与认知的协同发展。

感官游戏:以婴幼儿的感官体验作为核心要素。照护者在设计游戏时,应紧密结合日常生活,从婴幼儿熟悉的物品、人物以及自身身体特征出发。此外,还要着力营造温馨和谐的游戏氛围,激发婴幼儿主动参与的积极性,促进其多感官整合能力在游戏过程中得到充分发展。

• 案例 5-2-2 •

明明玩猴子摇铃[①]

观察目的:婴幼儿感知运动游戏观察

观察对象:明明,男,9 个月

观察时间:2023 年 10 月 18 日

观察场景:家中卧室

观察方法:轶事记录法

观察记录:

9 个月的明明坐在床上玩,偶然碰到了床铃上面的猴子摇铃,这时候床铃摆动起来并发出悦耳的声音,于是明明用手拉动猴子摇铃,床铃又摆动起来并发出声音,明明兴奋得"哈哈"笑起来,张开两只手臂不停地使劲拉动,床铃不断摆动并发出声音,他开心得嘴里发出"啊啊"的声音,这个过程持续了 2 分钟。

---

① 杨道才,刘妍慧.婴幼儿行为观察与指导[M].上海:复旦大学出版社,2023:117.

分析评价：

1. 出现感知运动游戏，为了获得愉快体验而出现单纯重复性动作。感觉运动游戏主要由简单的重复动作组成，婴幼儿主要是为了感受某种愉快体验而单纯重复某种动作，集中出现在0～2岁期间，0～1岁尤为多见。9个月的明明无意中拉动绳子而出现床铃的摆动并发出悦耳的声音，因此在重复的拉动中体验这种快感。

2. 抓握能力、手眼协调能力进一步增强。7～9个月的婴儿手指抓握能力更加灵活，可以用手抓握物体，且手眼协调能力进一步增强，能够判断出手拉动物体后发出的声音来源。明明通过拉动摇铃而引起床铃的摆动并发出悦耳的声音，说明其抓握能力以及手眼协调能力进一步增强。

引导支持：

1. 提供小的有声玩具，锻炼婴幼儿抓握能力。7～9个月婴儿的精细动作进一步发展。如：能用整个小手拨弄小球，能自己拿来一个玩具再取另一个玩具，还会发现玩具的特点而去反复探索。因此，可以选择大小不一、会发出声响的玩具，吸引婴儿关注并锻炼其抓握能力，促进手的灵活性和协调性的发展。

2. 玩亲子游戏。父母可以和婴幼儿玩亲子游戏，帮助其练习手部动作。手部动作属于精细动作，可以促进智力发展，因此平时可以陪婴幼儿玩一些关于手部动作的亲子游戏。比如：伸手够物，可以拓展婴幼儿的视觉活动范围，使他感觉距离、理解距离，发展手眼协调能力。

3. 不要干扰婴幼儿独自探索。当婴幼儿独自探索因果关系时，不要干扰他。6个月以后的婴幼儿在感觉和视觉发展的基础上，开始探索物体的特性以及通过操作引起的某种因果关系。比如：触碰某事物或按某个按钮会发出声音，拍拍敲敲会发出声响，碰小球会滚动等，他会反复去尝试、探索。当婴幼儿发生这些行为时，注意不要随意介入，只需要静静地在一旁鼓励他、欣赏他。

三、婴幼儿象征性游戏的观察与评价

象征性游戏又称装扮性游戏、想象游戏、假装游戏，是指婴幼儿以代替物为中介，在假想的情境中以模仿和想象扮演角色，以物代物、以人代人的表现形式来表现和反映现实生活体验的游戏活动。

视频
3岁宝宝象征性
游戏：炒菜

（一）婴幼儿象征性游戏的观察要点

观察者对婴幼儿象征性游戏的观察可通过对观察要点的把握，对婴幼儿发展做出更好的判断（表5-2-5）。

表5-2-5　婴幼儿象征性游戏观察要点及发展提示①

项目	观察要点	发展提示
象征性游戏	能否清楚地分辨自我角色、真和假的区别	自我意识
	出现哪些主题和情节	社会经验范围
	动机出自物的诱惑、模仿、意愿	行为的主动性
	行为仅仅指向物还是指向其他角色	社会交往、言语表达
	行为指向哪些对应的角色	社会关系认知

① 施燕，韩春红.学前儿童行为观察[M].上海：华东师范大学出版社，2011：164.

续表

项目	观察要点	发展提示
	行为与角色原型的行为、职责的一致性程度	社会角色认知
	同一主题情节的复杂性和持久性	行为的目的性
	行为是以物品为主还是以角色关系为主	认知风格
	是否使用替代物进行表征	表征思维的出现
	同一情节中是否使用多物替代	想象力
	替代物与原型之间的相似程度	思维的抽象性
	用同一物品进行多种替代	思维的变通性灵活性
	用不同物品进行同一替代	思维的变通性灵活性
	对物品进行简单改变后再用以替代	创造性想象

(二)婴幼儿象征性游戏的分析评价

象征性游戏体现了婴幼儿对环境的同化性定向,是其表达意义的重要方式,语词和意象也是其表达意义的手段。分析婴幼儿象征性游戏可从多个方面进行(表5-2-6)。

表5-2-6　婴幼儿象征性游戏的分析评价要点

项目	分析评价要点
游戏主题和内容	○ 主题多样性:观察游戏主题是否丰富多样,如过家家、医生与病人、超市购物等。主题多样性反映了婴幼儿的生活经验和认知水平 ○ 内容复杂性:观察游戏内容是否具有情节和逻辑,而非简单重复。内容复杂性反映了婴幼儿的想象力和思维能力
游戏材料使用方式	○ 材料替代性:观察婴幼儿是否能用替代物进行游戏,如将积木当作电话,把树叶当作钱币。材料替代性反映了婴幼儿的象征思维和创造力 ○ 使用方式灵活性:观察婴幼儿是否能灵活使用游戏材料,如用同一玩具进行不同游戏,或用不同玩具完成同一游戏。使用方式灵活性反映了婴幼儿思维的灵活性和问题解决能力
游戏语言和互动	○ 言语描述性:观察婴幼儿是否用语言描述行为和想法,如"我是医生,我要给你打针了"。言语描述性反映了婴幼儿的言语表达能力和自我意识 ○ 互动合作性:观察婴幼儿是否能与其他孩子或成人互动合作,如共同完成角色扮演或游戏任务。互动合作性反映了婴幼儿的社交技能和合作能力
游戏情感和体验	○ 情感投入度:观察婴幼儿在游戏中是否表现出积极情感,如开心、兴奋、专注等。情感投入度反映了婴幼儿对游戏的兴趣和享受程度 ○ 情感表达方式:观察婴幼儿如何通过言语、表情、动作表达情感。情感表达方式反映了婴幼儿情感发展水平和情绪管理能力

(三)婴幼儿象征性游戏的引导支持

婴幼儿象征性游戏的引导支持要以注重游戏的趣味性为主,多以感官运动、身体活动、愉快情绪和言语表达为形式,认知参与的成分较少。指导时应避免过度干预,同时可通过以下策略支持婴幼儿的游戏:

(1)创设丰富游戏环境。提供多样化的玩具和道具,设置小厨房、小医院等角色情境,激发婴幼儿创造力和想象力。

(2)观察与参与。在游戏中观察婴幼儿行为,适当参与并引导其发展创造力和解决问题的能力,同时可增强婴幼儿的游戏兴趣,延长游戏持续时间。

(3)鼓励表达与分享。引导婴幼儿用言语表达想法和感受,促进其言语发展和沟通能力的提升。

例如,可通过角色扮演游戏,让其扮演不同角色,表达情感和想法。

（4）尊重孩子选择。让婴幼儿主导游戏,尊重其创意和决策,培养自信和自主性。例如,允许婴幼儿自由选择角色和游戏方式。

（5）丰富生活经验。通过多种途径丰富婴幼儿的生活体验,如参观公园、博物馆等,为其游戏提供多样化的主题和情节。

（6）选择适宜玩具。选择教育价值高、安全性强的玩具,如发声玩具、色彩鲜艳的玩具、可动玩具和动物玩偶,吸引婴幼儿注意力并促进其感官发展。

• 案例 5-2-3 •

许许多多的"糖果"①

观察目标：观察分析婴幼儿游戏行为

观察对象：托大班,小芃,女,2 岁 11 个月

观察场景：户外绿草地

观察时间：2024 年 5 月 19 日

观察方法：轶事记录法

观察记录：

户外游戏时间,小芃玩了一会秋千,接着在绿草地上跑呀跑,不时蹲下来,捡起地上的种子。她跟小伙伴说:"糖糖、糖糖,啊!"然后张开嘴巴,假装吃了一口。见老师在旁边,她走了过来,把种子放进教师的手里。老师回应道:"哇,谢谢你分享好吃的给我,我真开心。"小芃自发地伸出手指头:"1、2、3、4、5、6、5、4……"数到 5 以后,数的顺序开始乱了,老师看着一小把的种子说道:"谢谢小芃给我许多糖果。"老师夸张地吃了一颗:"哇! 甜滋滋真美味。"并问道:"小芃想要买我的糖果吗? 要几颗呀!"小芃说:"2 颗",说完自己从老师手里拿走了两颗。

老师又说道:"咦,我的糖糖都长得一样吗?"小芃说:"不一样。"老师赞许:"宝宝眼睛真亮,那绿色的糖果在哪里?"小芃马上指了出来。接着,老师和小芃开始"流动摊点",老师走到小辰的旁边问道:"小辰,你要买什么颜色的糖果啊?"小芃笑眯眯地说:"吃糖糖吧。"随后小芃根据小辰的需要,拿出 3 颗绿色种子,交给小辰。她鼓鼓掌并拉着老师的手,说:"小芃卖糖糖。"

分析评价：

1. 小芃在户外活动中,情绪自主且愉快,能用简单的语言,主动发起和同伴的交往。

2. 有初步的以物代物的想象力,把圆圆的种子想象成糖果,并迁移生活经验,和身边亲近的人玩起了"买卖糖果"的游戏。

3. 对数量有敏感性,看到一堆的种子时,自主地发起数数的游戏,并能一一对应数到 5。教师基于前期对小芃关于物品数量、大小兴趣的了解,给予相关提问,小芃能积极回应,并且在后续游戏中,自然而然地应用。

引导支持：

1. 以平行游戏的方式加入幼儿的游戏中,与她共同对话、一起游戏,进一步密切师幼间的关系,引导更多的幼儿加入互动游戏中,在活动中,继续鼓励小芃表达自己的需要,丰富她的言语。

2. 结合种子大小、颜色不同的特点,提供透明空瓶子,与小芃玩简单的分类游戏,分类后盖上

---

① 本案例由福建省泉州幼儿师范学校附属幼儿园李秀娟老师提供。

瓶盖,摇晃瓶子,共同倾听瓶子里发出的声音,锻炼她精细动作的发展、培养她的认知能力。

3. 共同寻找户外活动场地中更为丰富的自然物,与小芃开展想象替代游戏。

4. 结合一日生活,与小芃共同开展数数活动,如午餐数小餐具、洗手数小毛巾等,继续提高小芃数的敏感性。

视频

1岁9个月宝宝建构
游戏:堆叠与坚持

四、婴幼儿建构游戏的观察与评价

建构游戏是指婴幼儿按照一定的计划或目的来组织游戏材料或其他物体,使其呈现出一定的形式或结构的活动,如搭积木、做泥工、插积塑、堆雪人、玩沙、玩泥等。建构游戏大约在婴幼儿2岁时发生,并且随着年龄发展逐渐增加。

(一)婴幼儿建构游戏的观察要点

建构游戏是以表征思维为基础,在建构游戏中婴幼儿表达自己对于生活和世界的认识、体验和感受。婴幼儿建构游戏观察要点可参考表5-2-7。

表5-2-7 构造行为观察要点及发展提示①

观 察 要 点	发 展 提 示
对结构材料拼搭接插的准确性和牢固性	精细动作、眼手协调
对造型是先做后想,还是边做边想,或先想好了再做	行为的有意性
构造哪些作品	生活经验
是否按一定规则对材料的形状、颜色有选择地进行构造	逻辑经验
注重构造过程还是不同程度地追求构造结果	行为的目的性
是否会用多种不同材料搭配构造	创造性想象力
构造作品外形的相似性	表现力
构造作品的复杂性	想象的丰富性
是否能探索和发现材料特性并解决构造中的难题	新经验与思维变通

(二)婴幼儿建构游戏的分析评价

建构游戏反映了婴幼儿的认知、动作、社会性和创造力等方面的发展。分析评价婴幼儿建构游戏可以从多个方面进行(表5-2-8)

表5-2-8 婴幼儿建构游戏的分析评价要点

项目	分析评价要点
游戏材料使用方式	○ 材料多样性:观察婴幼儿使用的建构材料是否丰富多样,例如,积木、乐高、拼图、沙子、橡皮泥等。材料多样性反映了婴幼儿的探索兴趣和认知范围 ○ 使用方式灵活性:观察婴幼儿是否能够灵活使用建构材料,例如,用不同的材料搭建相同的结构,或者用相同的材料搭建不同的结构。使用方式灵活性反映了婴幼儿的思维灵活性和创造力 ○ 工具使用:观察婴幼儿是否能够使用工具辅助建构,例如,用铲子挖沙子、用锤子敲打积木等。工具使用反映了婴幼儿的动作技能和问题解决能力

---

① 施燕,韩春红.学前儿童行为观察[M].上海:华东师范大学出版社,2011:164.

续表

项目	分析评价要点
游戏过程和成果	○ 计划性和目的性:观察婴幼儿在建构游戏前是否有计划,例如,想要搭建什么,使用什么材料等。计划性和目的性反映了婴幼儿的思维能力和目标导向 ○ 问题解决能力:观察婴幼儿在建构过程中遇到问题时如何解决,例如,尝试不同的方法,寻求他人帮助等。问题解决能力反映了婴幼儿的思维能力和抗挫折能力 ○ 成果的复杂性:观察婴幼儿建构的成果是否简单重复,还是具有一定的复杂性和创造性。成果复杂性反映了婴幼儿的想象力、空间认知能力和动手能力
游戏互动和合作	○ 独立游戏:观察婴幼儿是否能够独立进行建构游戏,并专注于自己的创作。独立游戏反映了婴幼儿的专注力和自主性 ○ 平行游戏:观察婴幼儿是否能够与其他孩子一起进行建构游戏,但各自专注于自己的作品。平行游戏反映了婴幼儿的社会性发展初期阶段 ○ 合作游戏:观察婴幼儿是否能够与其他孩子合作进行建构游戏,例如,共同完成一个作品,或者分工合作完成不同的部分。合作游戏反映了婴幼儿的社交技能和合作能力
游戏情感和体验	○ 情感投入程度:观察婴幼儿在建构游戏中是否表现出积极的情感,例如开心、兴奋、专注等。情感投入度反映了婴幼儿对游戏的兴趣和享受程度 ○ 成就感和自信心:观察婴幼儿在完成建构作品后是否表现出成就感和自信心,例如,向他人展示作品,或者对自己的作品感到自豪。成就感和自信心反映了婴幼儿的自我意识和情感发展

（三）婴幼儿建构游戏的引导支持

婴幼儿建构游戏的引导支持可以从情境创设、材料探索、情感支持、丰富经验等方面入手。

（1）激发兴趣和创设情境:通过创设有趣的情境主题,如春游后创设动物园的情境,引导婴幼儿观察建筑特点,从而乐于建构。

（2）认识材料和探索学习:先引导婴幼儿认识积木、纸盒等材料,鼓励他们在操作中探索学习建构技法,独立建构简单的物体,并表现其主要特点。

（3）情感支持:关注婴幼儿的情感变化,给予积极的情感回应和支持,帮助婴幼儿在建构游戏中获得尊重与信任,自信与满足。

（4）丰富经验和促进互动:通过丰富婴幼儿的建构经验,促进他们在建构游戏中的互动与合作,培养合作精神。

> •案例 5-2-4•
>
> #### 建构与想象①
>
> 观察目标:托班婴幼儿建构行为
>
> 观察对象:萱萱,女,2 岁 10 个月;欣欣,女,3 岁;圆圆,女,3 岁 1 个月
>
> 观察场景:建构区
>
> 观察时间:2024 年 3 月 20 日,15:20—15:30
>
> 观察方法:轶事记录法
>
> 观察记录:
>
> 镜头一:萱萱拿起一块底积木,在上面随机放上小圆柱,她拿起小方块小心地叠放在圆柱上。突然,其中一块小方块不小心倒塌了,她将作品全部推倒,脸上露出开心的笑容。随后,她抱起旁边的小狗玩偶,手上拿着一根二方柱体积木,沿着小狗毛发的方向移动着,她将小狗上下翻转,仔细地刷洗小狗的每个部位,给小狗刷毛、洗澡。

---

① 本案例由福建省泉州幼儿师范学校附属幼儿园刘冰冰老师提供。

镜头二：欣欣和圆圆两人在玩积木建构游戏。欣欣拿起一块罗马拱形块积木放在耳朵边，开始"喂喂喂"地叫唤。圆圆听到后，拿起拱形块积木放在耳朵边。两人开始聊起天。欣欣问："拔牙呢，你怕不怕？""不怕。"圆圆说。"晚上，我们去跑步吧！""我喜欢比赛，我们去参加走迷宫比赛吧！"两人用"电话"你来我往，聊了很久。

分析评价：

托大班幼儿对"重复""摆弄""堆高""推倒"等常见建构动作感兴趣，对建构材料选用具有盲目性和简单性，结构技能简单、易中断，坚持性差，建构无计划性。托大班幼儿刚接触到积木玩具时，因积木的开放性特质使建构游戏与想象游戏之间容易转换。幼儿根据积木形状特征，将二方柱体当作毛刷、罗马拱形积木当作电话。幼儿年龄越小，以动作与自我参与方式来展开积木游戏的情境就越多，会因积木外形特征而简单将其作为一种替代物。

引导支持：

在建构区增添积木作品图册，供幼儿自主阅读。对托大班幼儿来说，提供过于复杂和抽象的图册无疑超出幼儿的能力范围。直观范例应成为托大班幼儿最主要的模仿对象，可提供直观、简单、易模仿的造型。

任务思考

学习评价

表5-2-9 学习评价表

项目	内 容	水平				
		优秀	良好	中等	合格	较差
学习态度	按时参与课程学习，如期完成学习任务	5	4	3	2	1
知识领悟	了解婴幼儿游戏行为观察的要点	5	4	3	2	1
实践应用	能够对婴幼儿游戏行为进行观察记录，并尝试结合所学对婴幼儿游戏行为进行分析评价，提出相应的引导支持策略	5	4	3	2	1
价值认同	具备在游戏活动中观察婴幼儿行为的基本素养，有分析评价婴幼儿游戏行为的意识，用发展的眼光看待婴幼儿	5	4	3	2	1
沟通交流	参与小组讨论，倾听他人观点，清晰表达自己见解	5	4	3	2	1
合作探究	共同探讨、合理分工，合作完成小组任务	5	4	3	2	1
信息素养	检索相关资料，自主阅读学习	5	4	3	2	1
自我评价						

学习思考

1. 从其他游戏分类维度（如社会性发展的维度），谈谈婴幼儿游戏行为的观察评价要点。
2. 针对不同月龄的婴幼儿设计促进其认知水平发展的小游戏。

任务三　观察与评价婴幼儿交往行为

案例导入

婴幼儿的争抢行为

在小区的婴幼儿活动场中，一群婴幼儿在一起玩耍，突然跳跳（男，2 岁）大声叫起来"这是我的!"然后就和旁边一起玩的睿睿抢起脚踏车来，还开始推搡睿睿，旁边的跳跳妈妈非常着急，赶紧制止，并安抚跳跳："让睿睿一起玩也可以啊，刚刚睿睿还将他的零食分享给你了呢，你不要小气呀!"但是跳跳就是不肯，这让大人们很是尴尬，睿睿奶奶赶紧带着睿睿离开。

请思考：婴幼儿交往行为观察要点包括哪些? 如何分析婴幼儿交往行为，并对其行为提出相应的引导支持策略?

一、婴幼儿交往行为的观察与评价概述

在交往过程中，婴幼儿能够获得思想、情感、言语以及基本的行为方式和规范，这些是人类最重要的特征。从生物人向社会人的转变，离不开社会交往这一重要途径。[①]

（一）婴幼儿交往行为观察的价值

观察婴幼儿交往行为具有多维度的成长价值。从发展评价的角度，婴幼儿与父母、教师、同伴的互动细节（如眼神交流、肢体接触、回应模式等），是判断其言语、认知、情感与社会性发展水平的重要依据。例如，频繁用手指向物品并等待回应的婴幼儿，可能更早展现出沟通意图的萌芽。从个性化引导的层面，通过观察能捕捉到每个婴幼儿独特的交往偏好，如有的婴幼儿在群体中表现出主动分享玩具的倾向，有的则更倾向于观察后再参与，这些差异可为照护者制定个性化支持方案提供参考，同时有助于尽早识别婴幼儿潜在的发展障碍，为早期干预争取时间。

（二）婴幼儿交往行为的观察要点

0～3 岁是婴幼儿交往行为发展的关键时期。由于年龄、动作发展、言语表达等因素的限制，婴幼儿的早期交往具有特定的发展特点。观察者可根据不同年龄段的特点进行有针对性的观察（表 5－3－1）。

表 5－3－1　婴幼儿交往行为观察要点

年龄段	观 察 要 点
0～3 个月	会注视发声的人;视线跟随走动的人;被逗引时有反应,如动嘴巴、伸舌头、微笑等;逐渐会见人就笑
4～6 个月	会注视镜中人像,逐渐会有对镜游戏;能认出亲密的人;能分辨出喜欢的人或物;在陌生的环境里会表现出不安,会躲避陌生人
7～9 个月	懂得成人面部表情,受责骂或不高兴时会哭;会挥手再见、招手欢迎;会注视、伸手去接触另一个婴幼儿;喜欢交际类游戏;对熟悉、喜欢的人会要求抱抱;能认出生人,对生人表现情绪不稳定
10～12 个月	经常模仿成人的言行举止;服从简单的指令;听到表扬会重复刚才的动作;与同伴一起玩玩具时,会对玩具产生共同注意;看见陌生人会焦虑害怕

[①] 钱文.0—3 岁婴幼儿社会性发展与教育[M].上海:华东师范大学出版社.2014:32—33.

续表

年龄段	观 察 要 点
13～18 个月	经提示会说"谢谢"等礼貌用语;会为了争抢玩具与同伴发生冲突;会理解成人提出的简单规范要求并遵守;知道依赖对象离开会哭泣、寻找
19～24 个月	会打招呼;交际性增强,较少表现出不友好和敌意;模仿照护者的行为;较为听从照护者的指示,会为了让照护者高兴而听话
25～30 个月	与同伴的互动增多,能主动发起同伴互动,能够主动帮助同伴;与同伴互动中出现一定的合作行为,如将物品递给同伴等
31～36 个月	能够理解简单的游戏规则(如轮流玩、按顺序玩);乐于和其他婴幼儿一起游戏,能够不打扰其他婴幼儿;知道如何排队并耐心等待;开始学习和同龄同伴分享玩具

拓展阅读

0—3 岁婴幼儿
社会交往的阶段

(三) 婴幼儿交往行为的分析评价

在分析评价婴幼儿交往行为时,婴幼儿发展相关理论提供了多样的视角。此外,还可从以下四个方面入手:

(1) 模仿成人。父母的交往行为是婴幼儿最初的模仿对象,为其提供了榜样和经验。通过模仿,婴幼儿开始理解和探索周围的人与事,逐渐形成自我意识,学习与人交往。

(2) 借助动作。由于词汇量有限,婴幼儿常借助动作(如嘴、手、脚、身体移动)来补充言语表达的不足,以传递需求。

(3) 自我中心。1～1.5 岁时,婴幼儿开始发展自我意识。2～3 岁时,能正确使用"我"等代词,表现出独立性;处于自我中心阶段,以自身需求为衡量标准。

(4) 易受影响。1～3 岁幼儿的交往行为易受成人影响。他们通过成人的表情、声调和姿态辨别是非,且对新奇事物(如玩具)感兴趣,常因玩具而开始同伴交往。

(四) 婴幼儿交往行为的引导支持

根据观察分析,可以提出以下引导支持策略,促进婴幼儿交往能力的发展[①]:

1. 做好示范,促进良好依恋

照护者应积极主动地开展人际交往,为婴幼儿提供和谐、安全的环境。父母应直接抚养婴幼儿,若条件受限,则安排固定的照护者并抽出时间陪伴。家庭的温暖与信任感能激发婴幼儿的交往意愿。

2. 创设环境,引导同伴互动

照护者应营造民主宽松、温暖随和的家庭氛围,支持、鼓励婴幼儿的同伴互动行为。在同伴互动中,照护者可作为引导者、旁观者和倾听者,分享经验,肯定正确行为,引导纠正错误行为。同时,循序渐进地创造交往机会,帮助婴幼儿发展友谊。

3. 学习科学知识,理解接纳行为发展

照护者需学习婴幼儿发展心理的知识,理解并接纳其发展进程。例如,3 岁前的婴幼儿思维具有自我中心特点,分享对他们而言较困难,强迫分享可能扰乱其所有权概念。因此,照护者应给予空间,鼓励婴幼儿自行解决问题。

4. 正确面对冲突,传授交往技能

照护者应帮助婴幼儿树立勇敢面对冲突的观念,尝试自行解决。可通过角色扮演、故事讲述和游戏等方法,分析冲突原因,理解他人心理,找到建设性的解决办法。

---

① 艾桃桃,李玥婧,张文军. 婴幼儿行为观察与指导[M].北京:中国人民大学出版社,2022:182.

角色游戏区的故事①

观察目标：托班幼儿社会交往的情况

观察对象：圆圆,女,3 岁 6 个月;昕昕,女,3 岁 2 个月;茗茗,女,3 岁 4 个月;桐桐女,3 岁 5 个月

观察场景：角色游戏区

观察时间：2024 年 6 月 19 日

观察方法：轶事记录法

观察记录：

记录一：昕昕拿着玩具听诊器对着圆圆,嘴巴发出"砰砰砰"的声音,圆圆着急回道："我不是怪兽,不要打我!"她不断移动身体,躲避着昕昕的"武器"。不到三十秒,她的眼泪就掉了下来,"我不是怪兽!"圆圆呢喃道。

记录二：茗茗、昕昕、圆圆、桐桐坐在一起。圆圆突然站起来,指着茗茗对昕昕说："她是小偷,不要跟她玩,知道吗?""对!"昕昕应和。"我们(是)好人。"圆圆继续说。昕昕也指着茗茗说："对,她是坏人。"

茗茗听到后,立刻扭过身子背对着她们,撇着嘴巴难过地低着头。昕昕蹲下身整理鞋子的间隙,圆圆转过头对桐桐说："我们两个都是好人。"说完,与旁边的桐桐交流起来,时不时玩一玩脖子上的项链。

昕昕整理好鞋子后,转过头对圆圆说："她不是。"看到茗茗在一旁低着头不说话,她探头看了看茗茗的脸,然后转头继续和圆圆说："她不是好人。"说完,低头摆弄自己手上的玩具。

茗茗起身隔着她们一段距离坐了下来,眼里开始闪现泪花。圆圆坐在位置上斜着眼睛看着茗茗,对昕昕说："我们拿着东西,三二一,去打她。"昕昕和桐桐立刻站起身,小跑到茗茗跟前,拿着玩具假装挥舞起来。茗茗起身躲开,在一旁哭了起来。

分析评价：

在幼儿交往过程中,圆圆被昕昕当作怪兽假装攻击、茗茗被当作小偷遭遇同伴冷落,呈现出敌意性攻击的特点。活动中两人在遭受言语攻击后,用哭泣的方式来宣泄自己的情绪。

记录一,昕昕沉浸于自己的假装游戏中,没有理会圆圆的游戏意愿,擅自将圆圆当成怪兽攻击,根据皮亚杰认知理论分析,托班幼儿处于前运算阶段,思维呈现自我中心倾向。根据马斯洛需要层次理论,圆圆归属与爱的需要、尊重的需要没有得到满足。

记录二,圆圆不再是被攻击者的角色,变成主动攻击者。究其原因,可能源于上次游戏的模仿行为。活动中,圆圆无视茗茗的难过,昕昕有意识地观察茗茗的情绪状态,虽然能感知到茗茗的情绪低落,但没有关心或试图安慰的表现。对于 3 岁的幼儿来说,他们的移情能力正处于初步发展阶段,理解和感受他人情感状态的能力有所欠缺。

引导支持：

1. 学习社会交往技能,引导幼儿尊重他人的游戏意愿。教师在日常互动或游戏中要以身作则,尊重幼儿游戏想法和选择,让幼儿潜移默化地学习。同时,讲述尊重他人意愿的故事,通过绘本故事引导幼儿尊重每个人的选择和想法。此外,还可以引导幼儿讨论交流,感受他人情绪,换位

---

① 本案例由福建省泉州幼儿师范学校附属幼儿园刘冰冰老师提供。

思考,促使他们理解他人。当幼儿有尊重他人游戏意愿的行为时,及时肯定和表扬,增强良好行为出现频率。

2. 发展幼儿的语用技能,引导幼儿学会用清晰、有效的语句表达自己的需求。教师可以引导昕昕清楚表达玩假装游戏意愿及角色分工,如"你可以扮演怪兽吗?"向茗茗示范处理矛盾的话语,如"不要说我是坏人,我听了很难过""我不想当坏人,我想当警察"等。日常生活中多创造交流机会,鼓励幼儿描述正在做的事情、看到的事物等,练习完整表达,学会用简单词语表达需要,并及时给予肯定与鼓励,增强自信心和表达欲望。

3. 移情能力的训练,培养亲社会行为。幼儿遇到冲突或问题时,一起讨论各方感受,帮助他们理解他人立场。日常生活中,引导幼儿观察他人情绪,鼓励幼儿遇到需要帮助的人或动物时,表达关心和帮助意愿。此外,还可通过讲述相关故事、进行角色扮演等方式,促进幼儿移情能力发展,从而帮助幼儿建立良好的人际关系。

视频

5 个月宝宝亲子
互动行为:与
大人交流互动

二、婴幼儿亲子互动行为的观察与评价

(一)婴幼儿亲子互动行为观察要点

亲子互动方式因婴幼儿的发展水平而异,观察时可依据各年龄段的社会性发展特征进行(表 5-3-2)。

表 5-3-2 婴幼儿亲子互动行为观察要点①

年龄段	观 察 要 点
0~3 个月	能否模仿抚养者的面部表情;与抚养者的情绪沟通情况,如被逗引时的反应;对抚养者的友好和亲近行为,如是否有社会性微笑
4~6 个月	听到抚养者声音时的反应;对不同抚养者抚慰行为的反应
7~9 个月	对抚养者行为的响应和配合;对抚养者行为的模仿;与抚养者的亲近行为
10~12 个月	是否听抚养者的指令;对抚养者行为的模仿情况
13~18 个月	吸引抚养者的方式;是否具有清晰的依恋关系
19~24 个月	是否重复抚养者的话,同时修正自己的行为;无理要求不被允许时,抚养者是否能通过一定的策略转移其注意力或延迟满足
25~30 个月	抚养者提出要求或规则时,是否遵从
31~36 个月	能否主动向抚养者发起交往

(二)婴幼儿亲子互动行为的分析评价

亲子互动行为是指婴幼儿与其主要抚养人之间的情感交往过程。分析评价亲子互动行为可从以下六方面展开:

拓展阅读

依恋的阶段

1. 亲子依恋

良好的依恋关系为婴幼儿提供安全感和情感支持,促进其社会化和情感发展;而不良的依恋关系可能导致社交障碍、焦虑或抑郁等问题。

2. 家庭教养方式

家庭教养方式包括过度保护、过于严厉或放任等,直接影响婴幼儿的行为和情绪调节能力。不当

---

① 引自:艾桃桃,李玥婧,张文军.婴幼儿行为观察与指导[M].北京中国人民大学出版社出版,2022 年,第 184—187 页,内容有所调整。

的教养方式可能增加婴幼儿行为问题、学习困难及心理压力的风险,对其未来成长产生不利影响。

3. 家庭环境

家庭环境涵盖经济状况、居住条件及家庭成员互动模式等,构成了婴幼儿成长的外部环境。恶劣的家庭环境(如经济困难、家庭暴力、成员关系紧张)可能导致婴幼儿出现自卑、抑郁等心理问题。

4. 社会支持

社会支持来自亲友、社区育儿服务等外部资源,丰富的社会支持对婴幼儿心理健康有积极影响,帮助其应对成长挑战。缺乏社会支持可能导致婴幼儿感到孤独、无助,进而引发心理健康问题。

5. 抚养品质及稳定性

家庭的抚养品质(如照护的细心程度、对需求的响应速度)以及稳定性(如是否频繁更换抚养者)直接影响婴幼儿的安全感和信任感。

6. 文化性因素

不同的文化背景和价值观影响亲子关系的建立和发展。例如,某些文化强调家庭紧密联系和尊重长辈,而另一些文化更注重个人独立性和自由。这些文化差异影响家庭的教养方式和期望,进而影响亲子关系的形成。

(三) 婴幼儿亲子互动行为的引导支持

1. 满足基本需求与建立信任安全感

关注婴幼儿生理需求,如饮食、睡眠、排泄等,以及情感需求,如安全感、关爱等,及时回应需求。通过身体接触和温柔言语交流建立情感纽带,同时诚实面对分离,信守承诺,提供稳定和谐的家庭环境,保持教育一致性,增强信任感和安全感。

2. 互动陪伴与营造良好家庭氛围

经常与婴幼儿进行眼神交流,回应其笑容和声音;用柔和语调交谈,描述日常活动,陪玩躲猫猫、手指游戏等;提供适合的玩具和活动场所,增进情感联系;营造积极乐观的家庭情绪氛围,抚养者共同分担家庭事务和育儿责任,相互支持,为婴幼儿树立榜样。

3. 理解尊重与保持耐心

理解婴幼儿对环境变化和情绪波动的敏感性,用积极方式引导情绪处理。尊重婴幼儿意愿和选择,给予探索空间,鼓励尝试新事物,培养独立性和自信心。同时,关注婴幼儿细微表现,保持耐心,避免不耐烦。

●案例 5-3-2●

坤坤与妈妈玩球

观察目的:了解幼儿的亲子互动行为特点

观察对象:坤坤,男,2 岁

观察时间:2024 年 7 月 10 日

观察场景:公园

观察方法:轶事记录法

观察记录:

妈妈和 2 岁的坤坤在公园的草地上玩耍。妈妈带了一个小皮球,和坤坤玩抛接球的游戏。妈妈蹲下来,轻轻把球滚向坤坤,坤坤兴奋地用手去抓球,然后试图把球扔回给妈妈。坤坤的动作还不够协调,球经常滚到一边,妈妈耐心地捡起球,再次滚向坤坤,并鼓励他说:"坤坤真棒! 再来一次!"坤坤在妈妈的鼓励下,不断尝试,偶尔成功把球扔回给妈妈时,会开心地拍手大笑。

分析评价：

1. 动作发展：抛接球游戏锻炼了坤坤的手眼协调能力和手臂力量。

2. 言语与认知发展：妈妈通过简单的言语和积极的鼓励，帮助坤坤建立自信心，同时也让坤坤理解了"抛""接"等词汇。

3. 情感与社会性发展：妈妈通过微笑、鼓励和耐心，营造了安全、愉快的互动环境，增强了坤坤的信任感和安全感。

引导支持：

1. 动作方面：尝试增加一些难度，比如让坤坤尝试用脚踢球，或者把球扔进一个小篮子里，进一步锻炼坤坤的动作协调性和精准性。

2. 言语与认知发展：在游戏中加入更多的言语，比如"球滚过来了！""坤坤接住球了！"帮助坤坤更好地理解动作与言语的关系。

3. 情感与社会性发展：适时引入其他小朋友一起玩，帮助坤坤学习分享和合作，促进社会性发展。

三、婴幼儿师幼互动行为的观察与评价

（一）婴幼儿师幼互动行为的观察要点

婴幼儿师幼互动存在于托班一日生活的各个环节，跟婴幼儿当下主要的动作、认知、言语等发展方面密不可分。观察婴幼儿师幼互动，应注重各月份婴幼儿观察要点的不同（表5-3-3）。

表5-3-3 婴幼儿师幼互动行为观察要点

年龄段	观 察 要 点
1～3个月	婴幼儿对教师声音、表情等的反应，如眼神短暂停留、身体轻微活动等；教师的抚触、拥抱等安抚动作，以及这些动作对婴幼儿情绪的影响；教师与婴幼儿进行目光接触、轻声说话等互动行为的频率和时长
4～6个月	教师逗引时，婴幼儿是否会出现微笑、主动伸手等回应；教师给婴幼儿喂食、换尿布等照护过程中的互动方式；婴幼儿在教师离开或靠近时的情绪变化
7～9个月	教师引导婴幼儿进行简单动作模仿（如拍手、挥手）时，婴幼儿的模仿意愿和模仿表现；教师与婴幼儿进行游戏互动时，婴幼儿的情绪表现
10～12个月	婴幼儿在教师呼唤其名字时是否有回应（如转头等）；婴幼儿是否主动向教师发出求助信号（如眼神、哭声等）以及教师的回应方式
12～18个月	婴幼儿模仿教师行为的表现；婴幼儿在师幼互动时的言语理解和表达情况，如是否能听懂简单指令、是否会用简单词汇回应
19～24个月	婴幼儿在教师组织活动中的参与度和配合度；教师是否及时、准确识别婴幼儿发出的沟通信号；婴幼儿情绪激动时，教师的安抚策略及婴幼儿情绪平复的过程与结果
25～30个月	教师提出要求或规则时，婴幼儿是否能遵从；婴幼儿探索新事物时，面对教师不同回应方式的行为变化；婴幼儿在与教师言语互动过程中，对不同难度言语和表达方式的理解程度
31～36个月	婴幼儿主动发起的与教师互动的主题、频率、原因；婴幼儿面对困难或冲突时，主动向教师寻求帮助的意愿；婴幼儿在教师引导下应对困难或解决冲突的过程表现

（二）婴幼儿师幼互动行为的分析评价

观察者在完成婴幼儿师幼互动行为观察记录后，可从以下三个维度进行分析评价：

1. 婴幼儿方面

婴幼儿的气质倾向与行为特征会影响师幼互动。例如,胆汁质婴幼儿精力旺盛但易怒、缺乏自制力,教师需采用有说服力且温和的教育方法,避免激怒他们,尤其在情绪激动时应耐心引导。又如,婴幼儿短暂的注意力对互动效果构成挑战,教师可通过生动的教具和有趣的故事吸引其注意力,确保互动的有效性。

2. 教师方面

教师的教育观念、婴幼儿发展与教育相关的知识、技能以及态度等都会直接影响师幼互动的质量。

3. 外部环境方面

外部环境因素如托育机构的班级规模、教师与婴幼儿的比例以及教师的稳定性,会影响师幼互动的频次、时间和质量。

（三）婴幼儿师幼互动行为的引导支持

1. 关注婴幼儿的情感需求

教师需细心照料婴幼儿的日常生活(如喂养、洗澡、换尿布),同时满足其情感需求。无条件的爱有助于建立良好的师幼关系,让婴幼儿感到安全和被保护。日常中,教师还应注重眼神交流、言语互动和身体接触,积极参与婴幼儿玩耍和探索活动。

2. 创造师幼互动机会

教师应重视常规活动、餐点时间和小组活动中的师幼互动,提供科学指导,明确活动安排,提供丰富多样的活动和材料,允许婴幼儿自主选择,让互动贯穿一日活动的各个环节,促进其多元人际交往体验。

3. 信赖与接纳婴幼儿

在师幼互动中,教师应以支持者、合作者和引导者的身份参与婴幼儿的学习活动,平等交流,关注其想法,支持其行为,尊重其需求,包容其过失。确立婴幼儿在互动中的主体地位,是其潜能发挥、情感表达和人格建构的重要基础。

● 案例 5 - 3 - 3 ●

哭闹的奕奕①

观察目的:婴幼儿在托育班初期的师幼互动情况

观察对象:奕奕,女,2 岁 10 个月

观察时间:2024 年 9 月 18 日,上午

观察场景:托育班

观察方法:轶事记录法

观察记录:

上周为幼儿入托适应期,托育园鼓励亲子入园共同熟悉托班环境。本周托育班的宝宝们将独自在园半日活动,家长不再陪同。清晨,奕奕和妈妈一同来到托育班。妈妈说:"奕奕,先来找老师和小朋友一起玩游戏,中午我就来接你。"看到妈妈想要转身的身影,奕奕拉着妈妈的手往后拽,嘴中念着:"妈妈陪我!"教师 A 伸出双手尝试把奕奕抱过来,她转过头一头扎进妈妈的怀里。妈妈耐心对奕奕说中午马上来接她,安慰了几句奕奕仍旧哭闹,便掰开奕奕的小手,将她交给了 A

---

① 本案例由福建省泉州幼儿师范学校附属幼儿园刘冰冰老师提供。

便匆匆地离开了。

A抱起奕奕，奕奕扯着嗓子哭喊起来，她手脚并用，试图挣脱A。A紧紧抱着奕奕，温柔地说："奕奕，妈妈在楼下等你，先在这里玩一会儿，等一下就回家。"奕奕还是哭闹，身体尝试往后倾，继续逃离A的怀抱。A将她放下来，她便转身就朝向门外跑想去找妈妈，边哭边跑，同时嘴巴里念叨着妈妈。她跑到门口，拍打着托育班的玻璃门，哭得撕心裂肺。A追着奕奕跑到门口，蹲下来将奕奕抱在怀里，边帮奕奕擦眼泪边轻轻在奕奕的耳边说："我知道妈妈离开，奕奕很伤心，很想找妈妈对不对？"奕奕边哭边点点头。"那等奕奕哭完了，我给妈妈打电话让她中午第一个来接你，好不好？"奕奕哭着回应好。A指着表演角的位置，对奕奕说："我们去那里看看吧，奕奕带来的小吉他有没有在那里。"奕奕用手抹了一下眼泪，鼻子一抽一抽地冒出很多鼻涕，"呀！鼻涕泡泡出来了，我帮你擦擦！"只见奕奕的情绪稍有缓解，A用手轻轻抚摸着奕奕的头说："奕奕真棒，老师和阿姨都很爱你，我们一起玩吧！"

分析评价：

奕奕到新环境时焦虑情绪反应强烈，表现为哭闹不止，不愿接受教师的安抚，对新环境、新朋友有抗拒情绪。究其原因，受年龄特点的限制，2岁多的奕奕自我情绪管理能力较弱。面对陌生的教师和集体生活时，所产生的焦虑情绪都是正常反应。当奕奕闹情绪，一时间哄不好时，教师用动作和言语进行安抚，如蹲下身来拥抱她，抚摸她的头，并帮她擦鼻涕，带她参观环境，让她产生安全感，消除陌生感。教师应采取科学的介入方法，帮助婴幼儿排解和调整情绪。当奕奕哭闹不止时，教师很理解奕奕，并接纳奕奕的行为，带着奕奕找到自己喜欢的玩具，一同游戏以缓解她的焦虑情绪。

引导支持：

1. 给予温暖的拥抱。当幼儿情绪失控、哭闹不止时，教师可以先保持冷静，等待幼儿情绪稍微缓和后，再蹲下身子，用温柔的语气与她交流，轻轻抚摸她的头，给她一个温暖的拥抱，并轻声安慰："老师知道你很难过，但我会一直陪着你。"通过这样的方式，让幼儿感受到教师的关爱和支持，帮助她逐渐平复情绪。

2. 巧妙转移注意力。当幼儿陷入负面情绪时，教师可以通过设计一些简单有趣的活动来转移她的注意力，比如吹泡泡、听音乐、做手指游戏等。在这些活动中，幼儿不仅能逐渐忘记不愉快的情绪，还能在轻松的氛围中提升专注力和解决问题的能力，培养积极的情绪体验。

3. 以身作则树立榜样。幼儿的行为往往来源于对成人的模仿，因此教师和家长需要注意自己的情绪管理。在日常生活中，成人应以平和的方式表达情绪，避免在幼儿面前发脾气。如果偶尔情绪失控，也要及时向幼儿道歉，并解释原因，让幼儿明白每个人都会有情绪，但需要用正确的方式去处理，从而为幼儿树立良好的榜样。

4. 引导适宜的情绪释放方式。面对幼儿的哭闹、摔东西等行为，教师可以先允许她通过适当的方式释放情绪，比如用力拍打软垫、撕废旧纸张等。等幼儿情绪平复后，再与她耐心沟通，了解她的感受，并一起制定合理的行为规则，让她明白如何更好地表达情绪。

四、婴幼儿同伴互动行为的观察与评价

（一）婴幼儿同伴互动行为的观察要点

3岁前婴幼儿常出现非言语、单向交往。为了更好地了解婴幼儿同伴互动行为，可以分年龄段对

婴幼儿的同伴互动行为进行有意识的观察(表5-3-4)。

表5-3-4　婴幼儿同伴互动行为观察要点①

年龄段	观 察 要 点
0～6个月	观察其他婴幼儿在场时,是否与他们表示友好与亲近
	观察对其他婴幼儿声音的反应
7～9个月	观察与其他婴幼儿在一起时,是否有主动注视、微笑、伸手触摸等行为
10～12个月	观察与其他婴幼儿对玩具或物品的共同注意
13～18个月	观察有其他婴幼儿在场时,是否与他们友好和亲近
19～24个月	观察当其他婴幼儿受到伤害、表现出痛苦时,是否能够表现出安慰等亲社会行为
	观察在同伴互动中是否主动交往
25～30个月	观察在同伴互动中冲突的次数、事件及最终解决方法
	观察在同伴互动中的助人行为、友好行为
31～36个月	观察在同伴互动中互补互惠的游戏行为,如用玩具跟同伴交换的行为

(二)婴幼儿同伴互动行为的分析评价

婴幼儿的同伴互动行为受亲子互动经验、玩具和物品、同伴熟悉程度以及婴幼儿自身特征等多种因素共同作用。

1. 亲子互动经验

亲子互动是婴幼儿同伴交往能力发展的基石,对其社交能力的形成与发展具有深远影响。婴幼儿在早期亲子互动中习得的社交行为,通常会迁移至同伴互动情境中。另外,在亲子互动中形成充足安全感的婴幼儿,在与同伴相处时往往表现得更为自信、积极。反之,长期缺乏亲子互动与情感交流的婴幼儿,其同伴互动能力发展容易滞后。

2. 玩具和物品的作用

玩具与物品是婴幼儿同伴互动的重要媒介。通过摆弄、重新组合玩具,婴幼儿能够赋予其新的意义。在这一过程中,他们会产生更多互动行为,进而促进社交技能的提升。此外,玩具的数量与特性对婴幼儿的同伴互动行为影响明显。例如,大型玩具往往能激发婴幼儿积极的情绪,促使他们在互动中更主动,增进彼此的互动;而小型玩具则容易引发争抢,导致消极情绪产生,降低婴幼儿交往的积极性。

3. 同伴熟悉程度

同伴之间的熟悉程度对婴幼儿的互动行为有着显著影响。婴幼儿更倾向于与熟悉的同伴展开互动,互动更为频繁、持久且复杂,如表现出对视、身体接触、分享合作等丰富多样的互动行为。

4. 婴幼儿自身特征

婴幼儿的个性与行为特征同样会显著影响其同伴互动情况。那些经常表现出分享、合作等积极行为的婴幼儿,更容易获得同伴的喜爱;而具有抢夺、独占等消极行为的婴幼儿,则较难被同伴接纳。

(三)婴幼儿同伴互动行为的引导支持策略

有效的同伴互动能促进婴幼儿各个方面的发展,在观察记录并分析评价婴幼儿同伴互动行为后,可以从以下四个方面提供引导支持。

视频

2岁9个月宝宝
同伴互动行为:
打羽毛球

---

① 乌日罕,毕波,沈梦露.0—3岁婴幼儿情感与社会性发展及教育[M].长沙:湖南师范大学出版社,2023:57,74,100,144.

（1）提供互动机会。在托育机构、家中或社区中为婴幼儿创造与同伴互动的机会，比如参加亲子活动、故事会等。

（2）设计互动游戏。通过角色扮演和合作游戏，鼓励婴幼儿学会分享和合作。比如"打电话"游戏可以锻炼婴幼儿的言语交流能力，而"积木叠叠高"游戏则能帮助婴幼儿学会轮流与等待。

（3）培养社交技能。引导婴幼儿使用基本的礼貌用语，如"你好""谢谢""对不起"等。这些简单的礼貌用语是良好社交行为的基础。

（4）营造温馨氛围。营造温馨和谐的氛围，成人的言传身教，树立良好的人际交往榜样，这对婴幼儿的同伴互动有积极影响。

• 案例 5 - 3 - 4 •

在学习工坊中的同伴互动情况①

观察目标： 观察名新在学习工坊中的同伴互动情况

观察对象： 名新，男，3 岁 6 个月

观察场景： 活动室内

观察时间： 2024 年 6 月 19 日，15:10—15:30

观察方法： 事件取样法

观察记录： 见表 5 - 3 - 5

表 5 - 3 - 5　同伴互动情况

序号	时间	互动对象	互动过程
1	15:12	子桓 彦君	名新、子桓、彦君三个小朋友在建构区游戏，每人手上都拿了一辆玩具车在地垫上摆弄。建构区旁放置了一些摆放泡沫积木的篮子，子桓拿起车子在泡沫积木上"行驶"，不小心车子掉进篮子里，名新连忙帮助他，把小车拿出来，对子桓说："救出来啦!"
2	15:14	叶杨	名新把玩具吊车挂在泡沫积木上，对叶杨说："我的车吊起来了!"叶杨看到后，也学着他的样子，把自己的玩具车吊了起来
3	15:17	昕然 芷炘	名新来到柜子前，拿出磁性材料进行拼接，他拿了一颗圆球，在两侧安上两块磁性圆柱。完成之后，他拿在手上，来到阅读区，对昕然和芷炘大声说："下雨啦!"昕然问："你那个是什么?""剪刀。""可以剪东西吗?"昕然继续问。名新没有回答，举起右手食指伸到嘴巴旁，小心地"嘘"了一声，猫着腰往阅读区外走。昕然、芷炘跟在他后面一起小心往外走
4	15:22	姝轩 嘉德	名新重新回到阅读区，看到姝轩、嘉德的到来，说："你们俩来我家做客呀!"两人没有回应名新，名新拿着玩具，躺在阅读区的小椅子上
5	15:25	宸星	名新来到建构区，踩了踩泡沫积木，跑到窗边，看着雨后居民楼黝黑的墙面，道："外面着火了!"宸星也跟着他一起往外瞧。"孩儿们……"他小声地自言自语，拿起手上的磁性工具，对着窗外的方向，不断地"喷"着。
6	15:30	宸星	宸星跟着名新来到了阅读区，名新拿起其他小朋友放在地板上的玩具针头，对着宸星的头发喷了几下后说："先洗个头。"宸星没有说话，直接往外走，名新跟在他后面，追着说："不会痛呀!"

---

① 本案例由福建省泉州幼儿师范学校附属幼儿园刘冰冰老师提供。

分析评价：

1. 交往简单偶然，以独自游戏与平行游戏为主。在20分钟的时间里，名新对8位小朋友主动发起交往。他的游戏主要以独自游戏与平行游戏为主，他先是专注于自己的活动，然后再主动尝试接近其他幼儿，但这个阶段他们还不能很好地共同游戏，彼此的交往也是简单且随机，并不密切，处于社会性交往的初级阶段。名新表现出具体行动性思维特征，往往先采取动作，再进行言语表达。如，直接往宸星头顶"喷"水，再对他说"先洗个头"。

2. 以想象过程为满足，想象主题不稳定，以无意想象为主。从案例中，可以看到名新沉浸于自己的假装游戏中，他的想象主题不稳定，易受外界事物的直接影响。例如，看到外面的天空阴沉，他便产生了"下雨了"的想象；看到墙面黝黑，便产生了"着火"的联想。想象的内容之间零散无系统，不存在有机的联系。活动中，他能主动运用磁性材料拼接"剪刀"，将玩具针筒当作水龙头喷头，具有"以物代物"的能力。

3. 言语表达以简单句为主，进行自我中心表达。名新发起的交往言语以简单句为主，他不太考虑听者的理解，不在意同伴是否给予回应，更多是从自身角度出发表达想法和需求。在没有他人直接参与或互动的情况下，名新经常自言自语，说话的同时伴有相应的动作，以辅助他的表达。

引导支持：

1. 丰富幼儿的交往经验。教师为幼儿创设宽松、温馨、愉悦的游戏情境，提供多样化的游戏材料，让幼儿有更多的选择和探索的可能性，让幼儿在良好的情绪状态下参与游戏，他们会更愿意与他人交流互动。教师还可通过扮演角色、言语引导等方式影响幼儿的游戏，指导他们进行交往。游戏内容要贴近幼儿的生活，如娃娃家过生日等，让幼儿在自由、宽松的交往情境中尽情发挥交往能力，并不断调整交往方式。最后，培养幼儿倾听习惯，教导幼儿认真倾听他人说话，理解他人的观点，这是良好交往的重要基础。

2. 培养幼儿的有意想象。幼儿的想象天马行空，成人不要否定和批评，而是要给予及时的肯定和鼓励，让他们大胆想象。在教育过程中，教师可鼓励家长多带幼儿接触外界事物，丰富他们的感知和体验，为有意想象提供素材。可以通过丰富幼儿的感性知识，在日常生活中捕捉精彩的游戏进程，可以让幼儿观看其他小朋友的游戏过程，从中学习新的玩法和技巧。

3. 鼓励幼儿进行言语表达。成人要尊重幼儿自言自语的发展阶段，不要过分干涉或纠正，以免影响他们表达的积极性。教师与家长可通过积极与幼儿交流、提供丰富的言语环境、鼓励幼儿大胆表达、积极回应幼儿等，促进幼儿言语能力的不断提升。

任务思考

学习评价

表 5-3-6　学习评价表

项目	内容	水平				
		优秀	良好	中等	合格	较差
学习态度	按时参与课程学习，如期完成学习任务	5	4	3	2	1
知识领悟	了解婴幼儿交往行为观察的要点。	5	4	3	2	1

续表

项目	内　　容	水平				
		优秀	良好	中等	合格	较差
实践应用	能够对婴幼儿交往行为进行观察记录,并尝试结合所学对婴幼儿交往行为进行分析评价和提出相应的引导支持策略。	5	4	3	2	1
价值认同	具备在交往活动中观察婴幼儿行为的基本素养,有分析评价婴幼儿交往行为的意识,用发展的眼光看待婴幼儿。	5	4	3	2	1
沟通交流	参与小组讨论,倾听他人观点,清晰表达自己见解	5	4	3	2	1
合作探究	共同探讨、合理分工,合作完成小组任务	5	4	3	2	1
信息素养	检索相关资料,自主阅读学习	5	4	3	2	1
自我评价						

学习思考

1. 谈谈如何根据婴幼儿交往行为观察记录中的表现,判断其社会交往能力处于何种发展阶段。
2. 谈谈不同文化背景下的婴幼儿在交往行为上可能有哪些差异。

育儿宝典

如何对婴幼儿进行喂养①

婴幼儿的主要照护者对于促进回应性喂养至关重要。①照护者应保持心情愉悦,营造良好的家庭氛围,选择干净舒适的喂养环境,确保在喂养过程中不受干扰。②喂养姿势应保持舒适,最好选择面对面喂养,进餐时照护者与婴幼儿要有充分的交流和目光接触,方便观察婴幼儿发出的饥饱信号,及时给予回应和情感支持。③保持规律的进餐时间(两餐之间间隔2~3小时,20分钟/餐),尽量选择在相同地点进行喂养,熟悉的环境会让婴幼儿感受到安全感,利于喂养的顺利进行。④塑造家庭整体健康饮食行为,家庭成员良好的饮食习惯会潜移默化影响婴幼儿的食物偏好,父母或其他照护者应保持自身良好的进餐行为,成为婴幼儿学习的榜样。应倡导婴幼儿与家人共同用餐,并提供健康、美味、适合婴幼儿生长发育所需的食物,鼓励婴幼儿自主进食,培养进餐兴趣。⑤当婴幼儿在喂养方面遇到问题,如食欲减退、拒绝进食或者婴幼儿患病后需恢复性喂养,照护者应减少控制性喂养行为的出现,耐心选择婴幼儿感兴趣的食物,鼓励其进食但不强迫,建议以婴幼儿的营养需求为指导。

实训实践

实训实践一:撰写一份观察记录

情景描述:在托育机构的乳儿班中,保育师发现10月龄的女宝乔乔,近期出现不断啃咬手指和流口水的现象。保育师与父母沟通时,父母出于卫生和习惯培养的考虑,制止孩子的啃咬行为,并要求保育师支持自己的教养行为。②

要求:作为乳儿班的保育师,请撰写一份乔乔的行为观察记录,包含基本信息、观察记录、分析评价和引导支持。

---

① 赵淑良,王爱华,苗逸群,等.婴幼儿回应性喂养研究进展[J].护理学杂志,2022,37(23):107—110.
② 2024年度全国托育职业技能竞赛——保育师(学生组)赛题

婴幼儿行为观察与发展评价

观察对象：

观察时间：

观察环境：

观察方法：

观察记录：

分析评价：

引导支持：

实训实践二：婴幼儿游戏行为观察与评价

内容：根据观察记录，进行婴幼儿游戏行为分析评价并提出引导支持策略。

要求：根据观察记录资料分析评价婴幼儿的游戏行为；结合分析评价结果，提出科学合理的引导支持策略。

婴幼儿自主游戏观察①

观察目的：婴幼儿自主游戏观察

观察对象：托大班幼儿，2岁8个月～3岁3个月

观察时间：2024年12月

观察场景：室内运动室

观察方法：轶事记录法

观察记录：

片段一：汽车的轮子，转呀转

今天，小葵是第一个来园的宝宝，她一会在大运动区奔跑，一会走上平衡木，一会坐上摇摇椅。很快，她发现了在角落里摆放得整整齐齐的彩虹小圆轮。她取下一个圆轮，开始滚了起来，还唱着大家经常唱的歌谣："汽车的轮子转呀转，转呀转。"她滚一会儿，抱一会儿。其他孩子看到小葵在滚小圆轮，纷纷模仿。大家非常兴奋，轮子倒了再扶起来，继续滚。

片段二：蹦蹦床呀，跳一跳

可乐从材料放置处，滚来一个软体大圈。接着，她又取来了软体小圈和小圆轮，将它们组合成一个同心圆。而后，可乐在上面跳呀跳。我走过去询问道："可乐，这是什么呀?"可乐说："这是蹦蹦床，我在跳跳跳。"跳了一会，她从"蹦蹦床"下来，取来了小圆轮，放进软体小圈里面，并且越垒越高。可乐发现中间的小圆轮比旁边的圆圈高，于是用手一直向下压，整个人都压在小圆轮上面，试图把圆轮压低。

片段三：小小的路呀，逛一逛

有了多次玩彩虹小圆轮的经验，孩子们对它们表现出更为浓厚的兴趣，并在持续的探索过程中发明了多种多样的玩法。这一天，宥霖拿来几个小圆轮，并把它们比较整齐地排列成一排，兴奋地喊道："小乌龟爬爬爬。"他从起点爬到终点，来回好几次。那一边的牛牛则把彩虹小圆轮搬到了海洋球馆的下面，他从海洋球馆里爬上来后，走了过去，并告诉我："这是小路。"我应答道："真好，你用连接小圆轮的办法铺了小路。"牛牛说："老师，还可以跳跳跳。"孩子们各自忙碌，彩虹小圆轮成了可以走平衡、爬、跳的小路。

片段四：生日蛋糕呀，尝一尝

这一天，孩子们围着一堆叠得高高的小圆轮，笑哈哈地用手拍呀拍，并趴下去对着小圆轮"啊呜"做出大口吃东西的样子。我走过去询问道："哇哦，这是什么呀!"小葵说："蛋糕，吃蛋糕。"，说完她兴奋地跑开了，拿来了小汤匙，对着"蛋糕"挖呀挖。萱萱也用手"拿"起一块"蛋糕"，对我说："吃吧，吃蛋糕。"我应答道："这块黄色的蛋糕是什么味道的，太香了。"小葵说："是香蕉味道。"

这边子旸也做了块"蛋糕"。他拿了一些海洋球满满当当地摆在圆轮上面说："这是奶油。"指着蓝色的海洋球说："这是蓝莓，蛋糕里的蓝莓!"旁边还有牧荙不断拿来新的海洋球。小圆轮、海洋球都成了他们的美味食物。

分析评价：

---

① 本案例由福建省泉州幼儿师范学校附属幼儿园李秀娟老师提供。

引导支持：

实训实践三：婴幼儿交往行为观察与评价

内容：根据观察记录，进行婴幼儿同伴互动行为分析评价并提出引导支持策略。

要求：根据观察记录资料分析婴幼儿的同伴互动行为及影响因素；结合分析评价结果，提出科学合理的引导支持策略。

婴幼儿同伴互动行为观察

观察目的：婴幼儿的同伴互动行为

观察对象：阳阳，男，2 岁 3 个月；臻臻，男，2 岁 1 个月

观察时间：2024 年 11 月 22 日

观察场景：区域活动

观察方法：轶事记录法

观察记录：

在托育园的活动室里，阳阳和臻臻被安排在同一张桌子上玩积木。阳阳先拿起一块红色积木，开始搭建一座小塔。臻臻看到后，也拿起一块蓝色积木，试图加入搭建。阳阳看了看臻臻，没有说话，继续专注地搭自己的塔。臻臻将蓝色积木放在阳阳的塔旁边，阳阳突然伸手将臻臻的积木推开，并说："这是我的！"臻臻愣了一下，随后拿起另一块积木，再次尝试放在塔旁边。这次阳阳没有推开，而是看了看臻臻，然后继续搭塔。过了一会儿，臻臻指着塔说："高高！"阳阳点点头，笑着说："对，高高！"两人开始一起搭塔，偶尔还会互相递积木。

分析评价：

引导支持：

赛证 链接 ①

1. 在生活中观察婴幼儿具有重要价值,下列不属于婴幼儿日常生活观察内容的是( )。(单选题)

    A. 进餐行为观察　　　　　　　　B. 午睡行为观察

    C. 睡眠行为观察　　　　　　　　D. 游戏行为观察

2. 婴幼儿反复拍击盆子里的水,绕着房子四周跑,或反复把某件东西拉过来,再推开,以体验运动过程中的快感,这类游戏属于( )。(单选题)

    A. 建构游戏　　　　　　　　　　B. 感知运动游戏

    C. 规则游戏　　　　　　　　　　D. 象征性游戏

3. 在婴幼儿游戏的活动中,不能学会( )。(单选题)

    A. 能操作各种材料,与各种物体和人相互作用

    B. 获得认识周围事物的时机

    C. 掌握抽象逻辑思维的方法

    D. 促进婴幼儿生理、心理的发展

4. 照护者对婴幼儿评价适宜的做法是( )。(单选题)

    A. 根据日常观察所获得的信息评价婴幼儿

    B. 用标准化的测评工具评价婴幼儿

    C. 用统一的标准评价婴幼儿

    D. 根据一次测评的结果评价婴幼儿

5. 婴幼儿挑食的生理原因是( )。(单选题)

    A. 饭菜不好

    B. 托育机构环境不好

    C. 体内缺锌、钙等微量元素

    D. 运动量小

6. 如果婴幼儿的大便是浓便血,应考虑是否感染菌痢,应使用特殊的抗生素治疗。( )(判断题)

7. 给婴儿穿脱衣服时动作一定要轻柔,以免擦伤皮肤,或造成关节脱臼。( )(判断题)

8. 安全依恋关系的建立,会促进婴幼儿自我认同感的形成,从而会帮助其逐渐建立起自信心。( )(判断题)

9. 列表说明婴幼儿各年龄阶段如厕行为的发展过程。(简答题)

10. 简述婴幼儿穿脱衣物的引导支持策略。(简答题)

---

① 1—8 题题目来源于 2024 年度全国托育职业技能竞赛——保育师(学生组)赛题。

主要参考文献

教材、编著、著作类

① 施燕,韩春红. 学前儿童行为观察[M]. 上海:华东师范大学出版社,2011.

② 施燕,章丽. 幼儿行为观察与记录(第二版)[M]. 上海:华东师范大学出版社,2021.

③ 赵琳. 婴幼儿行为观察与分析[M]. 重庆:西南师范大学出版社,2021.

④ 刘芳,张潆,于星,等. 婴幼儿行为观察、记录与评价[M]. 北京:中国人民大学出版社,2023.

⑤ 王其红,孔霞,谭尹秋. 婴幼儿行为观察与指导[M]. 重庆:西南大学出版社,2022.

⑥ 陈向明. 质的研究方法与社会科学研究[M]. 北京:教育科学出版社,2000.

⑦ 杨道才,刘妍慧. 婴幼儿行为观察与指导[M]. 上海:复旦大学出版社,2023.

⑧ 潘月娟. 学前儿童观察与评价[M]. 北京:北京师范大学出版社,2015.

⑨ 苏贵民. 幼儿发展评价[M]. 重庆:西南师范大学出版社,2016.

⑩ 李晓巍,幼儿行为观察与案例[M]. 上海:华东师范大学出版社,2017.

⑪ 艾桃桃,李玥婧,张文军. 婴幼儿行为观察与指导[M]. 北京:中国人民大学出版社,2022.

⑫ 董旭花,韩冰川,刘霞,等. 幼儿园自主游戏观察与记录——从游戏故事中发现儿童[M]. 北京:中国轻工业出版社, 2015.

⑬ 韩映虹. 婴幼儿行为观察与分析[M]. 上海:上海科技教育出版社,2017.

⑭ 韩映虹,张玉. 幼儿行为观察与分析[M]. 北京:中国人民大学出版社,2024.

⑮ 王烨芳. 学前儿童行为观察与分析[M]. 南京:江苏教育出版社,2012.

⑯ 侯素雯,林建华. 幼儿行为观察与指导这样做(第二版)[M]. 上海:华东师范大学出版社,2019.

⑰ 孙玲. 幼儿行为观察与分析(2023年修订)[M]. 长沙:湖南师范大学出版社,2023.

⑱ 蔡春美. 幼儿行为观察与记录(第二版)[M]. 上海:华东师范大学出版社,2020.

⑲ 吴振东. 幼儿教师教育技能10项修炼[M]. 福州:福建人民出版社,2019.

⑳ Sheila Riddall-Leech. 观察:走近儿童的世界[M]. 潘月娟,王艳云译. 北京:北京师范大学出版社,2008.

㉑ 钱文. 0—3岁儿童社会性发展与教育[M]. 上海:华东师范大学出版社,2014.

㉒ 夏宇虹,胡婷婷. 学前儿童行为观察与指导[M]. 长沙:湖南师范大学出版社,2021.

㉓ 张燕. 在反思中成长[M]. 北京:北京师范大学出版社,2007.

㉔ 许琼华,杨小利. 婴幼儿生活照护[M]. 北京:中国人民大学出版社,2023.

㉕ Stella Louis,Clare Beswick,Sally Featherstone,等. 认识婴幼儿的游戏图式——图式背后的秘密(第二版)[M]. 张晖,等译. 北京:中国轻工业出版社,2019.

㉖ 刘焱. 儿童游戏通论[M]. 北京:北京师范大学出版社,2004.

㉗ 乌日罕,毕波,沈梦露. 0—3岁婴幼儿情感与社会性发展及教育[M]. 长沙:湖南师范大学出版社,2023.

㉘ 人力资源和社会保障部,中国就业培训技术指导中心. 育婴师[M]. 北京:海洋出版社,2014.

文章类

① 赵淑良,王爱华,苗逸群,等. 婴幼儿回应性喂养研究进展[J]. 护理学杂志,2022,37(23):107-110.

② 许颖. 关于幼儿行为观察记录与分析的思考[J]. 陕西学前师范学院学报,2019,35(3):28-32.

③ 叶小红. 走向视域融合——幼儿教师观察能力培养的思考与探索[J]. 学前教育,2017,(6):43-46.

④ 陈斌斌,李燕,刘佩丽. 独立大小便训练与幼儿发展[J]. 上海教育科研,2008,(06):88-90.

其他类

① 中华人民共和国国家卫生健康委员会. 婴幼儿早期发展服务指南(试行)[S]. 2024.

② 中华人民共和国国家卫生健康委员会. 托育机构保育指导大纲(试行)[S]. 2021.

③ 中华人民共和国国家卫生健康委员会. 3岁以下婴幼儿健康养育照护指南(试行)[S]. 2022.

图书在版编目(CIP)数据

婴幼儿行为观察与发展评价/陈雅芳,颜晓燕总主编;许颖主编.--上海：复旦大学出版社,2025.7.
ISBN 978-7-309-18070-1

Ⅰ.B844.11

中国国家版本馆 CIP 数据核字第 20253BB819 号

婴幼儿行为观察与发展评价
陈雅芳　颜晓燕　总主编
许　颖　主　编
责任编辑/夏梦雪

复旦大学出版社有限公司出版发行
上海市国权路 579 号　邮编：200433
网址：fupnet@ fudanpress. com　http://www. fudanpress. com
门市零售：86-21-65102580　　团体订购：86-21-65104505
出版部电话：86-21-65642845
上海丽佳制版印刷有限公司

开本 890 毫米×1240 毫米　1/16　印张 13.5　字数 390 千字
2025 年 7 月第 1 版第 1 次印刷

ISBN 978-7-309-18070-1/G · 2721
定价：55.00 元